米国通信改革法解説

城 所 岩 生 著

木 鐸 社 刊

は　し　が　き

　本書は米国のIT革命を起爆させた1996年電気通信法の解説である。米国のIT革命はゴア副大統領の発案した情報スーパー・ハイウェイ構想を選挙キャンペーンに掲げて，クリントン政権が誕生した8年前に遡る。IT革命によって8年間で経済成長率の3分の1に貢献するまでに至ったIT産業は，米国経済を復活させただけではなく，ニューエコノミーを創出し，IT革命は今やグローバルに波及しつつある。

　米国IT革命を開花させた1996年電気通信法は，1934年に制定された通信法を62年ぶりに大改正した。

　米国では改正法も別の名称をつけるため，1996年電気通信法という名称になっているが，書名は実体に着目して通信改革法とした。放送やケーブル・テレビも含まれているが，これは1934年通信法も同様のため，通信のままとした。

　96年電気通信法は成立した日に違憲訴訟を提起され，翌97年には連邦最高裁の違憲判決が下った。これを受けて連邦議会は98年に「子どもオンライン保護法」を制定したが，同法についての解説も加えた。

　母体は『国際商事法務』に96年11月から98年4月まで連載した「米国通信法改正」と98年12月から99年2月まで連載した「米国インターネット・ポルノ再規制法」である。いずれの連載も最終号で，近く出版するとお約束しながら，大幅に遅れてしまった。

　第1の理由は本業が多忙を極めたこと。1996年電気通信法は別名「通信法弁護士完全雇用法」ともいわれているが，筆者もそのおこぼれにあずかったわけである。

　第2の理由は人間の7倍のスピードで加齢する犬になぞらえて，ドッグイヤーとよばれるインターネットに代表される情報通信産業の変化の速さ。脱稿が遅れれば遅れるほど修正個所が多くなるという悪循環に陥ってしまった。

しかし，遅れによるグッド・ニュースもある。1996年電気通信法後の規制当局の直面する新たな課題を独立した章で（第14章）解説できたことである。わが国でも幕を明けようとしている，ブロードバンド時代の規制を論議する際の一助となれば幸いである。

第14章以外でも例えばNTT再々編問題に関連して，郵政省が導入を検討しているドミナント規制は，第11章のとおり，連邦通信委員会（FCC）が20年前に導入した規制方法である。この例に見られるように，早くから競争を導入した米国の通信規制は，本格的競争時代をこれから迎えようとしている，わが国の規制を論議する際の参考になるものと確信している。

わが国でもIT基本法が制定されたが，同法は総論部分で各論はこれからとなる。NTTの再々編に必要なNTT法の見直しなどを含めた，各論部分を論じる際にも本書が参考になれば幸甚である。

出版にあたっては連載原稿の転載をご快諾いただいた，国際商事法研究所の姫野専務理事および脱稿を辛抱強くお待ちいただいた木鐸社の能島社長に謝意を表したい。

1996年電気通信法は1934年通信法と異なり，無線通信について独立した章を設けていないため，無線通信規制の解説が本書では十分できなかった。米国でも携帯電話の爆発的普及により，第14章で解説したインターネット規制やブロードバンド規制について，無線通信規制が今後，ホットになることは必至である。無線通信は米国が日欧に遅れている分野でもある。希少資源である電波を使用するなど有線通信とは異なる無線通信の分野で，米国方式の規制が遅れの1要因となっていないのか解明したいと思っている。

次なる山の制覇をめざし，さらなる精進を誓う次第である。

オフィスから
エンパイア・ステート・ビルのむこうに沈む夕日をながめつつ
　　2000年12月

目　次

はしがき ……………………………………………………………… 3
序　章　制定の背景 ………………………………………………… 11
　第1節　1934年通信法 …………………………………………… 14
　第2節　修正同意判決体制 ……………………………………… 21
　第3節　1996年電気通信法の制定 ……………………………… 28

第Ⅰ部　電気通信サービス

第1章　電気通信サービス(1)──相互接続 …………………… 37
　第1節　規制緩和の歴史 ………………………………………… 37
　第2節　条文 ……………………………………………………… 42

第2章　電気通信サービス(2)──その他 ……………………… 59

第3章　ベル会社に関する特別規定 ……………………………… 69
　第1節　背景 ……………………………………………………… 69
　第2節　条文 ……………………………………………………… 72

第4章　ユニバーサル・サービス ………………………………… 91
　第1節　背景 ……………………………………………………… 91
　第2節　条文 ……………………………………………………… 98
　第3節　ユニバーサル・サービス規則の見直し …………… 106

第5章　アクセス・チャージ …………………………………… 111
　第1節　背景 ……………………………………………………… 111
　第2節　アクセス・チャージ規則の改定 …………………… 116
　第3節　料金上限規則の改定 ………………………………… 120

第II部　放送およびケーブル・サービス

第6章　放送サービス……………………………………………………125
　第1節　規制の歴史………………………………………………125
　第2節　条文………………………………………………………127

第7章　ケーブル・サービス…………………………………………145
　第1節　規制の歴史………………………………………………145
　第2節　条文………………………………………………………150

第III部　わいせつおよび暴力等

第8章　わいせつ(1)——規制の歴史……………………………175
　第1節　表現の自由に対する規制………………………………175
　第2節　通信に対する表現の自由規制…………………………181
　第3節　CATVに対する表現の自由規制………………………191

第9章　わいせつ(2)——条文……………………………………195
　第1節　わいせつな通信…………………………………………195
　第2節　わいせつなCATV番組…………………………………208

第10章　暴力……………………………………………………………211
　第1節　放送に対する表現の自由規制…………………………211
　第2節　条文………………………………………………………217

第11章　規制改革等……………………………………………………227
　第1節　規制の差し控え…………………………………………227
　第2節　他の法律への影響………………………………………232
　第3節　雑則………………………………………………………236

第IV部　制定後の動き

第12章　通信品位法の違憲訴訟………………………………………251

第 1 節　コンピュータ通信に対する規制 ……………………………251
　第 2 節　CATV に対する規制 …………………………………………263

第13章　その他の係争 …………………………………………………269
　第 1 節　ベル会社に関する特例の違憲訴訟 …………………………269
　第 2 節　FCC 規則の違法訴訟 …………………………………………274

第14章　新たな課題 ……………………………………………………289
　第 1 節　インターネット規制 …………………………………………289
　第 2 節　ブロードバンド規制 …………………………………………297

第Ⅴ部　子どもオンライン保護法

第15章　制定の背景 ……………………………………………………319
　第 1 節　議会のリターンマッチ ………………………………………319
　第 2 節　下院報告書の概要 ……………………………………………321

第16章　条文及び違憲訴訟 ……………………………………………329
　第 1 節　条文 ……………………………………………………………329
　第 2 節　違憲訴訟 ………………………………………………………340

略 語 一 覧

英文（アルファベット順）

ACLU	アメリカ市民の自由連合（American Civil Liberties Union）
AT&T	American Telephone & Telegraph Company（94年にAT&T Corporationと改名）
CATV	ケーブル・テレビジョン（Community Antenna Television）
COPA	子どもオンライン保護法（Child Online Protection Act, Pub. L. No.105-277, 112 Stat. 2681-736 (1998)）
DBS	直接放送衛星（Direct Broadcast Satellite）
FCC	連邦通信委員会（Federal Communications Commission）
ISP	Internet Service Provider
IXC	長距離通信事業者（Inter Exchange Carrier）
LATA	地域内アクセス伝送区域（Local Access Transport Area）
LEC	地域通信事業者（Local Exchange Carrier）
MCI	Microwave Communications, Inc.（1971年にMCI Communications Corporationと改名，98年にWorldComに買収されMCI WorldComとなる）
NII	全米情報基盤（National Information Infrastructure）
OSS	Operations Support System
TELRIC	（ネットワークを構成する）総要素の長期増分費用（Total-Element Long-Run Incremental Cost）

和文（数字順，50音順）

27年無線法	1927年無線法（Radio Act of 1927, ch. 169, 44 Stat. 1162）
34年法	1934年通信法（Communications Act of 1934, ch. 652, 48 Stat. 1064）
84年ケーブル法	1984年ケーブル通信政策法（Cable Communications Policy Act of 1984, Pub. L. No.98-549, 98 Stat. 2779）
92年ケーブル法	1992年ケーブル・テレビジョン消費者保護・競争法（Cable Television Consumer Protection and Competition Act of 1992, Pub. L. No. 102-385, 106 Stat. 1460）
96年法	1996年電気通信法（The Telecommunications Act of 1996, Pub. L. No. 104-104, 110 Stat. 56）
下院報告書	子どもオンライン保護法についての下院報告書（H.R. REP. No. 105-775 (1998)）

協議会報告書	1996年電気通信法についての両院協議会報告書（H.R. Conf. Rep. No. 104-458（1996））
控裁	連邦巡回控訴裁判所（Federal Circuit Court），連邦の高等裁判所
最高裁	（その前に州名がつかないかぎり）連邦最高裁判所
再送信規則	義務的再送信規則（Must Carry Rule）
州委員会	州公益事業委員会（Public Utility Commission，州によってはPublic Service Commission）
地域ベル	地域ベル電話会社（Regional Bell Operating Company，略称RBOC）
ベル会社	ベル電話会社（Bell Operating Company，略称BOC）
連邦地裁	連邦地方裁判所
ワシントン	（ワシントン州としていないかぎり，合衆国首都の）ワシントンD.C.

注：複数の章にまたがるものについてのみリストアップした。

図 表 一 覧

図

0－1	34年法と96年法の構成
1－1	相互接続点とアンバンドルされた網構成要素
3－1	地域ベルの営業エリア
3－2	ニューヨーク州のLATA
5－1	電話サービスのしくみ

表

0－1	米国電気通信市場概観
0－2	34年法と96年法の構成
3－1	地域ベルと傘下のベル会社
3－2	地域ベルの長距離通信参入申請
4－1	学校，図書館に対する料金割引率
4－2	ユニバーサル・サービス提供に必要な資金額
5－1	加入者アクセス・チャージ（月額）
5－2	事前登録長距離通信事業者アクセス・チャージ（月額）
5－3	アクセス・チャージに対する料金規制（現行）
6－1	デジタル・テレビ規格（18方式）
6－2	1社が1地域で保有できるラジオ局数
7－1	合憲性審査の基準
8－1	メディアに対する規制
10－1	テレビ番組の格付け
14－1	ケーブル・モデムとDSL

序章　制定の背景

はじめに

　96年2月，米国通信法が62年ぶりに大改正された。改正前の法律の正式名称は「1934年通信法」[Communications Act of 1934, ch. 652, 48 Stat. 1064]だが，改正法は第1条で本法を「1996年電気通信法」[The Telecommunications Act of 1996, Pub. L. No. 104-104, 110 Stat. 56]とよぶとしている。以下，前者を「34年法」，後者を「96年法」とよぶ。理由は日米の法改正技術の相違からくる。まず96年法は34年法の修正条文だけでなく（図0−1の②′の部分），追加条文（同④の部分）も多い大改正で実質新法の制定だが，34年法に取って代わったわけではない，換言すれば全体（同①＋②′＋④）を指すわけではないので，96年法を新法とよぶわけにはいかない。大改正だが形式上は34年法を修正，追加する形をとっているので，日本式にいえば「1934年通信法の一部を改正する法律」ということになるが，米国では改正法もそういうよび方はせず，新しい法律名をつける。

　現に34年法は誕生後に生まれたケーブル・テレビジョン（以下，"CATV"）を規制するため，84年に第Ⅳ編を追加したが，これも「1934年通信法の一部を改正する法律」ではなく，「1984年ケーブル通信政策法」[*infra* page 148]。このため96年法を改正法とよぶわけにもいかない。

　そこで，それぞれの法律の制定年に着目して「34年法」，「96年法」とよぶこととする。要は決め方の問題だが，名は体をあらわさない状況は日米どちらでも発生する。米国では今回のような大改正の場合はよいが，例えば34年法の第710条（47 U.S.C. §610）を修正した1988年補聴器互換性法 [Hearing

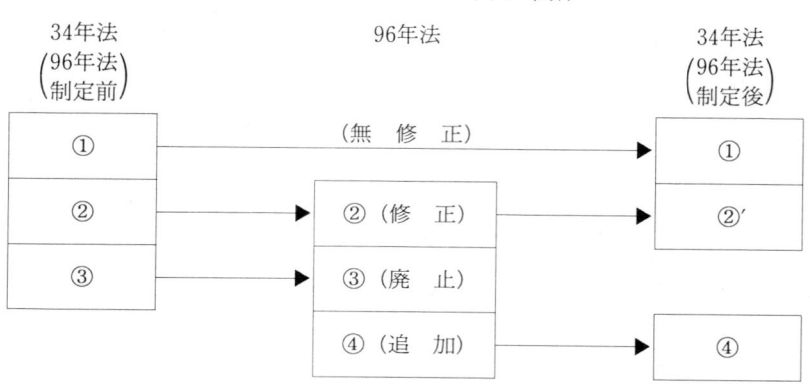

図0－1　34年法と96年法の関係

```
   34年法                                    34年法
  (96年法)          96年法                    (96年法)
  制定前                                     制定後

    ①  ─────────(無　修　正)─────────→       ①

    ②  ─────────→  ②（修　正）─────────→      ②′

    ③  ─────────→  ③（廃　止）

                   ④（追　加）─────────→      ④
```

（注）②，④ではまれに34年法以外の法律の条文を修正，追加している。

Aid Compatibility Act of 1988, Pub. L. No. 100-394, 102 Stat. 976］のように，たった1条を修正する場合でも独立した法律の名前を冠することがある。他方日本でも例えばNTTの再編成を定めた「日本電信電話株式会社法の一部を改正する法律」［平成9年法律第98号］のように，一部を改正する法律で，大改正が行われることがある。

　制定時に1927年無線法［Radio Act of 1927, ch. 169, 44 Stat. 1162］（以下，27年無線法）を取り込んだ34年法は，制定後生まれたテレビやCATVについても条文を追加したため，わが国でいえば電気通信事業法，電波法，放送法，郵政省設置法，有線テレビジョン放送法の五つの法律分野をカバーしている［清家秀哉「日米通信法制の比較」情報通信学会誌第16巻2号（1998）］。放送まで含むのに通信法とよぶのも奇異に感ずるかもしれないが，もともと放送は通信の一部で，わが国の放送法も放送を「公衆によって直接受信されることを目的とする無線通信の送信をいう」と定義している（第2条1号）。市場規模でも通信全体で2465億ドルと，放送とCATVをあわせた910億ドルの2.7倍の規模を誇っている（表0－1参照）。

　96年法はさらにコンピュータ通信まで含んだ。にもかかわらず「電気通信法」としたのもかえって範囲が狭まった印象を与えるが，96年法は34年法第3条の用語の定義に電気通信の定義を加えた。それによると「電磁的な伝送

表 0-1　米国電気通信市場概観　　　　（単位：億ドル）

サービス区分			売上高	主要事業者	規制機関
通信	州内通信	LATA内市内通信	地域通信 1,046	ベル系：地域ベル7社 独立系：GTE，スプリント	州
		LATA内市外通話			
		LATA間市外通話	長距離通信 1,051	AT&T，MCI，スプリント ワールドコム，クエスト	FCC
	州際通信				
	国際通信				
無線通信			368	地域ベル，AT&T， スプリントなどの子会社	FCC 州
CATV			490	テレ・コミュニケーションズ， タイム・ワーナー，コムキャスト	
放送			420	ABC，CBS，NBC， フォックス	

(注1)　売上高
　通信：FCCの発表した99年の数字（Trends in Telephone Service May. 2000）。なお、地域通信の売上は長距離通信事業者からの184億ドルのアクセス・チャージ受取後の数字である。
　CATV, 放送：商務省の発表した98年の数字（U.S. DEPARTMENT OF COMMERCE NEWS, Dec. 9, 1999）。
(注2)　主要事業者
　96年時点の事業者。96年法後の業界再編により地域ベルは4社に統合，GTEは地域ベルのベル・アトランティックと合併してベライゾン・コミュニケーションズとなった。また，MCIはワールドコムに，テレ・コミュニケーションズはAT&Tにそれぞれ買収された。

手段による伝送」となっているので，すべてをカバーすることは間違いないが，以前流行った言葉を使えばマルチメディア法である。

　標題どおりその96年法について解説するのが本書だが，法律は骨組みを定めただけで，肉付けは連邦通信委員会（Federal Communications Commission，以下，"FCC"）に任されており，FCCは80以上の規則を定めることになっている。そのほとんどは期限をくぎられていて，最長は96年法成立の2

年半後の98年8月となっている。80以上の規則の中でも主要なのは三つ。3大規則のトップを切って96年8月に出された相互接続規則だけでも，ページ数にして法律の3倍に達するが，本書ではそうした規則もできるだけ盛り込んだ。

なお，96年法について解説するのが目的の本書では，34年法の96年法で修正されなかった部分（図0－1の①）についての逐条解説は割愛したので，関心のある方は別書を参照されたい［米国通信法研究会編，米国通信法注解（1991）］。ただ，96年法が62年ぶりの改正だったため，通信の分野での最近の重要問題はほぼカバーしたこと，比較的最近，法定されたCATVの分野では，義務的再送信規則のように96年法がカバーしていない重要問題もあるが，これについては解説を加えたこと，34年法の無修正部分より重要な96年法がカバーしていない問題は，96年法による規制緩和も手伝って変化が加速した96年法後の動きであるが，これについても章を起こして解説した（第14章）ことなどから，米国通信法制の現状は，本書で大体把握していただけるはずである。

第1節 1934年通信法

1．FCCの設立

34年法制定時には電話とラジオしか存在せず，テレビ，CATV，コンピュータが登場したのはその後のこと。しかし，34年法は小改正こそ約130回に上るが，大改正は1度もなかった。かくも技術革新の激しい分野で，62年間大改正なしによく持ちこたえたものだが，議会の怠慢を補ったのが，FCCと裁判所だった。34年法によって設立されたFCCは，大統領の権限からは独立した行政機関として（したがって，FCC委員長は大統領府の閣僚ではない），立法，司法機能も兼ね備えた広範な規制権限を持つ。FCCに規制権限を与えた経緯については，さらに歴史を遡らなければならない。

電気通信，電気，ガス，水道などの公益事業は，多額の設備投資を必要とする設備産業であるため，これに競争を認めると二重投資のロスが生ずる。

こうした国民経済的な資源の浪費を避けるため伝統的に独占が認められてきた。いわゆる自然独占である。競争がないと独占企業がサービス向上の努力を怠ったり，料金を勝手に上げたりするおそれが出てくる。こうした独占企業の横暴で消費者が損害を被るのを防止するため，規制が必要となってくる。

電信電話事業はわが国では創業以来国営だったし，ヨーロッパの主要国でも最初大都市から民営でスタートしたが，全国ネットワーク化する過程ですぐに国営化された。これに対し米国では創業以来，今日まで一貫して私企業で運営され，かつ独占でもなかった。

1876年に電話を発明したアレクサンダー・グラハム・ベルの流れを汲むアメリカ電信電話会社（American Telephone & Telegraph Company，94年にAT&T Corporationに改名，以下，"AT&T"）は，傘下に地域通信サービスを提供するベル系電話会社（Bell Operating Company，以下，「ベル会社」）を保有していたが，地域通信事業者（Local Exchange Carrier，以下，"LEC"）の中には独立系電話会社と呼ばれるベル系以外のLECが存在，最盛期にはその数は2万社に上った。

AT&Tは19世紀末から次々と独立系電話会社を買収して独占的地位を築いたため，各州が規制するようになってきた。最初規制に反対していたAT&Tも1907年，独占を認めさせるのと引き換えに，公益事業としての料金規制を受け入れた。州内の通信については州の公益事業委員会，州際通信については州際通商委員会（Interstate Commerce Commission，以下，"ICC"）に規制権限が与えられた。ICCは1887年の州際通商法［Interstate Commerce Act, ch. 104, 24 Stat. 379 (1887)］によって設立された行政委員会である。

州際通商法は1860年代から1870年代にかけて鉄道事業が発展するに伴って，鉄道会社にだまされたという利用者の苦情が殺到したため，鉄道会社に料金表の公表，差別的取り扱いの禁止などを義務づけるとともにICCに苦情を調査し，運賃が合理的でない場合に廃止命令を発する権限を与えた。1910年，電気通信市場で独占的地位を築き始めたAT&Tを規制するため，州際通商法を州際通信にも適用するマン・エルキンズ法［Mann-Elkins Act of 1910, ch. 309, 36 Stat. 539］を制定し，州際通信に対する規制権限をICCに与えた。AT&Tはネットワークの統合をめざして，引き続き独立系電話会社の買

収を続けたが，吸収合併に応じない独立系電話会社に対し，長距離通信回線への接続を拒否したため，独立系電話会社だけでなく，一般市民の反感も買った。

ところが，鉄道業の規制に忙しかった ICC は電気通信については規制中立策を採ったため，これに不満を持った独立系電話会社は裁判所に訴えた。1913年に反独占資本の立場を採る民主党のウッドロー・ウイルソンが大統領に就任すると，政府も AT&T に対して反トラスト訴訟を提起した。前後3回にわたる AT&T に対する反トラスト訴訟の嚆矢となるとともに，司法府による通信業の規制の先鞭を付けた。第1次反トラスト訴訟に対し，AT&T 副社長は司法長官に，
①以後独立系電話会社の買収は行なわないこと
②独立系電話会社の回線と AT&T の長距離通信回線の相互接続を認めること
などを約束する書簡を送った。副社長の名前をとったキングスベリー誓約とよばれる譲歩で，AT&T は司法省と和解，これを裁判所が確認することにより，判決と同じ効力を持つ同意判決（Consent Decree）とした［U.S. v. AT&T, 1 Decree & Judgments in Civil Federal Antitrust Cases 554 (D. Or. 1914) (No. 6082)，その後の修正は省略］。①により，以後米国の地域通信市場に都市部はベル会社，農村部は独立系電話会社の棲み分けが行われるようになった。

ICC による州際通信の規制は，ICC が鉄道業の規制に勢力をそがれたという問題だけでなく，通信は ICC による規制，放送は27年無線法で無線通信委員会による規制と，通信・放送の一元的行政が実現できないという問題も生んだ。このため34年法は FCC を設立，それまで通信と放送でバラバラになっていた規制権限を FCC に統合した。

FCC など米国の行政委員会は行政だけでなく立法・司法の機能も果たすため，FCC を設立し，規制権限を付与したことは，激しい技術革新にもかかわらず34年法を長持ちさせた大きな要因だが，それと鶏と卵の関係にあるのは，34年法が独占を法定しなかったこと。欧州諸国が民営・競争からスタートして，ネットワークの統合の過程で，国営・独占となったのに対し，米国は一

貫して民営だったが，電話を発明したベルの特許を持つ AT&T の独占からスタート，1894年の特許切れに伴い競争が始まった。しかし，AT&T は次々と独立系電話会社を買収し，独占的地位を築き，規制を受け容れる代わりに，その独占を認めさせた。

　ICC に規制権限を与えたマン・エルキンズ法，FCC に規制権限を与えた34年法とも独占を法定しなかった。通信の自由化にあたって，制度改革が先行せざるをえない「法定独占」の国と違って，「事実上の独占」が成立しているだけの米国では，FCC 政策によって，「なし崩しの自由化」が波状的に進められた［山口一臣，アメリカ電気通信産業発展史―ベル・システムの形成と解体過程（1994）］。ヘンリー・ゲラー元商務省電気通信情報庁（National Telecommunications Information Agency：NTIA）長官は，これを「すべりやすい坂の症候群」（"A slippery slope syndrome"）とよんだ。

　FCC が公益事業規制の観点から行政だけでなく，立法・司法機能も果たし，「事実上の独占」を切り崩してきたのに対し，司法省が提訴する反トラスト訴訟を裁く司法府（裁判所）も，反独占規制の観点から米国の通信業を規制し，激しい技術革新で34年法の陳腐化が目立ち始めた最近では，議会の立法化の遅れを両者で補った。議会も決して陳腐化を放置していたわけではなく，改正の動きは76年からあった。しかし，改正に20年の月日を要したところを見ると，法改正がいかに時日を要するかがわかる。すべりやすい坂の「事実上の独占」だったからこそ独占を早く切り崩すことができ，それが法改正を促して，世界にさきがけて情報通信時代に対応した法制度の整備につながったともいえる。以下，波状的な自由化を象徴する事件をご紹介する。

2．FCC の競争導入政策

ア．端末機器への競争導入

　1959年カーター・エレクトロニクス社は，カーター・フォンとよばれる公衆通信網に接続する私設無線システムを生産し，無電話の僻地で作業する石油パイプ会社などに販売した。AT&T などの通信事業者は長年タリフ（Tariff，料金表を含む営業規則）で，自社の提供する装置に，加入者の自営付属装置など電話会社以外の提供する装置を接続することを禁じていた。こ

れが電話会社による機器供給の独占をもたらした。

　同じ公益事業の電気事業が当初から，顧客自ら電球を設置することを認めていたのと好対照をなすが，粗悪な機器による通信網の汚染を防ぐためというのがその理由だった。電話機など加入者宅に設置される機器を，端末機器とか宅内機器とよんだのも，それらがネットワークの構成要素だからだった。しかし，当初から端末に自営を認めたため，電気機器メーカーが競って便利な電気製品を次々と開発した，電気事業の例を見るまでもなく，電話会社による機器供給の独占は，自営業者による顧客のニーズに合った機器の開発を阻害することになる。

　68年，FCC は自営付属装置の接続を禁ずる AT&T のタリフの改訂を命じた［Foreign Attachment, Tariff Revisions in AT&T Tariff FCC Nos. 263, 260, and 259, 15 FCC 2d 605 (1968)］。AT&T は創業以来「一つのシステム，一つの経営方針，ユニバーサル・サービス」を経営理念としてきた。端末機器の分野への競争導入は，そうした一つのシステムでは多様化する顧客ニーズに対応できなくなってきたことの象徴でもあった［FCC が AT&T に対し自営付属装置の接続を禁止するタリフの改訂を命じたのは，1957年に送話器に付着する騒音防止用の装置を制作していた，ハッシュ・ア・フォン社から提出された救済要求に応じた時が最初だったが(Hush-A-Phone Corp. and Harry C. Tuttle v. AT&T, Decision and Order on Remand, 22 FCC 112 (1957))，端末機器への競争導入に与えたインパクトの面も考慮してカーター・フォン事件を取り上げた］。

イ．長距離通信への競争導入

　1963年マイクロウエーブ・コミュニケーションズ社（Microwave Communications, Inc., 1971年に MCI Communications Corporation と改名，98年に WorldCom に買収され MCI WorldCom となる。以下，"MCI"）は，シカゴーセントルイス間にマイクロウエーブ回線を設置し，専用線サービスを提供する許可を FCC に申請した。6年の歳月を費やして FCC の認可を取得した MCI は［Microwave Communications, Inc., Application for Construction Permits to Establish New Facilities in the Domestic Public Point-to-

Point Microwave Radio service at Chicago, Ill., St. Louis, Mo., and Intermediate Points, Decision, 18 FCC 2d 953 (1969)]，72年にサービスを開始，長距離通信に競争を導入するきっかけを作った。

　マイクロ波技術の発達は，パラボラアンテナを設置すれば，地上に線を張りめぐらさなくてすむ分，通信設備のコストを下げた。電気通信は膨大な設備投資を必要とするゆえ，二重投資の無駄を防ぐため独占を認めてきた。その独占の前提が崩れたわけで，MCIの専用線サービス開始は，技術革新が電気通信への競争導入を可能ならしめたことを象徴する事件だった。

　マイクロウエーブや携帯電話など通信分野の発明の多くは，AT&Tベル研究所から生まれた。1民間企業の研究所でありながら，これまでにトランジスタの発明などで，7人のノーベル賞受賞者を輩出し，アメリカの頭脳とよばれる研究を可能にしたのは，独占から得た利潤を原資とする潤沢な研究費。しかし，その独占利潤で開発した技術が競争条件を整え，後述するようにAT&Tの独占に終止符を打たせる結果をもたらしたのも歴史の皮肉である。

ウ．オープン・スカイ政策

　国内衛星通信市場でもFCCは早くから自由化政策を採ってきた。1970年に採用した衛星の所有および規制についてのオープン・スカイ政策がそれである［Establishment of Domestic Communications-Satellite Facilities by Nongovernmental Entities, Report and Order, 22 FCC 2d 86 (1970)］。

3．裁判所の反トラスト政策

ア．第2次対AT&T反トラスト訴訟

　AT&Tはみずから長距離通信を提供するとともに傘下にベル会社の他，研究開発のベル研究所，機器製造の子会社ウェスタン・エレクトリックを保有する，一大電気通信サービス・機器製造・研究開発組織である。1949年，司法省はウェスタン・エレクトリックが通信機器に高い料金を課したとして，AT&Tに対し第2次反トラスト訴訟を提起した。AT&Tは通信を独占する代わりに料金を規制されていたが，非規制のウェスタン・エレクトリックが

高価格で機器を AT&T に売却すれば，それが AT&T の料金に跳ね返り，AT&T に対する料金規制が尻抜けとなるため，ウェスタン・エレクトリックを AT&T から分離すべきだと司法省は主張した。1956年 AT&T は引き続きウェスタン・エレクトリックを保有するする代りに，規制を受ける公衆電気通信業務以外に進出しないことで司法省と和解，この和解内容を再び同意判決としたが，この同意判決は特に（Consent Decree ではなく）Final Judgment とよばれた ［U.S. v. Western Elec. Co., 1956 Trade Cas. (CCH) ¶ 68, 246 (D.N.J. 1956)］。

イ．第3次対 AT&T 反トラスト訴訟

1974年，司法省は AT&T に対し，第3回目の反トラスト訴訟を提起した。AT&T は上記のとおり，LEC であるベル会社，機器製造会社であるウェスタン・エレクトリックを傘下に持ち，自ら提供する長距離通信を含め，ワン・ストップ・ショッピングで電気通信サービスを提供できる体制を整えていた。司法省は第2回訴訟で要求したウェスタン・エレクトリックの切り離しのほか，電気通信サービスに競争を導入するため，長距離部門とベル会社の分離，ベル研究所の分離を主張した。

82年，AT&T は長引く訴訟に決着をつけるため分割に合意した。ただし，分離対象は司法省が第2回訴訟以来要求していたウェスタン・エレクトリックではなく，ベル会社だった。和解内容を三たび同意判決，それも1956年同意判決を修正する修正同意判決（Modified Final Judgment）とした ［U.S. v. AT&T, 552 F. Supp. 131 (D.C. Cir. 1982), *aff'd sub nom*., Maryland v. U.S., 460 U.S. 1001 (1983)］。しかし，内容的には前2回の訴訟では，いずれも以後の活動を制約されるだけですんだのに対し，今回は資産の85％にあたるベル会社の切り離しという肉を切られる結果をもたらした。

第2節　修正同意判決体制

1．修正同意判決

　82年1月9日，各紙は司法省とAT&Tの和解を一面トップで伝えたが，ニューヨーク・タイムズは，見出しに戦争などに使う最大の活字を使って「AT&T分割，業界再編成」と報じた。そのニューヨーク・タイムズへの連載を単行本にした『地上最大の企業』によれば，100万人以上の従業員を抱え，資産額1140億ドルはGM，フォード，クライスラーの3大自動車メーカー，GE, IBMの資産合計を超え，これを上回るGNPを産出する国は20カ国あまりにすぎなかった［SONNY KLEINFIELD, THE BIGGEST COMPANY ON EARTH (1981)］。300万人以上の株主を擁し，ベル母さん（Ma Bell）という愛称で皆から親しまれた会社でもあった。

　修正同意判決によりAT&Tとベル会社の資本関係は切り離され，24のベル会社中，AT&Tの持ち株比率が50%以下の2社は独立，残る22社を売上高，加入回線数，従業員数などがほぼ同じになるよう，七つの地域持株会社（Regional Holding Company）に割り当てた。地域持株会社はその後，地域ベル電話会社（Regional Bell Operating Company，略称RBOC，以下，「地域ベル」）とよばれるようになった。米国には現在約1200社のLECが存在するが，その後4社に統合された地域ベルは回線数，売上とも4分の3のシェアを占め，約1200社の独立系電話会社が残りの4分の1を占めている。

　AT&Tは修正同意判決でベル会社という肉は切られたが，研究開発（傘下のベル研究所を通じて）から機器製造（傘下のウェスタン・エレクトリックを通じて），サービス提供まで一貫したいわゆる垂直統合を維持するとともに，コンピュータや情報通信分野への進出を許された。

　企業分割は反トラスト訴訟の面でも，1911年のスタンダード石油分割以来の大仕事だった。ジャーナリストのコールは，関係者のインタビューと裁判記録や議会証言などをもとに史上最大の企業分割劇をまとめた［STEVE COLL, THE DEAL OF THE CENTURY (1986)］。邦訳の書名は「AT&T解体の内幕」

［奥村皓一監訳，1987年］となっているが，原題を直訳すると「世紀の取引」である。AT&T 分割は電気通信の分野でも大きな出来事で，84年を境にして「BC」，「AD」と二分するやり方が一時使われた。BC は Before Competition（競争前），AD は After Divestiture（分割後）の略だが，世紀の取引どころか，紀元前と紀元後の分水嶺に匹敵する出来事というわけである。

それもそのはず修正同意判決は，電気通信を地域通信と長距離通信に峻別，前者については独占のまま残したが，後者について本格的に競争を導入する二分法を採用したからである。AT&T の分割自体は本訴訟がもともと反トラスト訴訟だったため，裁判所の専決事項だった。しかし，この二分法は国の通信政策に踏み込むものだった。

二分法を実施するにあたって，独占と競争の分かれ目となる地域通信と長距離通信の境界を明確にする必要がある。このため修正同意判決を出したワシントン連邦地裁のハロルド・グリーン判事は，AT&T の意見を聴取したうえで，全米で196の地域アクセス伝送区域（Local Access and Transport Area，以下，"LATA"）を設定，ベル会社が提供できるのは LATA 内通信，具体的には市内通信および LATA 内市外通信に限定し，長距離通信を提供することは禁止した（表 0 − 1 参照）。

米国はもともと判例法の国，裁判所が法律を作ってきたコモンローの伝統を英国から受け継いだため，成文法のウエイトが高まった現在でも裁判所の果たす役割は大きい。それにしても AT&T の反トラスト問題と密接な関連があったとはいえ，修正同意判決を出した連邦地裁の1判事が，国の通信政策を策定したと問題視されたのがこの二分法だった。経済紙という性格上企業よりのウォール・ストリート・ジャーナルは，修正同意判決が出た後の社説で「わが国の体制においては判事がこのような決定をすることは許されていない。司法は行政的役割を果たすようにはできておらず，また選出というプロセスを経た経営幹部や立法担当者の責任に代わり政策的決定を下すようには作られていない。グリーン判事の決定は司法が産業再編に介入するという好ましくない先例を作ってしまった」と主張した［*Id.*］。

議会も後にこれを問題視し，34年法改正の一因ともなった。96年法の制定で「電気通信の帝王」(Telecommunications Czar) とよばれた地位を下ろさ

れたグリーン判事自身，未練を残すどころか「議会が引き継いでくれてうれしい。18年は長すぎた」と述懐した［WALL ST. J., Feb. 12, 1996. なお，1974年からの第3次AT&T反トラスト訴訟を最初に担当したのは，ワシントン連邦地裁のジョセフ・ワディ判事だったが，78年7月に癌で倒れたためグリーン判事が引き継いだ］。

多様化する顧客ニーズに対応する必要性という需要サイドの理由と，技術革新による設備投資額の低減という供給サイドの理由がマッチして，電気通信への競争導入は可能となった。技術革新によるコストダウンはマイクロウェーブ，衛星など無線の分野で，特に長距離通信に顕著に現れた。線を張らずにすむメリットは長距離ほど大きいからである。このためグリーン判事は長距離通信に競争を導入，地域通信は独占のまま残す二分法を採用した。ところが加速する技術革新のテンポはこの二分法を10年で陳腐化させてしまった。光ファイバー技術の進歩による光ファイバー・ケーブルのコストダウンは，有線通信の分野でも設備投資額を低減させ，地域通信にも競争を導入することを可能にした。

1972年にシカゴ-セントルイス間の専用線サービスを提供し，長距離通信に競争を導入するきっかけを作ったMCIは，大都市間のバイパス通信で成長を遂げた。まったく同様に修正同意判決後，地域通信にも大口ユーザに大束回線を引き，LECの設備をバイパスする競争アクセス事業者(Competitive Access Provider)が出現し，年率20％以上の成長率で拡大している。

地域通信への競争導入を望んだのは，競争アクセス事業者のような新興勢力だけではなく長距離通信事業者（Interexchange Career, 以下，"IXC"）もそうだった。IXCは電話加入者の回線に接続してもらうために，地域ベルにアクセス・チャージを払っているが，このアクセス・チャージには，地域ベルの地域通信部門の赤字補塡分が上乗せしてあるためである。歴史的にFCCは，AT&Tが分割以前に地域と長距離の両方の通信を独占提供していた時代に，貧困世帯でも電話サービスが受けられるよう，地域通信料を低く抑え，長距離通信料で補塡することを認めていた。

AT&T分割によりこの内部相互補助はできなくなった。しかし，地域ベルが地域通信料をコストに見合うように上げると急激な値上げとなる。そこで，

FCC はアクセス・チャージを高めに設定することで，IXC が地域ベルに赤字補填することを考えた。数字的にこのアクセス・チャージは，95年の時点で地域ベルの売上げの25％，IXC の支出の実に45％にも上った。
　無線技術や光ファイバー技術の発達で回線設備費が低下してくると，多額のアクセス・チャージを地域ベルに支払っている IXC としては，自前で設備を持つことにより，このアクセス・チャージを節約したいという，もっともな要望が出てきた。一方，LATA 内通信しか認められていなかった地域ベルは州内 LATA 間通信，あるいは州際通信についても，少なくとも自社の営業地域内は認めて欲しいという要望があった（表０－１参照）。
　長距離通信市場全体の収入の７割は，地域ベルの営業エリア内に終始する通話からの収入のため，これももっともな要望だった。長距離通信業界の巨人 AT&T はこの要望を実現すべく実力行使に訴えた。93年 AT&T はセルラー電話サービス最大手の，マッコー・セルラーを買収すると発表，分割により地域ベルに譲り渡した地域通信への再参入を企てた。予想どおり地域ベルのベルサウスは，修正同意判決違反であるからこれを違法とする裁定を下すようグリーン判事に申し立てた。これに対し AT&T は，修正同意判決の適用を特別に免除するよう要請した。
　94年グリーン判事は基本的に修正同意判決違反としながらも，修正同意判決制定以降きわめて大きな情勢の変化があり，マッコー・セルラーが取得できないと公益が大きく損なわれる旨申し立てれば，再度特認を申請できるとした。AT&T は修正同意判決締結の82年以来，予想しなかった事態が生じたので，修正同意判決の規定をそのまま適用することは，かえって競争を阻害することになるとの理由で特認を申請，グリーン判事はこの申請をほぼ全面的に容認した［U.S. v. AT&T Corp. and McCaw Cellular Communications, Inc., 59 Fed. Reg. 44, 158 (Aug. 26, 1994)］。修正同意判決体制に挑戦状を突き付けた AT&T は見事風穴を開けるのに成功したのである。

２．修正同意判決のほころび

ア．放送
　テレビ受像機の発売開始は1938年，FCC によるテレビ放送へのチャンネル

付与は1940年といずれも34年法制定直後のことだったため，当然のことながら規定はなかったが，公共放送に関するマイナーな改正を行なった以外は，基本的にラジオについての規定を準用しながら，FCC規則で補ってきた。ラジオ同様，放送局のアンテナから電波を送信し，家庭の受信機で受信するテレビについてはそれも可能だった。しかし，衛星を通じて番組を送信し，受信側もお皿（dish）と呼ばれるパラボラ・アンテナを設置しなければならない，直接放送衛星（Direct Broadcast Satellites）に対して，60年前の34年法の解釈やFCC規則で補うのはやはり無理が伴う。

イ．CATV

制定後に生まれたCATVについても34年法の規定は無かった。長い間FCC規則がこの不在を補ってきたが，84年にようやく1984年ケーブル通信政策法［*infra* page 148］（以下，「84年ケーブル法」）が制定され，第VI編として34年法に追加された。しかし，84年ケーブル法も電気通信における修正同意判決同様，10年しか持たなかった。

AT&T分割で地域通信を受け持つようになった地域ベルは，退屈な会社という評判だった。最近でこそ在宅勤務やインターネットの普及で，住宅用に2台目の電話を引く人が増え，地域通信事業がにわかに脚光を浴び始めたが，これまでは公益事業として僻地や低所得者へのサービス提供，すなわちユニバーサル・サービスを義務付けられ，成長性も見込まれないため，確かに魅力的なビジネスではなかった。その退屈な本業からの多角化を図るため，CATVサービスを提供したいという要望が地域ベルにはあった。

84年ケーブル法はLECが営業地域内でCATV事業に進出することを禁止していた。このため，LECは「電話会社によるビデオ番組提供禁止の規定は，言論の自由を保障する合衆国憲法修正1条に違反している」との訴えを次々と提起，93年以来，LEC9社と一業界団体からの計10件の提訴に対し，巡回控訴裁判所（以下，「控裁」）判決まで出た2件も含めると，16人の裁判官全員が違憲判決を下した［*infra* page 161］。

84年ケーブル法はまた，それまでFCCが行なっていた料金規制を撤廃した。このため92年までの8年間にCATV料金は，ほぼ2倍に値上がりした。

この結果，92年に1992年ケーブル・テレビジョン消費者保護・競争法［infra page 149］が制定され，FCC による料金規制が復活した。これにより，本業からの利益があまり期待できなくなった CATV 会社は，電話事業に進出したいという要望を持ち始めた。

ウ．データ通信・コンピュータ通信

技術革新による業際の不明確化現象は通信，放送，CATV など FCC の管轄するサービス間にとどまらなかった。FCC の管轄外のコンピュータ産業との間にも生じた。コンピュータで処理したデータを送受信するデータ通信・コンピュータ通信の出現である。コンピュータと通信 (Communication) の融合する C & C の時代の要請，具体的には競争市場のため規制のなかったコンピュータ産業と，独占ゆえに厳しく規制されてきた通信産業の融合で新たに生まれた領域をどう規制するかの問題である。

また，通信と放送の相違の一つは，通信が双方向であるのに対し，放送は片方向であること。このため，通信では同時には1対1でしか送受信できないが，放送では1対多数の送受信が可能となる。データ通信・コンピュータ通信は通信と名がつくように間違いなく通信で，電話同様，双方向通信が可能だが，ほぼ同時に1対多数の通信が可能という点では放送の性格も兼ね備えているため，34年法の通信についての規定を準用することでは解決できない問題も出てきた。

エ．氾濫する有害情報と青少年保護

94年にサービスを開始した直接放送衛星は CATV の3〜4倍のチャンネル数を持つ。瞬時に多量のデータの伝達を可能にするコンピュータ通信の普及とあいまって，多量の情報が家庭内に入り込むことになる。その中には暴力，アダルト情報など子供に有害な情報も当然入り込んでくる。銃社会の米国ではメディアと暴力の関係は古くて新しい問題である。メディアの流す暴力が青少年の非行につながるおそれはテレビの普及し始めた1950年代から指摘され，議会でも繰り返し論議された。しかし，対策は業界の自主規制を呼びかけるにとどまった。唯一制定されたのは34年法に第303(c)を追加した

1990年テレビ番組改善法［Television Program Improvement Act of 1990, Pub. L. No. 101-650, 104 Stat. 5127］だが，同法もテレビの暴力を規制するために業界内で話し合いを持ち，合意に達しても反トラスト法違反に問われないとする名前負けする法律だった。

40年間議論を繰り返すだけで，有効な対策が取れなかった理由は政府が番組内容を規制すると検閲につながり，合衆国憲法修正1条で保障されている表現の自由を侵害するからだった。表現の自由を侵害せずに家庭内にも氾濫する有害情報から青少年を保護するという40年来の難問に解決の糸口を与えたのも，家庭への情報洪水をもたらしたのと同じ技術革新だった。ボタン一つで有害番組を遮断できる半導体，Vチップの開発である。

Vチップをテレビに内蔵し，映画では1920年代から導入されている格付けをテレビ番組にも導入すれば，親が子供に見せたくない一定の格付け以上の番組をボタン一つで遮断できる。Vチップは93年に隣国カナダで開発されたが，長年議論を繰り返すだけで有効な対策を打てずにいた米議員がただちにこれに飛びついた。有害情報の政府による規制は検閲となり違憲だが，親による検閲も含めた自己検閲は合憲だからである。

テレビは映画と違って家庭内に進入してくるため，子供たちが手軽に見られるのが問題だったが，コンピュータ通信がこれに加わった。インターネットのホームページで最も頻繁に見られているのは，プレイボーイなどアダルト誌のホームページといわれているが，インターネットは親がパソコンにあまり詳しくないと，親のコントロールも効かないため，同じ家庭内に入り込んでくるテレビ以上に問題は深刻。

わいせつ表現は暴力と異なり，伝統的に表現の自由の保護を受けてこなかった。このため34年法は68年の改正で，ポルノ通話やいやがらせ通話に対する罰則を定めていた。しかし，インターネットのように電話回線を通じて画像を送信することまでは想定していなかった。米国社会の保守化現象，家族の価値を重視する風潮も反映して，テレビやインターネットを通じて氾濫する有害情報から子供たちを守るための方策の必要性は急速に高まりつつあった。

34年法が当然のことながらその当時の技術を前提につくられていたために

生じた問題は，その後，世に出たテレビ，CATV，データ通信，コンピュータ通信などの新しいサービスに対応できない点だけにとどまらなかった。34年法は当時存在していた電話とラジオを前提に通信は有線，放送は無線という想定で規定したが，その後生まれたCATVは放送だが有線，携帯電話は通信だが無線である。

　また通信は双方向，放送は片方向と想定したが，片方向で瞬時に大量のデータを送信するデータ通信・コンピュータ通信は放送の性格をあわせ持つ。このように各サービス間の境界の不明確化，融合現象にも対応できなかった。以上，一口で言えば34年法後の62年間の技術革新にキャッチ・アップするために制定された96年法だが，それは単に時代に追いつくための法改正だけではなかった。クリントン大統領の肝いりもあって，全米情報基盤構想の実現という，時代を先取りする内容も盛り込まれた。

第3節　1996年電気通信法の制定

1．全米情報基盤構想

　34年法改正の動きは修正同意判決以前の76年からあった。第2回反トラスト訴訟で6年以上に及ぶ公判前応酬の後，AT&Tが一転して和解に踏み切った理由の一つも，81年のレーガン政権発足後，連邦議会で通信法改正の動きが高まり，訴訟が長引くと不利な影響が及ぶことを恐れたからだった。ブッシュ時代にも通信法改正の動きはあった。しかし，12年間の共和党政権下で，大統領自らが情報通信政策について言及することはまずなかった。

　ところがクリントン知事は，選挙運動中から情報通信政策を明確に打ち出していた。90年代初頭に冷戦が終結し，アメリカの軍事技術の民生転換や競争力回復が大きな課題となっていた。変革をキーワードに大統領選に立候補したクリントン知事は，ハイテク産業を中核に米国産業の再活性化を提唱するが，その中でもとくに情報産業に着目したのは，副大統領候補ゴア上院議員の影響が大きい。

　自らパソコンを駆使し，情報通信に強い関心を抱いていたゴア上院議員は，

学術研究用ネットワーク構築のため91年高性能コンピュータ法［High-Performance Computing Act of 1991, Pub. L. No. 102-194, 105 Stat. 1594］を自ら提案，成立させ，その後のインターネットの普及に貢献した。92年夏，アップル社のジョン・スカリー会長，ヒューレット・パッカード社のジョン・ヤング会長らハイテク企業のメッカ，シリコンバレーに本拠を置く多くの企業のトップが，「クリントン・ゴア」コンビ支持を表明した。これはそれまで共和党支持と相場が決まっていた大企業経営者の支持だけでなく，全米一の人口すなわち代議員数を誇る大統領選の最重要州，カリフォルニアの制覇にもつながる重要なインパクトをもった。

　92年6月，選挙キャンペーン中の両候補は"Putting People First"と名づけたパンフレットを発表，その中で，2015年までにすべての家庭，企業，研究所，学校，図書館を光ファイバーで結ぶ，情報スーパーハイウェイを構築するための投資の必要性を訴えた。

　こうしたキャンペーンが功を奏して大統領に就任したクリントンは，93年2月，ゴア副大統領とともにシリコンバレーを訪れ，シリコン・グラフィックス社でのタウン・ミーティングで新政権の経済政策を発表した（Technology for America's Economic Growth, A New Direction to Build Economic Strength）。二人は情報スーパーハイウェイ構想を発展させ，ネットワークだけでなく，情報機器やソフトも含んだインフラの整備が米国産業の競争力強化と経済発展にとって不可欠であるとして，全米情報基盤（National Information Infrastructure, 以下，"NII"）の構築を提唱した。NII構想はNTTが90年に発表した「VI&P」構想（21世紀の通信の特徴であるVisual化，Intelligent化，Personal化の略）の向こうを張ったもので，目標年度の2015年も全く同じである。この意外と知られていない事実もNII構想が米国の競争力強化をねらったものであることを裏付けている。

　しかし，政府主導によるNII構想に対してはAT&Tをはじめとする大手通信企業が，以前から反発していたため，93年9月，クリントン大統領はNIIの行動計画を発表。インフラづくりは民間に任せ，政府は民間部門が情報インフラへの投資を積極的に行なえるよう，税制面での優遇措置などの政策を推進することとし，9原則からなる政府のNII行動計画（National Information Infrastructure, Agenda for Action) を発表した。

「情報が国の最も重要な経済資源である」との認識にもとづき，「アメリカの命運は情報インフラにかかっている」と結んだNII行動計画の9原則は，12月にゴア副大統領が5原則に修正。94年1月，その5原則を再確認するとともに，34年法の改正を提案した。二世議員であるゴア副大統領の父親は，民主党の大統領候補にも上ったことのある大物上院議員で，55年に成立した，インターステート（州際）・ハイウェイ法の起草者として知られており，父は道路，子は情報のハイウェイ建設により，親子で米国のインフラ整備に貢献することになった。

改正案は94年6月に下院を通過し上院に送られた。上院でも9月にはかなり案が煮詰まり，成立間近と思わせたにもかかわらず，一転して廃案となってしまった。上院案は地域ベルの要望をかなり容れ，これ以上追加要求は出さないという約束までとりつけていたにもかかわらず，一部地域ベルが1ヵ月の残された会期中に調整不可能と思われる追加要求を出したため，上院商業・科学・運輸委員会のホリングス委員長（民主党）は激怒し，廃案にしたもの。このため地域ベルは「独占ゆえ世間知らずで身勝手な要求ばかりする」との非難を浴び，ゴア副大統領にいたっては「廃案の責任は地域ベル，特にベルサウスにある」と名指しで批判した。

2．第104議会での審議

第103議会後の94年11月の中間選挙で民主党が敗北し，上下両院とも共和党が過半数を占めた。このため，続く第104議会（95年～96年）では，上下両院とも共和党主導で，第103議会で下院を通過した案より規制緩和色を強めた法案が提案された。まず，正式名称「1995年電気通信競争・規制緩和法案」（"Telecommunications Competition and Deregulation Act of 1995"）の上院案（法案番号はS. 652, S.はSenate＝上院の頭文字）が，95年6月に89対11で上院を通過した。次いで，正式名称「1995年通信法案」（"Communications Act of 1995"）の下院案（法案番号はH.R. 1555, H.R.はHouse of Representatives＝下院の頭文字）も，95年8月に420対4で下院を通過した。

票決が示すようにいずれも超党派の支持を得た法案だったが，共和党主導

で規制緩和色が強まった両院案の中でも,「すべては市場が決めてくれる」とする市場信奉者ギングリッチが議長を務める下院案はより規制緩和色が強かった。このため,クリントン大統領は拒否権発動をほのめかした。規制緩和の度合を含めかなり隔たりがあった上下両院案を一本化するため,10月に上院の商業・科学・運輸委員会の11議員,下院のエネルギー・商業委員会と司法委員会の34議員,総勢45議員からなる両院協議会が設置された。

両院案のすりあわせにあたり,両院協議会は大統領の意向も汲んだ。一本化した案が上下両院を通過しても,大統領が拒否権を発動すると,一本化案が再度,今度は過半数でなく3分の2以上の賛成を得て,上下両院を通過しないと法律にならないからである。両院協議会は95年末までかかって両院案を一本化した。しかし,一本化の過程でホワイトハウスの要望をかなり容れ,かつ煮詰まった段階でゴア副大統領が「われわれの要望はすべて受け容れられた」と勝利宣言をしたことから,ドール上院院内総務（共和党）らが猛反発,予断を許さなくなった。

年が明けると2月には大統領選の予備選が火蓋を切る。ドール議員は立候補しているため,上院での審議時間が取れなくなり,第103議会の時と同じ運命をたどることをおそれた,上院商業・科学・運輸委員会のプレスラー委員長（共和党）による懸命の説得が功を奏し,ドール議員も一本化案に合意した。翌96年2月1日,一本化した法案が上院を91対5,下院を414対16と再び圧倒的多数で通過,2月8日にクリントン大統領が署名して96年法が成立した。

62年ぶりの改正よりもさらに意義深いのは,マーキー下院議員（民主党）の言を借りれば,「21世紀への青写真で,完全ではないかもしれないが,世界のどの国よりも進んだ青写真である」こと。2月8日の議会図書館での署名式典で,クリントン大統領は初めてディジタルペンで署名した。インターネットで条文だけでなく署名も,世界中で同時に見てもらうためだった。規制緩和・競争導入で力をつけた米国通信企業が世界に雄飛し,21世紀の産業である情報通信業での世界制覇,すなわち情報覇権をねらう新法を象徴する署名式典とした。

3．1996年電気通信法の構成

　実質新法の制定だが，34年法を修正・追加する形をとった96年法の編の構成を34年法と比較したのが表０－２である。条文の番号は第Ⅰ編のみ34年法が第１条から，96年法が第101条から始まっているが，第Ⅱ編以下は両法とも第Ⅱ編が200番台，第Ⅲ編が300番台の条文番号というように，編の数字と条文番号の百位の数字が一致している。96年法の第Ⅰ編が101条から始まっているのは，第１条から第３条までを総則的な規定にあてているからである。

　その３条を本章で解説するが，以下，条文の概要を枠で囲い，解説は枠外とし，条文の項以下の記号（(a), (1), (A), (i)）の順になっている）は96年法の記号をそのまま使用した。また，96年法の記号がそのまま34年法の記号となる場合は記号の前に「を付した。また，マイナーな条項について概要紹介を省略したものは，条文全体についてはないが，項以下についてはある。その条に出てくる用語を定義した最後の項を省略したケースが最も多いが，省略した場合はその旨表示しているので，関心のある方は別書を参照されたい［郵政研究所編，1996年米国電気通信法の解説（1997），逐条解説ではないが，資料編に全条文の逐語訳が付いている］。citation は，合衆国憲法 (U.S. Const.)，合衆国法典集 (U.S.C.: United States Code)，連邦規則集 (C.F.R.: Code of Federal Regulations) については（　）内表示，Pub. L. (Public

表０－２　34年法と96年法の構成

編	34年法	96年法
Ⅰ	総則	電気通信サービス
Ⅱ	公衆通信事業者	放送サービス
Ⅲ	無線に関する規定	ケーブル・サービス
Ⅳ	司法手続および行政手続に関する規定	規制改革
Ⅴ	罰則	わいせつおよび暴力
Ⅵ	ケーブル通信	他の法律への影響
Ⅶ	雑則	雑則

Law），FCC 規則，判例については注同様，［　］内に表示したが，判決などの引用部分で，判例などを（　）内に表示した場合は，そのまま（　）内に表示した。また，英語文献のcitationの表記方法は原則として，Compiled by the Editors of the Columbia Law Review, the Harvard Law Review, the University of Pennsylvania Law Review and the Yale Law Journal, The Bluebook—A Uniform System of Citation (16th ed. 1996)によった。

> **第1条　題名；引用**
> (a) 題名―本法は「1996年電気通信法」として引用することができる。
> (b) 引用―本法において既存の法律の条文などを修正または廃止する場合は，特段の定めがある場合を除き，1934年法（47 U.S.C. §151以下）の条文などについてである。

具体例で説明すると既存の法律の条文を修正または廃止する場合，「第103条で1935年公益事業持株会社法第34条を追加」となっている場合以外，34年法（47 U.S.C.）を修正，廃止，追加するものである。

> **第2条　目次**
> 本法の目次は以下のとおりである。
> 第Ⅰ編　電気通信サービス
> 　A章　電気通信サービス（第101条～104条）
> 　B章　ベル系地域電話会社に関する特別規定（第151条）
> 第Ⅱ編　放送サービス（第201条～207条）
> 第Ⅲ編　ケーブル・サービス（第301条～305条）
> 第Ⅳ編　規制改革（第401条～403条）
> 第Ⅴ編　わいせつおよび暴力
> 　A章　電気通信設備のわいせつ的，迷惑な，利用および不正な利用（第501条～509条）
> 　B章　暴力（第551条～552条）
> 　C章　司法審査（第561条）
> 第Ⅵ編　他の法律への影響（第601条～602条）

| 第Ⅶ編　雑則（第701条～710条） |

目次にはたとえば第102条「適格電気通信事業者」というように条文にも見出しがついているが省略した。

第 3 条　定義
(a)　定義の追加
(b)　共通的な用語法
(c)　形式の統一
(d)　対応修正

見出しのみで内容の紹介は省略するが，いずれも偶然の一致で34年法でも第 3 条（47 U.S.C. §153）となっている定義の条文の修正・追加およびそれに関連する修正・追加である。ついでに96年法同様，Ⅶ編からなる（表 0 － 2 参照）34年法の条文番号は第Ⅰ編，第Ⅵ編，第Ⅶ編以外は，47 U.S.C.（合衆国法典集第47編，U.S.C. は United States Code の略で，第47編は電気通信にあてられている）の条文番号と一致していて，例えば，第Ⅱ編の第201条は 47 U.S.C. §201 である。

第Ⅰ部　電気通信サービス

第1章　電気通信サービス(1)──相互接続

第1節　規制緩和の歴史

　電気通信サービスの競争導入の歴史は序章で概説したが，長距離通信市場への競争導入について特に70年代以降の規制緩和の歴史をもう少し敷衍する。96年法は地域通信にも競争を導入したが，競争導入の背景は，歴史は繰り返すで，長距離通信への競争導入の経緯と酷似するからである。

　膨大な設備投資を必要とするゆえに，競争に伴う二重投資の無駄を省くため，当初独占を認めた電気通信だが，技術革新による設備投資額の低減が競争導入を可能にした。とくに無線技術の進歩は長距離通信の設備投資額を低下させた。地上に線を張りめぐらさずにすむメリットは，長距離通信ほど大きいからである。

　この無線分野での技術革新をバックに，巨人 AT&T の独占に果敢に立ち向かったのが MCI だった。1963年の設立以来，AT&T からシェアを奪うことに全力を傾注，20年で地上最大の企業といわれ，社員100万人を超えた AT&T を分割に追いやったのである。

　その意味では，ビル・ゲイツがハーバード大を中退して，高校時代の友人と2人で設立，IBM に果敢に立ち向かい，20年で IBM を脅かすソフト帝国を築き上げたマイクロソフトに似ている。両者の違いはコンピュータ産業が揺籃期で，競争は激しい代わりに規制は緩やかだったのに対し，電気通信産業は伝統のある産業で，独占ゆえに厳しい規制下にあった点である。このため本社を議会，政府，裁判所と密接な連絡を取れるワシントンに置き，議会，政府，裁判所の力を借りて成長，MCI の歴史はそのまま米国の電気通信産業

における競争導入の歴史ともなった。

1963年シカゴ−セントルイス間にマイクロウェーブ回線を設置し，専用線サービスを提供する申請を行ない，6年の歳月をかけて FCC の認可を得た MCI は［Microwave Communications, Inc., Application for Construction Permits to Establish New Facilities in the Domestic Public Point-to-Point Microwave Radio Service at Chicago, Ill., St. Louis, Mo., and Intermediate Points, Decision, 18 FCC 2d 953 (1969)］，72年にサービスを開始，米国電気通信業に競争が導入されるきっかけをつくった。それは MCI にとって大きな第1歩だったが，競争実現へ向けての長い道のりの始まりにすぎなかった。

74年に MCI は「エグゼキュネット」という一般長距離通話サービスの認可申請を連邦通信委員会（Federal Communications Commission, 以下，"FCC"）に行なったが，FCC はこれを認可しなかった。34年法214条は FCC がサービスを認可する際に認可した設備を使用して提供するサービスを限定する権限を与えていた（47 U.S.C. §214(c)）。MCI は1971年の認可時に専用線サービス提供に限った設備を使用して長距離通話サービスを提供しようとした。

予想どおり FCC に待ったをかけられた MCI はただちに法廷闘争に持ち込んだ。ワシントン D.C.（以下，「ワシントン」）巡回控訴裁判所（以下，「控裁」）は「公衆通信事業者は FCC がヒヤリングの結果，それらを不法と断定しない限り，新料金や新サービスを開始できる自由を享受すべき」として MCI の主張を認めた［MCI v. FCC, 561 F.2d 365 (D.C. Cir. 1977), *cert. denied,* 434 U.S. 1040 (1978), *cert.* は *certiorari*（裁量上訴）の略で，上訴を受理するか否かが上訴を受ける裁判所の裁量にかかる場合をいい，重要な法律問題を含むと上級審が判断した場合に許される。米最高裁への上訴の大部分はこの手続きによっており，9名の裁判官のうち4名の賛成があれば認められる－田中英夫，英米法辞典（1991）から抜粋］。

次なる関門は新規事業者が市場参入する際に，ライバルである既存の事業者の協力が欠かせないという電気通信市場に特有の競争の前提条件である相互接続だった。一般加入者向けの長距離通話を提供するには通話の両端で，

地域通信事業者（Local Exchange Carrier，以下，"LEC"）の加入者に接続する必要が生じる。84年に分割される以前のAT&Tは長距離通信事業者であると同時にLECでもあった。MCIはAT&Tに相互接続を要請したが，AT&Tはこれを拒否，FCCも例によってAT&T寄りだったためMCIは再度法廷闘争に持ち込んだ。

ワシントン連邦地裁は「AT&Tが相互接続を拒否することはMCIのサービス提供についてわれわれの下した判決［*Id.*］とも矛盾する」としてMCIを支持した［MCI v. FCC, 580 F.2d 590 (D.C. Cir. 1978), *cert. denied,* 434 U. S. 790 (1978)］。

次いで84年にAT&Tの分割を決めた修正同意判決も，長距離通信市場に競争を認めるとともに，AT&Tから分離したベル電話会社（Bell Operating Company, 略称BOC, 以下，「ベル会社」）の提供する地域通信は，独占のまま残す二分法を採用した。

しかし，加速する技術革新のテンポは，修正同意判決の二分法をも10年で陳腐化させた。光ファイバー技術の進歩と光ファイバー・ケーブルの大量生産によるコスト・ダウンは，有線の分野でも設備投資額を下げ，地域通信への競争導入を可能にした。序章（第1節）で述べたとおり，電気通信の独占を法定しなかった米国では，行政府の裁量で競争政策が実現できたため，法定独占の諸外国よりは競争導入が早く進んだ。それでも技術革新によって可能になったことを規制のみが封じている状況は存在した。

1963年シカゴ－セントルイス間にマイクロウェーブ回線を設置し，専用線サービスを提供する申請を行なったMCIは，認可を得るのに6年の歳月とともに弁護士費用等に1000万ドル以上を費やしたが，認可を得るや，わずか7カ月，200万ドル以下のコストで設備を建設し，72年にサービスを開始した［堀伸樹，競争時代を迎える米国の電気通信―AT&T分割とその後（1984）］。この例に象徴されるように，規制は後追いになりがちである。

長距離通信，地域通信とも競争導入を可能ならしめたのは技術革新だが，それを促進したのは皮肉なことに規制，具体的には料金規制だった。電話料金は歴史的に地域通信をコストより低く，長距離通信は地域通信の赤字を補塡すべくコストより高く設定されている。貧困世帯でも最低の電話サービス

が受けられるようにする，いわゆるユニバーサル・サービスのためだった。AT&Tが長距離，地域とも独占していたこともそれを容易にした。そこでMCIは高めに料金が設定されている長距離通信，それもトラフィックが多いため，回線効率が良い，すなわち1回線あたりのコストが低い，大都市間でサービスを開始，いわゆるクリーム・スキミング（良い所取り）をしたわけである。

　84年のAT&T分割により，内部補填はできなくなったが，LECが通信料をコストに見合うように引き上げると，急激な値上げとなり，ユニバーサル・サービスも脅かされる。そこで，FCCはアクセス・チャージとよばれる，長距離通信事業者（Inter Exchange Carrier，以下，"IXC"）が電話加入者の回線に接続してもらうために，地域事業者に支払う接続料を高めに設定し，LECの赤字を補填した。

　アクセス・チャージはIXCの支出の45％も占めるため，光ファイバー・ケーブルのコスト・ダウンで回線設備費が下がってくると，IXCは自前で設備をもち，アクセス・チャージを節約したいというもっともな要望を持つようになった。しかし，長距離通信市場と地域通信市場を峻別し，それぞれの市場における事業者の相互参入を禁じた二分法の修正同意判決体制下では，IXCはそれができなかった。

　そのIXCに代わって自前で地域通信回線設備をもち，IXCに接続する通信事業者が出現した。競争アクセス事業者（Competitive Access Provider）である。MCIが長距離通信市場で大都市間のバイパス通信によって成長を遂げたように，競争アクセス事業者は地域通信市場で大口ユーザに大束回線を引き，LECを経由せずにIXCに直接接続するバイパス通信で急成長した。IXCにとっても，LECをバイパスできれば，アクセス・チャージを節約できるという大きなメリットがあったことが，競争アクセス事業者を急成長させた最大の理由である。

　96年法の制定により競争アクセス事業者は地域通信市場に攻め入る事業者を総称する，競争地域通信事業者（Competitive Local Exchange Carriers，以下，「競争LEC」）に発展的解消された。守る側の既存地域通信事業者（Incumbent Local Exchange Carriers，以下，「既存LEC」）と対比される。

競争 LEC は競争アクセス事業者のように96年法以前から地域通信市場に参入していた事業者と，96年法により本格的競争が導入された地域通信市場に新たに参入する IXC からなる。

競争アクセス事業者は92年に FCC 規則によって参入を認められた［Expanded Interconnection with Local Telephone Facilities, Report and Order and Notice of Proposed Rulemaking, 7 FCC Rcd. 7369 (1992)］。その競争アクセス事業者がすでに存在していた事実は，96年以前も地域通信市場に競争が導入されていたことを物語るが，すぐ次で述べるとおり，競争アクセス事業者と地域ベル電話会社（Regional Bell Operating Company, 略称 RBOC, 以下，「地域ベル」）の間には年商で二桁の差があり，本格的競争とはいえない。1969年に MCI の専用線サービス提供を FCC が認めて以来，長距離通信業界にも競争が導入されたが，本格的競争は84年の修正同意判決以降であったのと全く同様である。

96年法以降，地域通信市場に参入した競争 LEC には IXC が多い。後述するように96年法は設備を保有しなくても地域通信に参入できる道も開いたが，本格参入するには何といっても設備を保有する必要がある。しかし，1から構築していては時間がかかる。そこで IXC が目をつけたのが競争アクセス事業者である。

競争アクセス事業者の方にも台所事情があった。電気通信はネットワーク産業，ネットワークを構築しないことには競争に勝てない。技術革新で設備構築に必要な投資額は減少したとはいえ，短期間にネットワークを構築するための設備投資や買収に要する資金額は新興の競争アクセス事業者の体力を超えていた。拡張につぐ拡張に必要な資金を借入れに頼らざるを得ず，その利子負担で累積赤字は増加する一方。年商で二桁も上の IXC が魅力的な価格で買収してくれれば渡りに船だった。

96年，長距離通信業界第4位のワールドコムは，競争アクセス事業者最大手の MFS コミュニケーションズ・カンパニーを買収，98年には長距離通信業界第1位の AT&T がアクセス通信業界第2位のテレポート・コミュニケションズ・グループを買収した［買収される前の売り上げは MFS が6億ドル弱（95年），テレポートが3億ドル弱（96年）であるのに対し，ワールドコムは

270億ドル，AT&Tは513億ドル（いずれも97年）］。

　守る側の既存LECも地域ベルと独立系電話会社の2種類のLECからなる。84年のAT&T分割で7社誕生した地域ベルは，96年法後の買収により，99年末現在4社となった［SBCコミュニケーションズは97年にパシフィック・テレシスを，99年にアメリテックを買収，ベル・アトランティックも97年にナイネックスを買収，2000年には独立系最大手の電話会社GTEと合併，ベライゾン・コミュニケーションズとなった。また，新興IXCのクェスト・コミュニケーションズ・インターナショナルは2000年6月，USウェストを買収した。この結果，買収・被買収の対象とならずに84年の誕生時のまま残っている地域ベルはベルサウス1社のみとなった］。

　4社で回線数，売上げとも地域通信市場の4分の3のシェアを占める地域ベルに対し，残る4分の1のシェアしかない独立系電話会社は数は1200社に上るが，三ちゃん電話会社も含まれ，5万回線以上保有しているのは約30社にすぎない。

　独立系電話会社にも96年法による業界再編の津波は押し寄せ，業界第3位のサザン・ニューイングランド・テレフォンは地域ベルのSBCコミュニケーションズに買収された。業界第1位で96年法成立時には最大のLECでもあったGTEも2000年6月，ベル・アトランティックと合併して，ベライゾン・コミュニケーションズとなった。

　競争LEC対既存LECの戦いに話を戻すと，97年時点で地域ベル最大手のSBCコミュニケーションズの売上げは250億ドルと，上記注のAT&TやMCIワールドコムの売上げに匹敵するため，競争アクセス事業者とLECとの戦いが小人対巨人のゲリラ戦だったのに対し，IXCが主役となった競争LECと，地域ベルを主体とする既存LECとの戦いはヘビー級同士の迫力ある戦いとなった。

第2節　条文

　第Ⅰ編「電気通信サービス」はA章とB章からなるが，A章「電気通信サービス」の条文を解説する。

> **第101条　第Ⅱ編第Ⅱ章の追加**
> 　34年法第Ⅱ編の第229条（47 U.S.C. §229）の後に以下の章を追加する。
> 「第Ⅱ章　競争市場の発展
> 「第251条　相互接続（47 U.S.C. §251 を追加）

　新規参入者が既存の事業者から設備を借りてサービスを提供できるようにするための，いわゆる相互接続のルールを定めた。相互接続は後記(d)にもとづいて FCC が作成した規則の定義によれば，「二つのネットワークをつないで，お互いにトラフィックを交換できるようにすること」で，トラフィックを伝送することや，加入者につなぐことまでは含まない [*Local Competition Order, infra* page 48 at 15, 590]。

> 「(a)　電気通信事業者の義務
> 　すべての電気通信事業者は相互接続の義務を負う。
> 「(b)　LEC の義務
> 　すべての LEC は以下の義務を負う。
> 「(1)　設備を卸売りすること
> 「(2)　電話番号の持ち歩き（portability）を可能にすること，すなわち電話番号を変えずに LEC を変えるようにすること
> 「(3)　ダイヤル桁数の平等を保証すること
> 「(4)　電柱，ダクト，管路，道路使用権などへのアクセスを認めること
> 「(5)　通話の伝送・着信に対する相互補償を明確にすること

　(1)は自ら設備を保有していなくても，設備を保有する LEC から設備を卸売りしてもらうことによって，地域通信市場へ参入できるようにするためのもの。このように地域通信に競争を導入するためには，既存，新規を問わずあらゆる LEC の協力が必要なため，すべての LEC に必要な協力を義務づけた。
　(3)は長距離通信市場に競争を導入した際，交換機の制約から MCI などの IXC に接続する場合，AT&T に比べて倍以上のダイヤル桁数を要するなど

の不平等なアクセス問題が生じた。このため，84年の修正同意判決は顧客がAT&Tを利用するかMCIを利用するかにかかわらず同じ条件で接続する，イコール・アクセスをベル会社に義務づけたが，地域通信への競争導入に際し，同じ問題が再発しないようにしたもの。

(5)はその後，インターネットがらみで大きな問題となった。複数の電気通信ネットワークを相互接続する場合，接続を依頼する通信事業者が依頼を受ける事業者に支払うのが相互接続料である。84年のAT&T分割前は地域通信，長距離通信ともAT&Tがほぼ独占していたため，複数のネットワーク間の相互接続は，独立系電話会社に発着信する長距離通信についてのみ必要だった。AT&T分割によりIXCとLECは完全に分離したため，長距離通信を完結するには必ず相互接続が必要となった。第5章で解説するアクセス・チャージである。地域通信は地域ベルと独立系電話会社が提供しているが，地域独占のため，相互接続する必要はなかった。

96年法はその地域通信にも競争を導入したため，LEC間の相互接続の必要が生じたので，この相互接続料を相互補償と呼び，明確にすることをLECに義務づけた。LEC間の発着信のトラフィックはほぼ均衡するはずなので，相互補償料は相殺されてそれほど高額に上らないはずだった。ところが，インターネット・サービス・プロバイダー（Internet Service Provider, 以下，"ISP"）のトラフィックは，インターネット加入者からの着信が主で，発信は少ない。ここに目をつけた競争LECは，積極的にISPを顧客に取りこんだため，既存LECは自社の加入者から競争LECのISPに着信する通信の相互補償料を，競争LECに支払うようになった。

このため既存LECはISPを通じて他州，他国に着信する通信を地域通信とみなして相互補償料を課すのは間違いだと主張し始めた。この相互補償の問題も含めインターネットは，96年法後の規制の枠組みを揺るがす種々の問題を提起しているため，そうした問題をまとめて後述する（第14章）。

「(c) 既存LECの義務
　既存のLECはさらに以下の義務を負う。
「(1) 接続交渉に応じること

> 「(2)　相互接続を妥当な条件で無差別的に行なうこと
> 「(3)　設備をアンバンドルして（unbundled basis：地域通信サービス提供に必要な設備を全部保有しない新規参入者に，必要な設備だけを貸すこと）提供すること
> 「(4)　卸売価格で再販すること
> 「(5)　相互接続に影響を与える条件などに変更があった時は通知すること
> 「(6)　技術上の理由や場所的制約から擬似的コロケーション（virtual collocation）を認める場合を除き，アンバンドルされたネットワーク構成要素への相互接続に必要な設備への物理的コロケーション（physical collocation）を，LECの局舎内で提供すること

　地域通信市場に競争を導入するには，一番必要なのは現在市場を独占している既存LECの協力であることはいうまでもない。このため，既存のLECには上記(a)，(b)に加えてさらに厳しい義務を課した。協力義務を事業者別に見ると，(a)のみがIXC，(a)と(b)のみが競争LEC，(a)〜(c)のすべての義務を負うのが既存LECということになる。

　(c)(3)の設備のアンバンドルは自動車産業に例えると，部品メーカーが自社で製造しない部品や車体を，トヨタ自動車から卸売り価格で購入して，完成車を製造，販売できるようにしたもの。この結果，部品メーカーは足りない部品や車体の製造設備構築のために，金と時間をかけなくても，すぐに完成車を製造，販売し，トヨタ自動車と競争できるようになった。

　競争が十分進展している自動車産業ですら，トヨタ自動車にそこまで要求していないのに，これから競争を導入しようとしている地域通信市場で，一気にそこまで要求するのもLECに酷なような気もするが，理由は独占。

　連邦最高裁判所(以下，「最高裁」)は早くから，「不可欠設備理論」（Essential Facilities Doctrine）を展開し，独占の公益事業に対して設備開放を義務づけてきた。不可欠設備理論は，既存の独占事業者の設備を利用することが競争LECの市場参入に不可欠な場合，独占事業者に設備の開放を義務づけるもので，1912年，鉄道ターミナルの共同保有者に競争相手の鉄道会社の乗り入れ

を義務づけた判例で初めて導入された［U.S. v. Terminal Railroad Assn. of St. Louis, 224 U.S. 383 (1912)］。

電気通信業界では83年，長距離通信を完了させるため，AT&Tの地域通信設備へのアクセスを要求したが，拒否されたMCIの提訴を受けた第7控裁が，不可欠設備理論適用に際して以下四つの要件をあげた。
①独占企業が不可欠設備を支配している。
②競争相手が同じ設備を構築することは実質的にできない。
③独占企業は競争相手のアクセスを拒んでいる。
④設備を提供することは可能である。

第7控裁は上記4条件をすべて満たしているとして，MCIの要求を認めた［MCI Communications v. AT&T, 708 F.2d, 1081 (7th Cir.), *cert. denied*, 464 U.S. 891 (1983)］。

不可欠設備理論は96年法が導入した以降も，コンピュータ・ソフトウェア業界の巨人，マイクロソフトをめぐる訴訟でも，マイクロソフトの反トラスト法違反を認める判決を下したワシントン連邦地裁は，マイクロソフトに対する是正措置として，パソコン基本ソフト（OS，具体的にはウィンドウズ）部門と応用ソフト（マイクロソフト・ワードなど）部門への2分割を命ずるとともに，ウィンドウズの基本設計情報（ソフトウェアのインターフェースなど）の開示を義務づけた［U.S. v. Microsoft Corp., 2000 WL726757 (D.D.C. June 7, 2000)］。

(c)(6)のコロケーションは競争LECが，自社の伝送路を既存LECの局設備まで引き込むことで，地域通信市場に競争を導入するパイオニアとなった競争アクセス事業者がFCCに申請，FCCは92年の専用線サービスについで，93年には電話サービスにもこれを認めた［Expanded Interconnection with Local Telephone Company Facilities, Second Memorandum Opinion and Order on Reconsideration, 8 FCC Rcd. 7341 (1993)］。長距離通信市場でMCIが規制当局を説得しつつ，AT&Tの独占の牙城を少しずつ切り崩していたのと同じことを，地域通信市場で競争アクセス事業者が行い，地域ベルの独占に風穴を開けたのである。

しかし，回線だけ最寄りのマンホールに引き込み，それ以降の保守は既存

LEC が引き受ける,擬似的コロケーションを交渉する余地は与えたとはいえ,要請されれば,競争アクセス事業者の伝送設備を既存 LEC の局舎内に引き込む,物理的コロケーションの提供を義務づけられた既存 LEC は,正当な補償なしに私的財産を公共用に収用することを禁じた,憲法修正 5 条(U.S. CONST. amend. V)に違反するとして提訴,ワシントン控裁はこれを認め,LEC の局舎内に第三者設備の設置を許可する権限は FCC にはないとした〔Bell Atlantic Tel. Cos. v. FCC, 24 F.3d 1441 (D.C. Cir. 1994).(暫定的でなく)最終的な FCC 規則の管轄権はワシントン控裁にあるため,そうした規則をめぐる係争は同控裁が初審となる〕。

96年法は地域通信に本格的競争を導入するため,司法審査をパスしなかった FCC 規則よりもさらに踏み込んで,不可能な場合(その場合のみ擬似的コロケーションでもよい)を除き,物理的コロケーションを義務づけた。

98年3月,FCC はこれを肉付けする規則を制定した〔Deployment of Wireline Services Offering Advanced Telecommunications Capability, First Report and Order and Further Notice of Proposed Rulemaking, 14 FCC Rcd. 4761 (1999)〕。この規則が96年法に違反しているとした GTE など既存 LEC からの訴えに対し,ワシントン控裁は2000年3月,以下を骨子とする判決を下した〔GTE Service Corp. v. FCC, 205 F.3d 416 (D.C. Cir. 2000)〕。

①既存 LEC は「競争 LEC が相互接続に『使用するか有用な』(use or useful)設備をコロケーションさせなければならない」とするのは,「競争 LEC が相互接続に『必要な』(necessary)設備をコロケーションさせなければならない」とする96年法第251条(c)(6)(47 U.S.C. §251(C)(6))を拡大解釈しており,違法である。

②競争 LEC にコロケーション・スペースの選択権を与えるのも同様に違法である。

③既存 LEC に対し,柵で囲わない(cageless)スペースに競争 LEC の設備のコロケーションを義務づけるのは違法ではない。

「(d) 実施

> 「(1)　FCC は96年法の制定日から6カ月以内に本条実施のための規則を制定しなければならない。
> 「(2)　規則の制定にあたり FCC は，本条の要件に適合する州のアクセス規則の実施を妨げてはならない。

　序章（はじめに）のとおり96年法は骨組みを定めただけで，肉付けは96年法が FCC に，制定の日から2年半以内すなわち98年8月までに，定めることを義務づけた施行規則に委ねられている。

　80以上ある施行規則の中で重要なのは，競争の三部作（Competitive Trilogy）と呼ばれる，「地域通信の競争」，「ユニバーサル・サービス」，「アクセス・チャージ」の三つ。「地域通信の競争」規則は通称「相互接続規則」と呼ばれ，(d)(1)の期限どおり96年8月に制定された。三大施行規則のトップを切った相互接続規則は全体で約700ページと，96年法の3倍におよび，62年の FCC の史上最長の規則となった [Implementation of the Local Competition Provisions in the Telecommunications Act of 1996, First Report and Order, 11 FCC Rcd. 15,499 (1996)], at 15, 513-15, 519 に改訂の概要，なお，谷田敏一訳「米国連邦通信委員会の相互接続裁定」海外電気通信96年10月号でも概要を紹介している] (hereinafter *Local Competition Order*)。

　9節からなる相互接続規則を本節と次節で簡単に説明する［原則として第11巻15,499頁以下に所収されている FCC 記録のページを引用するが，連邦規則集（Code of Federal Regulations: C.F.R.）の第47編（Title 47）に所収されている FCC 所管の規則の Part 51「接続に関する規則」の改訂を伴った部分については47 C.F.R. のページを引用する］。

　上記第251条(c)は競争 LEC に，
①相互接続を妥当な条件で無差別的に行なうこと（47 U.S.C. §251(c)(2)）
②設備をアンバンドルして競争 LEC が必要とする設備だけを貸すこと（47 U.S.C. §251(c)(3)）
③卸売価格で再販すること（47 U.S.C. §251(c)(4)）
の三つの方法によって，既存 LEC の設備を利用する道を開いた。

　①は競争 LEC の顧客と既存 LEC の顧客との通信を可能にする条項。②，

③は競争 LEC がサービス提供に必要な設備すべてを自ら構築するには時間がかかるため，必要な設備を一部しか持ってない場合でも(②)全く持ってない場合でも(③)競争 LEC がすぐに市場参入できるようにする条項である。

既存LEC設備の三つの利用方法のうち①相互接続については，最小限以下の 6 ヵ所を相互接続点とすることを義務付けた (47 C.F.R. §51.305 (1996))。①市内交換機のライン側　②市内交換機のトランク側　③タンデム交換機のトランク相互接続ポイント　④交換局のクロスコネクト・ポイント　⑤帯域外信号転送ポイント　⑥アンバンドルされた網構成要素へのアクセス・ポイント

既存 LEC は要請があった場合，あらゆる電気通信事業者へ相互接続を提供しなければならない。

三つの設備利用方法の②アンバンドルド・アクセスについては最小限以下の七つの機能をアンバンドリングすることを義務づけた (47 C.F.R. § 51.319 (1996))。

①加入者回線　②網接続装置　③交換機能（市内交換機能，タンデム交換機能）　④局間伝送設備　⑤信号網および通話データベース　⑥オペレーションズ・サポート・システム機能　⑦オペレータ・サービスおよび番号案内

以上を図1-1に示したが，6ヵ所，7機能とも最低限の義務づけで，州公益事業委員会はこれ以上義務づけてもよい［*Local Competition Order*, 11 FCC Rcd. at 15,637-15,644］。⑥のオペレーションズ・サポート・システム (Operations Support System, 以下，「OSS」) は，LEC のオペレーションを支援する人，情報，システムなどの総称。競争 LEC を小売業者，既存 LEC を卸売業者にたとえると，小売業者は卸売業者のサービス品目，注文方法，品物やサービスが手に入る時期，問題があった場合の対応などを詳細に知っておかないと顧客にサービスを提供できない。対顧客の責任は小売業者である競争 LEC が負うため，OSS へのアクセスが，競争 LEC がサービスを提供するために必須であると判断した FCC は，97年 1 月までに既存 LEC に OSS 機能への差別のないアクセスを提供することを規則で義務づけた［*Id.* at 15,767-15,768］。

95年にFCCは「連邦諮問委員会法」(Federal Advisory Committee Act)

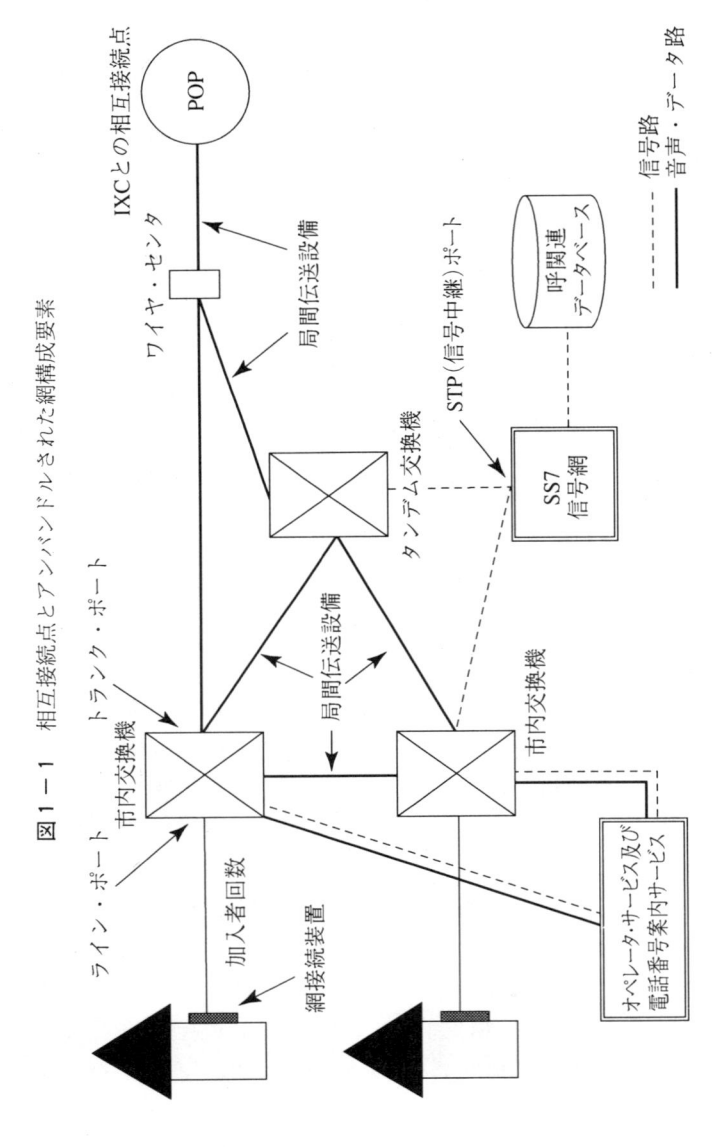

図1−1 相互接続点とアンバンドルされた網構成要素

POP
IXCとの相互接続点
ワイヤ・センタ
局間伝送設備
タンデム交換機
STP（信号中継）ポート
SS7信号網
呼関連データベース
市内交換機
局間伝送設備
ライン・ポート
トランク・ポート
市内交換機
加入者回線
網接続装置
オペレータサービス及び電話番号案内サービス

――― 信号路
――― 音声・データ路
----- 信号・音声・データ路

「(e) 番号管理計画
「(1) FCC は電話番号を管理し，公平に利用するための機関を指定しなければならない。FCC はまた北米番号計画のうちの米国に関係する部分に対し独占管轄権をもつ。
「(2) 電話番号管理に要する費用は，FCC の決定に基づきすべての電気通信事業者が負担しなければならない。

[Pub. L. 92-463, Oct 6, 1972, 86 Stat. 770 (1995)] を受けて，北米番号計画委員会（North American Numbering Council，以下，"NANC"）を設立した。NANC は北米番号計画（North American Numbering Plan，以下，"NANP"）加盟国や FCC に，NANP を含めた番号計画を諮問するための委員会である[Administration of the North American Numbering Plan, Report and Order, 11 FCC Rcd. 2588 (1995)]。

97年5月に出された NANC の勧告にしたがい，97年10月，FCC は，
① NANP 管理機関にロッキード・マーチン IMS 社
② NANP の料金請求・徴収機関に全米交換事業者協会（The National Exchange Carriers Association: "NECA"）
をそれぞれ選定した[Administration of the North American Numbering Plan, Third Report and Order, 12 FCC Rcd. 23,040 (1997)]。

「(f) 適用免除
「(1) 農村電話会社は相互接続の要請が出され，それが過度に経済的負担とならず，技術的に実行可能であるとが決定するまでは，上記(c)の既存の LEC の義務を課されない。ただし，農村電話会社が96年法制定日以降にビデオ番組を提供し始めた地域で，電話サービスを提供しようとするケーブル事業者からの要請に対しては適用を免除しない（既存 LEC の義務を課す）。
「(2) 加入数が全米の2％に満たない LEC は，上記(b)のすべての LEC および上記(c)の既存 LEC に対する相互接続の義務の適用免除を，

> 州公益事業委員会に申し立てることができる。

　州公益事業委員会（Public Utilities Commission，州によっては Public Service Commission，以下，「州委員会」）は州内通信の規制機関である（表 0 − 1 参照）。州内通信と州際通信（FCC が規制）の区分は最高裁の判例が指摘したように，「一見明快のようだが，両サービスとも同じ電話機を使い，同じ電話会社（当時は AT&T）が提供しているため，実態はみかけほど明快ではない」[Louisiana Public Service Commission v. FCC 476 U.S. 355, 360 (1986)]。このため，FCC の競争導入政策推進にともない FCC と州の管轄権問題が顕在化した。

　州内通信である地域通信に競争を導入した96年法は，FCC に相互接続についての規則制定を義務づけたため（第251条(d)(1)），管轄権問題は解決するどころか複雑にした。案の定，FCC の定めた規則をめぐる訴訟が提起され，最高裁まで争われたため，96年法についての係争をまとめた第13章で解説する。

> 「(g)　交換アクセスおよび相互接続要件の継続的施行
> 　96年法制定の時点で裁判所命令，同意判決，FCC 規則などに従って情報サービス，交換サービス，交換アクセスなどを提供している LEC は，FCC 規則によって置き換えられるまでは，当該サービスを継続しなければならない。
> 「(h)，(i)　省略

> 「第252条　交渉，裁定および協定承認の手続（47 U.S.C. §252を追加）
> 「(a)　交渉によって到達した協定
> 「(1)　任意交渉
> 　既存 LEC と接続を要請する電気通信事業者は，第251条のすべての LEC に適用される条項（上記(b)参照）および既存 LEC に適用される条項（上記(c)参照）と異なる協定を締結することができる。そうした協定には料金明細を含めなければならない。
> 「(2)　調停
> 　交渉当事者は交渉中いつの時点でも，州委員会に交渉への参加あるい

は交渉中に生じた意見の相違の調停を要請することができる。
「(b) 強制的裁定により到達した協定
「(1) 裁定
　既存の LEC が交渉要請を受け取った後135日から160日の間に，交渉の両当事者は州委員会に未解決の問題についての裁定を申し立てることができる。
「(2) 申立人の義務
　申立には未解決の問題点および両当事者の立場ならびに解決ずみの問題点について説明した文書を添付しなければならない。申立人は申立書および州委員会への提出書類の写しを被申立人に提出しなければならない。
「(3) 答弁の機会
　被申立人は州委員会が申立書を受領した日から25日以内に答弁しなければならない。
「(4) 州委員会の措置
　州委員会は必要に応じて追加情報の提供を要求できるが，申立書および答弁書に記載されている問題に限定して審理し，既存の LEC への交渉の要請があった日から9カ月以内に，未解決の問題を解決しなければならない。
「(c) 裁定の基準
　州委員会の裁定は第251条および本条(d)項の料金決定基準の要件を充足し，かつ裁定の実施計画を含むものでなければならない。
「(d) 料金決定基準
「(1) 相互接続およびネットワーク要素の料金コストに基づき非差別的でなければならないが，適正な利益を含んでもよい。
「(2) 通信の伝送料および着信料
　他の事業者の通話の伝送および着信にかかる費用の相互回収について規定しなければならない。
「(3) 電気通信サービスの卸売価格
　第251条(c)項(4)に基づく既存 LEC の卸売価格は，加入者が要請された

> 電気通信サービスに対して支払う小売価格から，LECが卸売によって節約できるマーケッティング費用などを差し引いて決定する。

　相互接続等の料金設定については，主役はあくまでも接続交渉の両当事者および州委員会であるが，FCCは，①料金算定方法，②州委員会がFCCの定める料金算定方法に基づき正規の料金を決定するまでの間，暫定的に適用される代理料率（proxy rate），を設定した。

　まず料金設定方法について，

　①相互接続に伴う「相互接続料金」，アンバンドルド・アクセスに伴う「アンバンドルされた構成要素へのアクセス料金」については，（ネットワークを構成する）総要素の長期増分費用（Total-Element Long-Run Incremental Cost，以下，"TELRIC"）に基づいて決定しなければならないとした［*Local Competition Order*, 11 FCC Rcd. at 15,844-15,856］。

　わかりやすくいえば，独占時代のコストがそのまま競争市場に通用するわけがないので，歴史的にかかったコストではなく，今後競争市場でそれらの設備を提供するとしたら，かかるであろうコストに基づいて決定しろというのである。

　経済学のアカデミックな議論かと思わせるTELRICはその後，日米間で政治問題化した。98年のバーミンガム・サミットで，日米間の経済問題の大きな焦点となった規制緩和に関する共同報告に盛り込まれたからである。米側が問題にした国際的にも割高なNTTの地域通信網への接続料を下げるため，日本側は2000年中にTELRICを導入することで譲歩し，ひとまず決着した。

　TELRICの導入で決着したかに見えた接続料をめぐる日米間の論議は，導入の年の2000年に入り，今度は具体的な下げ幅をめぐって，再燃した。両国の当初案にかなり隔たりがあったためだが，大幅引き下げはNTTの経営赤字につながることから，99年に再編したNTTの再々編問題も浮上し，国内でも政治問題化した。しかし，情報技術（IT）を主要議題とした沖縄サミット直前になって，バーミンガム・サミット時と同様，日本側が米国の要求をほとんど受け入れることでようやく決着した。NTTの接続料問題が日本で

決着を見た頃，皮肉にも米国では後述するとおり(第13章)，TELRIC による相互接続料算定は96年法に違反しているとの控裁判決が下った。

②再販に伴う「卸売料金」については，96年法の上記の規定どおり，小売料金から卸売りによって回避できる小売コスト（マーケッティング費用，料金請求・徴収費用，広告費用等）を差し引いた算定をすることとした（47 C.F.R. §51.505 (1996)）。

次に代理料率については「アンバンドルされた構成要素へのアクセス料金」および「卸売料金」について下記のとおり定めた。
①市内呼の着信：1分あたり0.2～0.4セント（47 C.F.R. §51.513 (1996)）
②加入者回線：月額料金の上限を州ごとに定めた。上限値の最低はマサチューセッツ州の9.83ドル，最高はノースダコタ州の25.36ドル（47 C.F.R. §51.513 (1996)）
③回線の再販：小売料金の17～25％引き（47 C.F.R. §51.611 (1996)）

FCC は LEC, IXC ほか関係者の意見を聴取し，代理料率を17～25％としたが，これが関係者の集中砲火を浴びることになった。もともとこの卸売割引率をめぐっては96年法制定以来，LEC と IXC の間で綱引きが行なわれていた。独立系第4位の電話会社であるロチェスター電話会社(ニューヨーク州)は，96年法を先取りして95年1月から地域通信を開放したが，卸売割引率は5％にすぎなかった。

世界で初めて地域通信を開放したロチェスターで，地域通信の試験サービスを開始した AT&T は，5％ではマーケッティング費用も賄えないとして，25％までの割引率の引上げをニューヨーク州委員会に要請，96年7月，州委員会はロチェスター電話会社に対して，割引率を13.5％まで引き上げるよう命じた。

自分たちは長距離通信サービスを，卸売業者に50％以上も割り引いているというのが，AT&T の論拠。ロチェスター電話会社は「25％の割引では経営が成り立たない。AT&T など卸売業者の多くはロチェスター電話会社をはるかに上回る規模で，財務力に差がある」ことを5％しか割り引かない理由としたが，財務力十分な地域ベルで初めて地域通信を開放したアメリテックでさえ AT&T に対して，6～8％の割引からスタート，AT&T と話し合

いがつかず，結局仲裁に持ち込まれ，ミシガン州委員会からは22％割引の裁定を下された。

　競争で自社が割り引かなければ，他社に逃げられてしまうIXCの卸売割引率が50％を超えることもあるのに比し，地域通信の卸売割引率が下がらないのは供給独占のために，価格決定に市場メカニズムが働かないことも影響しているかもしれない。

　しかし，既存LECはコストがライバルたちの思っているより高いため，要求どおり割り引けないとする。確かにロチェスター電話会社は「自分達も最初もっと割り引こうと思っていたが，ユニバーサル・サービスのツケが結局われわれのところに回ってくることが分かって，割引率を下げざるを得なかった。新規参入者が良い所取り，すなわち儲かる客ばかり狙わず，希望者すべてにサービスを提供し，われわれのユニバーサル・サービスの負担を少しでも軽減してくれれば，もっと割り引ける」としている。

　確かに通話料の絶対額も高く，ユニバーサル・サービスの義務のないIXCと通話料の絶対額は低く，ユニバーサル・サービスを義務づけられる既存LECの割引率を単純に比較するだけで，既存LECが独占ゆえにあまり割り引かないと断定はできない。

　具体的な集中砲火はLEC（地域ベル，独立系電話会社いずれも数社），州委員会などが次々と裁判所に，
①代理料率はLECのコストを反映せず人為的に低く設定されている
②TELRICや代理料率など，伝統的に州委員会が料金を決めてきた地域通信の分野に，全国的な料金規則を持ち込むのはFCCの越権行為である
として，相互接続規則の執行停止を求める形で燃え広がった。これについては96年法をめぐる係争をまとめた第13章で解説する。

「(e)　州委員会の承認
「(1)　承認の必要性
　交渉または裁定によって締結された協定は州委員会の承認を得なければならない。
「(2)　拒絶の根拠

「(A) 州委員会は交渉または裁定によって締結された協定が，協定の当事者でない電気通信事業者を差別しているか，公共の利益，便宜，必要に適合しないかのいずれかでないかぎり，協定を承認しなければならない。
「(B) 州委員会は裁定によって締結された協定が，第251条の要件または本条(d)項の基準を満たしているかぎり，協定を承認しなければならない。
「(3) 権限の留保
　前記(2)にかかわらず，しかし，第253条に従うことを条件に，州委員会は協定が州内の電気通信サービス品質基準を含む，州法を遵守することを要求することができる。
「(4) 決定のスケジュール
　交渉によって到達した協定の場合は，当事者による提出後90日以内，強制的裁定によって到達した協定の場合は，当事者による提出後30日以内に，州委員会が協定に対して何らアクションを採らなかった時は，当該協定は承認されたものとみなされる。
「(5) 州委員会がアクションを採らなかった場合のFCCのアクション
　州委員会が何らアクションを採らなかった場合，FCCはアクションがなかった通知を受けてから，90日以内に州委員会の責任を引き受け，州委員会に代わってアクションを採ることができる。
「(6) 州委員会のアクションの審査
　州委員会がアクションを採らなかった場合，FCCの手続きおよびそれに対する司法審査を唯一の救済手段とする。州委員会がアクションを採った場合は，当該決定によって損害を被った者は，所管の連邦裁判所に訴えを提起することができる。
「(f) 一般的提供条件についての記述
　ベル会社は第251条および本条を満たす一般的提供条件を記述した文書を州委員会に提出することができる。ただし，州委員会によって提供条件が承認されても，ベル会社は第251条による協定の交渉義務を免除されることにはならない。
「(g) 略

「(h) 登録の必要
　承認された協定または記述書は，承認後10日以内に公衆の閲覧に供しなければならない。
「(i) 他の通信事業者への適用
　協定を承認された LEC は，同じ提供条件を希望する他の通信事業者にも与えなければならない。
「(j) 省略

　96年法は前条で，新規参入者に必要な設備だけ借りてサービスを提供する道を開いた。本項はその際，新規参入者が LEC とある設備を借りる契約を結んだ後，別の新規参入者がもっと安い料金で契約締結した場合，最初の事業者にも安い料金が適用される，いわば最恵国待遇条項のような規定である。相互接続規則で FCC は本項を肉付けしたピック・アンド・チューズ規則を採用した（47 C.F.R. §51.809 (1996)）。このピック・アンド・チューズ規則に対しても一部 LEC は，両当事者間の交渉で接続条件を定めさせようとしている，議会の意図にも反するとして執行停止を求めた。詳しくは96年法をめぐる係争をまとめた第13章で解説する。

第2章 電気通信サービス(2)——その他

第Ⅰ編「電気通信サービス」A章「電気通信サービス」の残りの条文を解説する。

> 「第253条　参入障壁の撤廃（47 U.S.C. §253を追加）
> 「(a)　州や市町村は特定の者が州内もしくは州際通信を提供することを，法規則によって禁止することはできない。
> 「(b)～(f)省略

　62年間，大改正が行なわれなかったため，国の通信政策の決定権を裁判所が肩代わりしてしまったが，これを立法，行政府に引き戻そうとするのが96年法のねらいの一つであることは序章で述べた。同じことは連邦と州との間でも起こっていた。

　州内の通信の規制権限をもつ州は，修正同意判決後も加速化する技術革新の結果，地域通信にも競争導入が可能となったのを受けて，修正同意判決で独占となっていた地域内アクセス伝送区域（Local Access and Transport Area，以下，"LATA"，全米で現在193ある）内通信のうち，まずLATA内の市外通話に競争を導入した。この結果，現在ではほとんどの州でLATA内市外通話は競争となっている。その後さらに州は，LATA内市内通信についても競争を導入し始めた。

　このように各州が競って規制撤廃，競争導入政策を推進するのは，そうした通信インフラを整備しておかないと企業，特に強い企業がやってこないからである。企業が独占で地域通信料が高い州を避け，競争導入で安くなった州を選ぶのは当然である。企業がやってこない，あるいは逃げられてしまうと，税収が入らないだけではない。州の経済にも悪影響を及ぼす。企業それ

も州の経済を活性化するような強い企業の誘致やつなぎとめのために，各州は競って競争導入政策を推進したのである．

この点は中央政府が権限を握っているため，中央政府が動かないことには，規制緩和がにっちもさっちも行かないわが国と大きく異なる．結果的には州が競争で規制を撤廃したために，国の通信法改正が進まない段階においては良い結果をもたらした．

しかし，州だけではなく国としても情報インフラを整備することにより，米国企業の国際競争力を高めるためのNII構想を推進するにあたり，これまでどおり州に任せておいては，州がばらばらになる恐れもあってまずい．また全米的にビジネスを展開している大通信事業者にとっても，参入する市場が地域的にかぎられていては新規参入の意欲もそがれる．このように州に任せっぱなしにしておくことの弊害を取り除いて，連邦政府主導で全米的に足並みをそろえて，規制撤廃を推進しようとするのが96年法である．

次の第254条はユニバーサル・サービスという，電気通信サービスの根幹にかかわる条文なので，章を改めて（第4章）解説する．

> 「第255条　障害者による利用（47 U.S.C. §255を追加）
> 「(a)　省略
> 「(b), (c)　電気通信機器の製造業者および電気通信事業者は，容易に達成可能な場合は，障害者が機器およびサービスを利用できるようにしなければならない．
> 「(d)　障害者による利用が容易に達成可能でない場合は，障害者が使用中の既存の機器との互換性を，達成可能な限りもたせなければならない．
> 「(e), (f)　省略

90年に議会は「1990年身体障害を持つアメリカ人のための法律」[The Americans with Disabilities Act of 1990, Pub. L. No. 101-336, 104 Stat. 327]を制定したが，身体障害者にとっては，それ以後の最も重要な立法である．

> 「第256条　相互接続のための調整（47 U.S.C. §256を追加）
> 「(a), (b)(1)　FCCは電気通信事業者と電気通信サービス提供者が，サービスを提供するために使用する公衆電気通信網を，効率的に相互接続できるよう網計画を調整するのをFCCが監督するための手続を定めなければならない。
> 「(b)(2)　FCCはできるだけ多くのユーザが電気通信網にアクセスできるように業界が設立する，相互接続性を促進するための自主標準設定機関に参加することができる。
> 「(c), (d)　省略

> 「第257条　市場参入障壁の除去手続き（47 U.S.C. §257を追加）
> 「(a)　FCCは96年法の制定後15カ月以内に，起業家や小企業の電気通信サービスや情報サービスへの参入を妨げている障壁を確認し，除去しなければならない。
> 「(b), (c)　省略

97年5月，FCCは，
①小企業によるFCCの規則制定手続きへの参加を容易にするためのイニシアチブをとること
②小企業の参入の障壁となっているFCCへの報告その他の要件を軽減すること
③電気通信開発基金が参入時の資金面での障壁の解決策となるような努力を続けること
などを骨子とする報告を提出した［Section 257 Proceeding to Identify and Eliminate Market Entry Barriers for Small Businesses, Report, 12 FCC Rcd. 16,802 (1997)］。

> 「第258条　加入者が選択した通信事業者の違法な変更（47 U.S.C. §258を追加）
> 「(a)　電気通信事業者は加入者が選択した地域通信サービスおよび長距

> 離通信サービスを，FCC が定める手続きに従わずに，勝手に変更してはならない。
> 「(b) 上記(a)に違反して加入者から料金を徴収した電気通信事業者は，FCC が定める手続に従って，変更前の電気通信事業者にその額を返還しなければならない。

　加入者が選択した通信事業者を加入者の知らないうちに変えることは，スラミングとよばれ，長距離通信市場の競争が本格化した84年の修正同意判決体制以降，顕在化した。FCC は変更の際に加入者からの署名入りの文書を義務づけようとしたが，電話による変更の勧誘がしにくくなることを恐れた IXC の反対で実現しなかった。

　90年代に入ると回線設備などを自社で保有せずに，保有している事業者から借りて，すなわち再販によって長距離通信サービスを提供する事業者の増加に伴い，FCC によせられるスラミングの苦情も急増した。このため FCC は，文書による同意もしくはそれに代わる三つの方法で，加入者の変更の意思を確認することを，規則で義務づけた［Policies and Rules Concerning Changing Long Distance Carriers, Report and Order, 7 FCC Rcd. 1038 (1992)］。

　文書による同意を得るために，「あなたは私どもの加入者に選ばれました」と明言する例もあるが，それでは加入者は乗ってこないので，詐欺的商法を使うケースが頻発した。懸賞，くじなどの応募規定の中に，小さな文字で IXC の変更のことが書かれてある。書類に署名して応募すると，文書で同意したことになり，変更されてしまうのである。そこで FCC は IXC の変更について別の独立した文書で，加入者の同意を得ることを規則で義務づけた［Policies and Rules Concerning Changing Long Distance Carriers, Report and Order, 10 FCC Rcd. 9560 (1995)］。

　それでも FCC によせられるスラミングの苦情は減るどころか，96年には94年の3倍に増えた。95年から FCC は，その年に受け付けた苦情や照会を「公衆通信事業者スコアカード」として公表し始めたが，96年12月に発表された「第2回公衆電気通信事業者スコアカード」によれば，スラミングの苦

第2章 電気通信サービス(2)——その他   63

情は全体の34％を占め，ダントツとなっている［FCC, Common Carrier Scorecard, Fall 1996］。

　地域通信への競争導入に伴い，同じ現象が長距離通信を上回る市場規模を誇る地域通信市場でも繰り返されては困るので，96年法はさらに規制を強化した。すなわちFCC規則は，スラミングでIXCを変更された加入者は，通常課せられる変更料を免除していたが，通話料については変更がなかった場合に支払っていたであろう金額は負担させていた。

　96年法は上記(b)のとおり，勝手に変更した通信事業者に，変更前の通信事業者への通話料返還を義務づけ，加入者には通話料も免除した。スラミングで新規加入者を獲得しても，1セントの得にもならなければ，スラミングも自然消滅するだろうというわけである。にもかかわらずスラミングは減少するどころか増加傾向が加速している。FCCが99年9月に公表した最新の「公衆通信事業者スコアカード」によれば，FCCによせられたスラミングの書面による苦情は，95年から98年の3年間に2.3倍に増え，全体の40％以上を占めている［FCC, Common Carrier Scorecard, Reporting Period, Jan. 1, 1999 to June 30, 1999］。

　96年法の意図した地域通信の競争は進まなかったが，84年以降，本格的競争に入っていた長距離通信市場の競争が，安価で長距離通信ができるインターネット電話の普及により一層激化したためである。このため，FCCは98年12月，

①顧客はスラミング事業者に対して，スラミング後30日分の料金の支払いを免除される。顧客がスラミング事業者に料金を支払いずみの場合は，スラミング事業者は全額を元の事業者に返さなければならない（元の事業者はスラミング事業者からの返還額と自社の料金の差額を顧客に返還する）

②スラミング容疑をかけられた事業者が，どんな証拠があれば反証できるかを明確にする

③IXCだけだった適用対象を電気通信事業者全般に広げる

などを定めた規則を採択した［Policies and Rules Concerning Unauthorized Changes of Consumers' Long Distance Carriers, Second Report and Order and Further Notice of Proposed Rulemaking, 14 FCC Rcd. 1508 (1999)］。

この規則は99年5月から施行される予定だったが、長距離通信業界第2位のMCIワールドコムが、この規則を無効とする訴えおよび判決が下りるまでの間、執行停止(stay)を求める訴えを提起、99年5月、ワシントン控裁は①の支払い免除について執行停止を認めた〔MCI WorldCom, Inc. v. FCC, No. 99-1125 (D.C. Cir. May 18, 1999)〕。

2000年4月、FCCは上記①について、下記①のとおり改定するとともに、下記②などを追加する規則を制定した〔Implementation of the Subscriber Carrier Selection Changes Provisions of the Telecommunications Act of 1996, Policies and Rules Concerning Unauthorized Changes of Consumers Long Distance Carriers, Corrected Version, First Order on Reconsideration, 15 FCC Rcd. 8158 (2000)〕。

①顧客がスラミング事業者に支払いずみの場合、スラミング事業者は支払い額の150%を元の事業者に支払わなければならない。元の事業者は100%を受け取り、残りの50%を顧客に返還しなければならない。

②スラミングについての苦情は、原則として州委員会に提出しなければならない。州委員会が受け付けない場合のみFCCに持ち込める。

「第259条 インフラの共用 (47 U.S.C. §259を追加)

「(a) 必要な規則

　FCCは96年法の制定後1年以内に、第214条(e)項にもとづき適格電気通信事業者として認定された事業者が、電気通信サービスもしくは情報サービスを提供するために、既存のLECと公衆交換網を共用することを、既存のLECに義務づける規則を制定しなければならない。

「(b) 規則の条件

　上記(a)のFCC規則は以下の条件を満たさなければならない。

「(1) LECに経済的に不合理な、あるいは公共の利益に反する措置を取ることを要求しないこと

「(2) LECと適格電気通信事業者が、公衆交換網インフラおよびサービスを共同所有もしくは共同運営することを許可すること、ただし、こうした措置の要求はしないこと

「(3) 本条に基づいて公布される規則に従ってインフラを，適格電気通信事業者に利用させた LEC を公衆通信事業者とみなさないこと
「(4) 適格電気通信事業者が共用により規模の利益を受けられるような利用条件で，利用できるようにすること
「(5) LEC と適格電気通信事業者の協力を促進する条件を策定すること
「(6) 適格電気通信事業者が LEC の営業エリア内で，サービスを提供するために設置するインフラを，LEC が適格電気通信事業者に要求すること（適格電気通信事業者は LEC のインフラの共用を要求できるが，逆はできないことを意味する）
「(7) LEC の共用の条件などを記載した料金表，契約その他の取決めを，公衆の閲覧に供するため FCC もしくは州委員会に提出するよう LEC に要求すること
「(c), (d) 省略

97年2月，FCC はこれらの要件を満たす規則を採択した [Implementation of Infrastructure Sharing Provisions in the Telecommunications Act of 1996, Report and Order, 12 FCC Rcd. 5470 (1997)]。

「第260条 テレメッセージ・サービスの提供（47 U.S.C. §260を追加）
「(a) 既存の LEC はテレメッセージ・サービスを提供するに際し，地域通信サービス収入から内部補助を受けたり，電気通信サービスを提供するに際して，自社のテレメッセージ・サービスを優遇してはならない。
「(b) FCC は上記(a)項に違反する苦情の審査手続きを設定しなければならない。
「(c) テレメッセージ・サービスはボイスメール，音声蓄積・検索サービス，メッセージを記録，複写，中継するためのオペレータ・サービスなどを含む。

「第261条 他の要件に対する影響
「(a) 既存の FCC 規則は本章と矛盾しないかぎり，施行できる。

「(b) 既存の州の規則は本章と矛盾しないかぎり，施行できる。
「(c) 州は本章またはFCC規則と矛盾しないかぎり，競争促進に必要な要件を電気通信事業者に課すことができる。
「(d) 省略

第102条　適格電気通信事業者（47 U.S.C. §214に追加）

「(e) ユニバーサル・サービスの提供
「(1) 本条により適格電気通信事業者として指定される公衆通信事業者は，連邦のユニバーサル・サービスの支援を受けることができるが，同時に州が指定した地域全域に，ユニバーサル・サービスを提供するとともにその旨広告しなければならない。
「(2) 州委員会は上記(1)の条件を満たす公衆通信事業者を，特定のサービス・エリアの適格電気通信事業者として指定しなければならない。
　農村電話会社がサービスを提供しているエリアでは，州委員会は公共の利益等に合致している限り，2社以上の適格電気通信事業者を指定することができ，それ以外のエリアでは，2社以上の適格電気通信事業者を指定しなければならない。
「(3) 地域がユニバーサル・サービスを要請したにもかかわらず，提供する公衆通信事業者が現れない場合，FCCおよび州委員会は最適の公衆通信事業者を，適格電気通信事業者とすることができる。
「(4) 州委員会は同一エリアに複数の適格電気通信事業者が存在する場合，ある事業者が適格電気通信事業者の指定を放棄することを認めなければならない。その場合，残りの適格電気通信事業者はそのエリア内のすべての加入者にサービスを提供しなければならない。
「(5) 省略

ユニバーサル・サービスは，すべての人にあまねく公平にサービスを提供することで，第4章で解説する第254条で規定している。

第103条　免除電気通信会社（1935年公益事業持株会社法の第34条と第35条をそれぞれ第35条と第36条とし，以下の第34条を追加）

「第34条　免除電気通信会社
「(a)　定義
　免除電気通信会社とは所在地を問わず，直接的または間接的に，1社以上の系列会社を通して，もっぱら以下のサービス・製品の提供活動に従事するものと，FCCが認定した会社をいう。
「(A)　電気通信サービス
「(B)　情報サービス
「(C)　FCCの管轄下にあるその他のサービスもしくは製品
「(D)　上記(A)～(C)の提供に関連または付帯する製品またはサービス
　FCCは申請受領後，60日以内に免除電気通信会社の決定をしなければならない。
「(b)　既存のレート・ベース対象施設の売却についての州の同意
　登録持株の提携会社または系列会社である電気，ガス会社は，その系列会社である免除電気通信会社に，95年12月19日時点で，小売料金算定のベースに含まれる資産を売却する際は，事前に州委員会の許可を得なければならない。

　電気通信事業への参入障壁を取り除いた96年法は，34年法のカバーするCATVや放送業からの参入だけでなく，同じ公益事業である電気，ガス事業からの参入も認めた。
　1935年公益事業持株会社法 ［The Public Utility Holding Company Act of 1935, ch. 687, 49 Stat. 803］は，持株会社を公益事業会社の議決権のある株式の10％以上を，直接的あるいは間接的に保有もしくは支配する会社と定義づけている (15 U.S.C. §79b)。持株会社のうち同法が義務づけてはいないが，可能としている証券取引委員会 (Securities and Exchange Commission，以下，"SEC")への登録を行った会社が登録持株会社である。

「(c), (d)　免除持株会社および登録持株会社による免除電気通信会社の所有
　免除持株会社および登録持株会社は，本法のいかなる規定にかかわらず，1社以上の免除電気通信会社の権益を取得し，維持することを，本

> 法に基づく条件または制限を付されることなく許可されるものとする。

公益事業持株会社法は持株会社とすべての子会社の活動が，会社を設立した州内に止まる場合，当該持株会社を免除持株会社とすることをSECに義務づけている（15 U.S.C. §79c）。

> 「(e) 免除電気通信会社と登録持株会社の融資その他の関係
> 　免除電気通信会社と登録持株会社の融資その他の関係は，原則として引き続きSECの管轄下にあるが，登録持株会社による免除電気通信会社を取得する資金を調達するための証券の発行や売却等については，SECの承認は不要である。
> 「(f) 登録持株会社の投資および活動に関する報告義務
> 　登録持株会社は免除電気通信会社に関する投資その他の活動に関連する情報を，SECに届け出なければならない。
> 「(g)～(k) 省略
> 「(l) 帳簿および記録
> 　州委員会は免除電気通信会社の活動に関連して，公益事業会社，免除電気通信会社，免除電気通信会社の提携会社または系列会社の帳簿等を検査することができる。
> 「(m), (n) 省略

第104条 非差別原則（47 U.S.C. §151を修正）

34年法第1条の「すべての米国民に対して」の後に「人種，肌の色，宗教，国籍または性別による差別なく」を挿入する。

34年法の目的を定めた第1条に非差別原則を追加した。

第3章　ベル会社に関する特別規定

第1節　背景

　82年の修正同意判決は24社あったベル会社を AT&T から切り離し, AT&T が過半数の株式を持つ22社を 7 社の地域持株会社 (Regional Holding Company) に割り当てた。地域持株会社はその後, 地域ベル電話会社 (Regional Bell Operating Company, 略称 RBOC, 以下,「地域ベル」) とよばれるようになったため, 一般的には分割時に22社, 現在でも19社あるベル会社を, 分割時に7社, 現在は 4 社の地域ベルで代表させることが多いが, 96年法の条文はベル会社を使用している。理由は地域ベルは持株会社であって, サービスを提供しているのはベル会社であることに起因する。修正同意判決はベル会社に LATA 間サービス, すなわち長距離通信を提供することを禁じたが, 96年法はこれを解禁するからである。

　そのベル会社の長距離通信進出に係わる FCC への申請や係争についても, 親会社である地域ベルが代表しているため, 本書でも条文がらみの場合は(当然のことながら, 本章に多い), ベル会社を使用するが, それ以外の場合は一般的な地域ベルの用語を使用する［96年法成立時点での地域ベル, ベル会社の状況は図 3 － 1 および表 3 － 1 参照］。

　ベル会社は修正同意判決による長距離通信＝競争, 地域通信＝独占の二分法の結果, 地域通信に専念することとなったが, 逆に長距離通信には進出できなくなり, 独立系電話会社が長距離通信にも進出できるのと好対照を成した。現に独立系第 3 位の電話会社スプリントは長距離通信に進出, 修正同意判決体制下の米国の通信会社では唯一, 地域通信から国際通信まで, ワン・

表3－1　地域ベルと傘下のベル会社　　　　（96年2月時点）

地域ベル	ベル会社	会社数
アメリテック	イリノイ・ベル電話会社，インディアナ・ベル電話会社，ミシガン・ベル電話会社，オハイオ・ベル電話会社，ウィスコンシン電話会社	5
ベル・アトランティック	ニュージャージー・ベル電話会社，ペンシルベニア・ベル電話会社，C&P電話会社，メリーランドC&P電話会社，バージニアC&P電話会社，ウエスト・バージニアC&P電話会社，ダイヤモンド・ステート電話会社	7
ベルサウス	サウス・セントラル・ベル電話会社，サザン・ベル電話会社	2
ナイネックス	ニューイングランド電話電信会社，ニューヨーク電話会社	2
パシフィック・テレシス	ネバダ・ベル電話会社，パシフィック電話電信会社	2
SBCコミュニケーションズ	サウス・ウエスタン・ベル電話会社	1
USウエスト	USウエスト通信会社	1

(注1)　C&Pはチェサピーク・アンド・ポトマックの略。
(注2)　ベルサウス傘下の2社はその後，ベルサウス・テレコミュニケーションズに統合された。

ストップ・ショッピングで提供できた強みをフル活用して，わずか10年で全米どころか全世界に名を知られる，グローバル通信企業に急成長した。
　地域通信市場での独占を失うにもかかわらず，引き換えに長距離通信への進出を果たすべく，地域ベルが強力なロビー［地域ベルは日本の永田町にあたるキャピトル・ヒルの王様とよばれている。豊富な資金力を生かして多額の政治献金をすることにもよるが，その点では同じ電話会社のIXCも条件は同じである。地域ベルの強みはIXCより地域に密着していることで，市長にも電話会社出身者が多いといわれ，政治に金だけでなく人も出している］を駆使して法改正を働きかけたのは，独立系すなわち農村部を受け持つ田舎の電話会社からスタートして，あれよあれよという間に世界に雄飛したスプリ

第3章 ベル会社に関する特別規定　71

図3−1　地域ベルの営業エリア

（96年2月時点）

US ウエスト／アメリテック／ナイネックス／ベル・アトランティック／パシフィック・テレシス／ベルサウス／SBCコミュニケーションズ

（2000年5月時点）

US ウエスト／ベル・アトランティック／SBCコミュニケーションズ／ベルサウス

（注）　96年法による規制緩和は最初に地域ベル同志の業界再編をもたらし，パシフィック・テレシスとアメリテックはSBCコミュニケーションズに，ナイネックスはベル・アトランティックにそれぞれ買収された。その後，地域ベル以外を巻き込んだ業界再編に発展し，2000年6月にUSウエストは新興IXCのクエスト・コミュニケーションズ・インターナショナルに買収され，ベル・アトランティックは独立系最大手のLECであるGTEと合併した（新社名，ベライゾン・コミュニケーションズ）。

ントの成功モデルがあるからである。

　念願かなって96年法で長距離通信への進出を認められた地域ベルだが，回線数，売上高とも4分の3のシェアを占めるベル会社については，その影響力および現在の独占的地位から，長距離通信進出に際し，96年法は厳しい条件を課した。

　第1章（第251条）のとおり，LECに対しては五つ，既存LECに対してはさらに六つの義務を課したが，ベル会社に対してはこれに加えて，以下の義務を課した。

第2節　条文

第Ⅰ編「電気通信サービス」第Ｂ章「ベル会社に関する特別規定」の条文を紹介する。

第151条　ベル会社に関する特別規定

(a)　第Ⅱ編第Ⅲ章の追加―（第101条によって追加された）第Ⅱ編第Ⅱ章に以下を追加する。

「第Ⅲ章　ベル会社に関する特別規定

「第271条　ベル会社のLATA間サービスへの参入（47 U.S.C. §271を追加）

「(a), (b), (f)〜(j)　自社エリア外LATA間通信

　ベル会社は自社エリア外LATA間サービスおよび以下の付帯的LATA間サービスを提供することができる。

「(g)　付帯的LATA間サービス

「(1)　音声番組，映像番組，その他の番組(双方向の番組を含む)，警報監視サービス

「(2)　小中学校への双方向映像またはインターネット・サービス

「(3)　商用移動通信サービス

「(4)　情報蓄積・検索サービス

「(5), (6)　通信事業者の信号情報

84年のAT&T分割直後に22社あったベル会社は，その後，19社に統合された（図3－1参照）。

　LATAはLocal Access and Transport Areaの略で，字義どおりに訳すと，加入者にIXCへのアクセスとLATA内の伝送（transport）を提供するエリアだが，わかりやすくいうと独占の地域通信と競争の長距離通信を分ける境界である。そもそも修正同意判決を下したワシントン連邦地裁のグリーン判事が，独占の地域通信と競争の長距離通信の境界を設定するために，LATAを定めたからである。

　具体的にグリーン判事は，22ベル会社の地域を164のLATAに分けた。この他に独立系電話会社のLATA数32（最大手のGTEが22，その他が10）を加えて合計196のLATAが誕生した。現在LATAは193あり，米国の総人口をLATA数で割ると1LATAあたり平均人口が約140万人と出るが，LATAは行政区域も考慮して設定している（具体的には大都市などで，同一行政区域を二分するLATAは設定できないし，行政区域は別でも同一経済圏である場合も別LATAにし難い）ため，この数字はミスリーディングで，実際には最大600万人から最小1万人とかなりばらつきがある。

　修正同意判決はLATA内通信をベル会社や独立系電話会社のLECに，LATA間通信をIXCに提供させ，相互参入は禁じたが，96年法はそれを解禁した。そして，長距離通信をさすLATA間通信のうち，自社のエリア外のLATA間通信については，ベル会社が96年法施行と同時に参入できるようにした。

　なお，LATA内の地域通信とLATA外の長距離通信の区分は市内通信，市外通信の区分とは異なる。具体的にニューヨーク市の例で説明する。ニューヨーク州には六つのLATAがあり（図3－2の上の図），ニューヨーク市はニューヨーク・メトロポリタンLATAに入る（同，上の図の網掛けの部分）。五つの区からなるニューヨーク市の5区内の通話，例えばマンハッタンからクイーンズへの通話が市内通話である（同，下の図の網掛けの部分）。そのクイーンズの東にのびるロング・アイランドとよばれる，ナッソー郡やサフォーク郡への通話は市外通話となるが，LATA内の地域通信である（同，下の図）。ここまでが，地域ベルの提供できるサービスで，ニューヨーク市から州

図3-2 ニューヨーク州のLATA

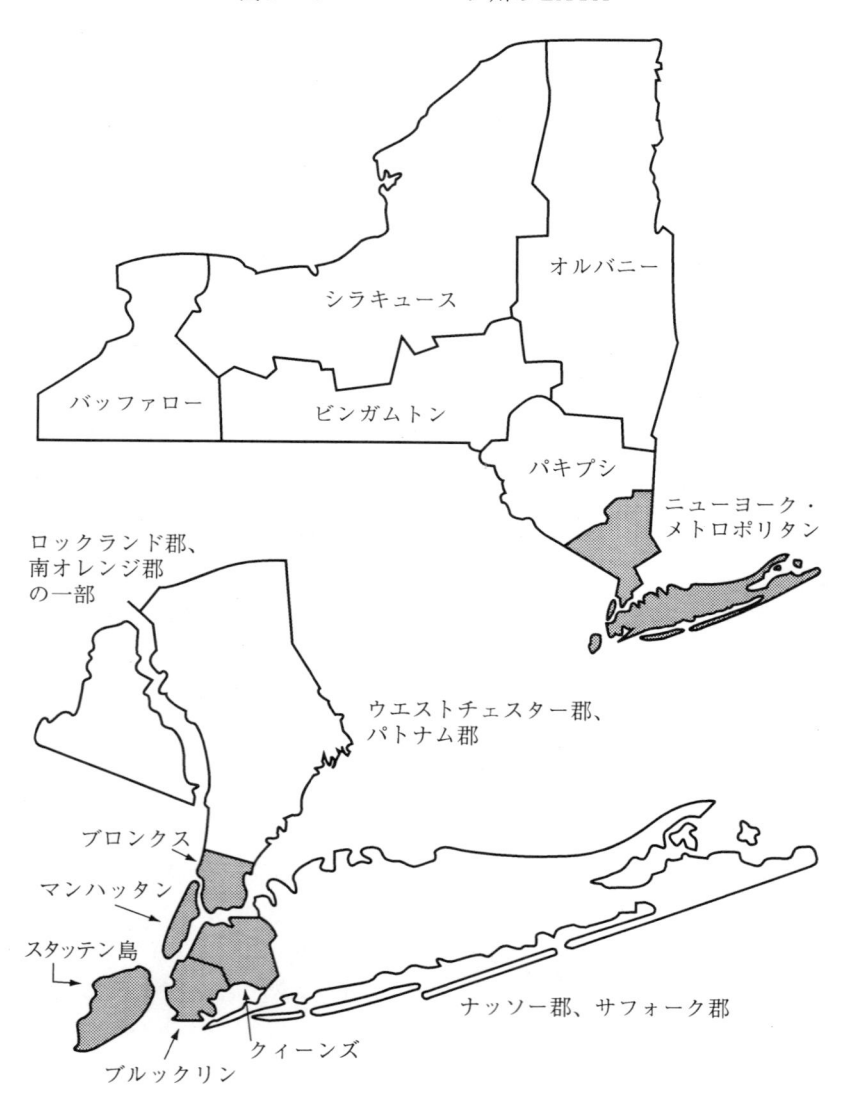

シラキュース
オルバニー
バッファロー
ビンガムトン
パキプシ
ニューヨーク・メトロポリタン

ロックランド郡、南オレンジ郡の一部
ウエストチェスター郡、パトナム郡
ブロンクス
マンハッタン
スタッテン島
ブルックリン
クィーンズ
ナッソー郡、サフォーク郡

都オルバニーへの通話はLATA間の長距離通信となる（同，上の図）。
　サービスもニューヨーク電話会社ではなく，AT&TなどのIXCが提供している（いうまでもなく，ニューヨーク電話会社は州内六つのLATAのLATA内通信はすべて提供している）。ニューヨーク市からオルバニーへの通話はLATA間通信だが州内通信なので，FCCでなく州委員会が管轄している（表0－1参照）。
　ついでにLATA内市外通信は，LATA外市外通信＝長距離通信より競争導入が遅れたため，料金も高かった。96年法制定時の下院商業委員会のブライリー委員長は，地元バージニア州リッチモンドからノーフォークへのLATA内市外通話料が，大陸を横断したロスアンゼルスへの長距離通信料より高い点を指摘。自分は法案の技術的な細部はわからなかったし，わかろうともしなかったが，この不均衡を是正することだけを考えて法案を通したと述懐している。競争に優る料金引き下げ策はないことを裏付ける事実でもある。

「(a)～(d), (i)　自社エリア内のLATA間通信
　ベル会社が自社エリア内の長距離通信に参入するには，以下の三つの条件（①～③）をも満たさなければならない。
①　10カ月以内に自社のエリア内にLATA間通信サービスを提供する場合には，その州において事務用と住宅用加入者について，設備を保有したベースでの競争が存在し，かつベル会社がそうした競争事業者と相互接続の協定を結んでいなければならない。
　10カ月経過後であれば，ベル会社がFCCに参入許可の申請を出す3ヵ月前までに，競争事業者がベル会社に相互接続の要請を出してないかぎり，その必要はない（次の②，③を満たせば，ベル会社は自社のエリア内でLATA間通信サービスを提供できる）。
②　以下の14項目からなる競争のチェック・リストをすべて満たさなければならない。
「(c)(2)(B)　競争のチェック・リスト
「(ⅰ)　第251条(c)(2)および第252条(d)(1)にしたがい相互接続すること

「(ⅱ)　第251条(c)(3)および第252条(d)(1)にしたがいネットワーク構成要素に非差別的にアクセスさせること
「(ⅲ)　第224条にしたがいベル会社の電柱，ダクト，管路，道路使用権に公正かつ妥当な料金で非差別的にアクセスさせること
「(ⅳ)　市内交換機他からアンバンドルして，交換局から加入者宅内までの市内回線伝送を提供すること
「(ⅴ)　市内交換機他からアンバンドルして，有線 LEC のトランク側から市内伝送を行うこと
「(ⅵ)　市内回線伝送他からアンバンドルして，市内交換を行うこと
「(ⅶ)　以下のサービスに非差別的にアクセスさせること
「(Ⅰ)　911サービスおよび E911サービス
「(Ⅱ)　他の通信事業者の加入者が電話番号を知るための番号案内サービス
「(Ⅲ)　オペレータ・コールを完了させるサービス
「(ⅷ)　他の通信事業者の加入者を電話帳に掲載すること
「(ⅸ)　電話番号管理についての指針，計画，規則が制定されるまでは，他の通信事業者の加入者を差別せず電話番号にアクセスさせること。制定後はその指針，計画，規則に従うこと
「(ⅹ)　呼の回線選択および完了に必要なデータベースや関連信号に非差別的にアクセスさせること
「(xi)　FCC が第251条にもとづく番号ポータビリティ規則を制定するまでの間，リモート通話転送，直接着信ダイヤリング・トランク，その他類似の措置により機能，品質，信頼性，便宜性をできるだけ損なわずに暫定的に番号ポータビリティを可能にすること。規則制定後のその規則に従うこと
「(xii)　第251条(b)(3)にしたがい，地域ダイヤリング・パリティを要請した通信事業者に，必要があれば当該サービスあるいは情報に非差別的にアクセスさせること
「(xiii)　第252条(d)(2)にしたがい相互補償協定を締結すること
「(xiv)　第251条(c)(4), (d)(2)にしたがい電気通信サービスを再販すること

> ③　FCC の承認を得なければならない。FCC は前記①，②の条件を満たしているかについて，州の公益事業委員会の意見を聴かなければならない。FCC はベル会社の長距離通信市場への参入が，公共の利益に合致する場合にはこれを認めるが，その際，司法省の意見を聴かなければならない。司法省は司法長官が妥当と判断する基準に基づいて査定し，FCC はその査定を尊重しなければならない。

　第271条は第251条，252条，254条，706条などとともに96年法の最重要条文の一つであるため，解説が必然的に長くなるので，用語の解説を先にすませる。いずれも競争のチェック・リストに出てくる言葉である。(vii)(I)の911サービスはわが国の110番サービスと119番サービスを合わせたサービスである。また，E911は Enhanced（高度）911の略で，911コールを受けるオペレータに発信者番号と住所を自動的に知らせる機能によって，発信者が所在地を口頭でオペレータに伝えられなくても，オペレータが警察官や消防車を手配できるサービス。(xi)の番号ポータビリティは加入者が電話番号を変えずに LEC を変えるようにすることで，(xii)のダイヤリング・パリティは同じダイヤル桁数で通信事業者にアクセスできるようにすることである。

　電気通信への競争導入にあたっては，競争事業者が既存の事業者の協力を得ないと市場に参入できないという電気通信事業特有の問題がある。競争事業者が既存事業者から設備を借りずに，自分で構築すれば既存の事業者の協力は不要かというと，必ずしもそうともいえない。

　世界で初めて地域通信を競争に開放したロチェスターには，長距離通信業界トップの AT&T だけではなく，ケーブル・テレビジョン（以下，"CATV"）業界第2位のタイム・ワーナー，競争アクセス事業者とよばれる地域通信のバイパス業者トップの MFS コミュニケーションズ・カンパニー（以下，"MFS"，96年に長距離通信業界で当時第4位，現在第2位のワールドコムに買収された）と，それぞれの業界を代表するプレイヤーが勢揃いした。

　ロチェスター電話会社からの設備の再販で，サービスを提供しようとしたAT&T は，卸割引率をめぐって交渉が難航した。自前の設備を利用するタイム・ワーナーや MFS には，確かにこの問題はない。ところが MFS はロチェ

スター電話会社が，自社の顧客の800番サービス（わが国の0120番サービス）への接続や電話番号簿への掲載に対して，禁止的な料金を課したとしてニューヨーク州委員会に抗議した。

このように競争事業者が自前の設備を持っていても，派生的な部分で既存の事業者の協力を必要とするところに電気通信における競争の特異性がある。96年法はこうした電気通信市場への競争導入の特異性を十分認識し，既存の事業者の協力を担保するため，アメとムチ政策を採った。ベル会社が地域通信市場を開放することを条件に，営業エリア内のLATA間通信への進出を認めたのである。

立法者の読みは正しかった。96年8月，前章で述べた相互接続規則の出たわずか20日後に，LECの先陣を切って第8控裁へ提訴したのは，地域ベルではなく，独立系第1位のGTEと第3位のサザン・ニューイングランド・テレフォンである。

地域通信＝独占，長距離通信＝競争の二分法を採用した84年の修正同意判決は，同時に分割されたAT&Tには，地域通信への進出を禁じ，分割で誕生した地域ベルには，長距離通信への進出を禁じた。ところが，ベル会社と同じLECの独立系電話会社には，長距離通信への進出を禁じなかった。後述するとおり（第11章），79年にFCCが導入した支配的事業者に対する規制は存続するが，非支配的事業者に対する規制は廃止する，ドミナント規制の発想である。

都市部を受け持ち，現在4社で地域通信のシェア4分の3を占める地域ベルと，農村部を受け持ち，1200社で残る4分の1のシェアしかない，独立系電話会社の市場支配力を考慮すれば，当然の帰結だった。このドミナント規制で漁夫の利を占め，長距離通信に進出し，わずか10年で世界に雄飛したのが，前述したスプリントである。

その独立系の最大の電話会社GTEは，96年法成立時点では地域ベル最大のベルサウスを上回る全米最大のLECで，かつAT&Tに次ぐ全米第2の電話会社だった［96年法制定後，地域ベルを主体としたLECによる買収・合併が相次ぎ，GTEもナイネックスを買収したベル・アトランティックと2000年に合併，ベライゾン・コミュニケーションズとなった］。

さすがにこのGTEが83年に買収により長距離通信事業進出を企てた際，AT&Tの分割に成功し，意気上がる司法省は反トラスト訴訟で訴えた。結局，GTEはAT&T同様，司法省と和解し，同じ84年，AT&T分割の修正同意判決を書いたワシントン連邦地裁のグリーン判事による同意判決の形で決着するが，AT&Tと異なり，分割という痛みを伴う内容ではなく，第1次（1913年）および第2次（1956年）対AT&T反トラスト訴訟の決着同様，以後の行動を制約されるだけのものだった。

長距離通信に関する制約は以後10年間，他のIXCを買収しないというもので，すでに買収した会社によって長距離通信事業に進出することは許された［U.S. v. GTE Corp., 603 F. Supp. 730 (D.D.C. 1984)］。つまり，GTEを含めた独立系電話会社は，二分法の修正同意判決の下でも長距離通信に進出できたのである。このように以前からアメを持っていた独立系電話会社に対して，新たにムチだけ課すわけにはいかないため，96年法は地域通信市場の開放を義務づけなかった。

この結果，市場開放のインセンティブを全くもたず，あらゆる手段に訴えて，競争導入を遅らせた方が得策の独立系電話会社が，FCC規則の96年法違反訴訟の先陣を切ったのも十分うなずける。

このようにGTE同意判決により，新たなIXCの買収を禁じられたGTEに与えられていたアメは少し甘味の落ちるアメだった。その後，GTEは買収ずみのIXCを手放したため，実質的に買収による長距離通信への進出がふさがれたが，資金難のためとはいえ自ら放棄したわけだし，自ら設備を構築して提供する道はまだ残されていた。自己都合で甘みを落としたとはいえ，アメはまだ持っていたので，全くアメを持たない，すなわち，いかなる方法によっても長距離通信への進出が禁じられていたベル会社よりは有利だった。

96年法は後述する（第11章）第601条でAT&T同意判決とGTE同意判決を廃止した。これによりGTEは他の独立系電話会社と同じ甘さのアメを与えられた。一方，ベル会社のようなムチすなわち市場開放の条件は付けられなかった。96年法はGTEのために書かれたのではないかとの，うがった見方をされるのも無理からぬところである。

FCCに対する提訴の先陣を切ったGTEはその後も，州委員会を相手取っ

て連邦地裁に提訴を続け，営業州数28州の3分の2以上にあたる20州の委員会を訴えた。州委員会は相互接続交渉のいずれかの当事者から請願があれば，一定期間内に仲裁することを96年法で義務づけられているため，第8控裁の判決を待たずに，州の卸売割引率を決定しているが，その割引率ではコストを回収できないとするものである。

GTEは94年に，ブッシュ政権の司法長官を務めたこともあるウイリアム・バーを上級副社長兼法律顧問として迎え入れた。そのバーは「公正競争実現のために裁判で戦う」と言っているが，その言とは裏腹に競争導入遅延作戦との見方が大勢を占めている。

これに対し，ベル会社の長距離通信への進出は，自社の営業エリア外なら今すぐ進出可能だが，営業エリア内の場合は，地域通信を競争に開放するのと引き換えである。地域ベルにとって，63％の長距離通信は自社エリア内に終始するため，エリア内の長距離通信はよだれのたれる市場である。いたずらに地域通信の開放を引き延ばすのは，おいしい市場への進出を遅らせ，決して得策とはいえない。

しかも競争相手はベル会社から再販してもらわなくても，自ら設備を構築して，地域通信を提供できるのである。となると地域ベルが，あの手この手を使って地域通信の競争導入を遅らせるインセンティブはあまりない。地域ベルも相互接続規則の96年法違反訴訟に加わってはいるが，独立系電話会社ほど熱心でないのはこのためである。換言すれば96年法のベル会社に対するアメとムチ政策が功を奏したのである。

①，②についての解説が長くなったが，③のFCCの承認について簡単にコメントする。

95年夏に上下両院を通過した96年法の当初案，とくに下院案の規制緩和の行きすぎに対し，クリントンは拒否権発動をほのめかした。このため上下両院の当初案を一本化する両院協議会はホワイトハウスの意向も汲んで調整した。クリントン大統領の抱いた懸念は四つあり，CATV料金規制の撤廃については第7章で，メディアの資本集中規制の撤廃については第6章で解説するが，3番目が両院案ともベル会社の長距離通信への参入に際し，司法省を関わらせていない点だった。

第3章 ベル会社に関する特別規定 *81*

　FCC が立法・司法機能も兼ね備え，独立した行政委員会であるのに対し，司法省は大統領直属の純粋の行政府である。AT&T の3次にわたる反トラスト訴訟の原告となるなど，伝統的に電話会社の反トラスト問題にも関与してきた。このため両院協議会は大統領の意向を汲んで，司法省の意見を聴くことを FCC に義務づけた。

> 「(e)(1)　全米の5％を超えるアクセス回線を持つ通信事業者は，ベル会社が上記③の許可を得るか，あるいは96年法制定後3年経過するか，いずれか早い方まで，当該州においてベル会社からの再販による地域通信サービスと，自社の提供する LATA 間通信サービスのマーケティングを一緒に行ってはならない。
> 「(2)　上記(d)による LATA 間通信サービスの認可を得たベル会社は，当該州全域で LATA 内長距離通信が，同じダイヤル桁数でかけられるようにするダイヤリング・パリティを確保しなければならない。
> 「(f), (h), (j)　省略

　条文の解説は以上だが，第271条は96年法の中でも最も重要で，その実施が注目された条文なので，実施状況について紹介する。同じく実施について注目を集めた高度電気通信についての第706条も（第14章参照），この第271条が関係している。第271条によるエリア内長距離通信への参入申請を，地域通信市場の開放状況が不十分であるとの理由で，FCC に拒否され続けた地域ベルが，今後，重要性を増す高度電気通信に進出する際も，長距離通信への進出時と同様の厳しい条件を付けられることに危機感を抱き，問題提起したからである。

　長距離通信進出にあたって厳しい条件を課され，それを FCC が厳格に適用したため，念願の長距離通信への進出がなかなか果たせなかった地域ベルは裏口からも進出を試みた。98年5月，US ウエストおよびアメリテックは新興 IXC のクエスト・コミュニケーションズ・インターナショナル（以下，「クエスト」）との提携計画を発表した。

　2社とも自社の地域通信サービスとクエストの長距離通信サービスをパッケージで販売し，顧客がワン・ストップ・ショッピングできるようにするも

の。IXCや競争LECは96年法第271条などに違反しているとして，USウエストとアメリテックをそれぞれワシントン州とイリノイ州の連邦地裁に訴えた。両連邦地裁から合法性の審査を委ねられたFCCは98年9月，両社が地域通信市場を開放せずに長距離通信サービスを代理販売しようとしているため，第271条に違反すると判定した［AT&T Corp. v. Ameritech Corp. and Qwest Communications Corp., AT&T Corp. v. US West Communications Inc. and Qwest Communications Corp., Memorandum Opinion and Order, 13 FCC Rcd. 21,438 (1998)］。この判定を不服とするUSウエストほかからの提訴を受けたワシントン（州でなくD.C.）連邦地裁は，FCCの判定を支持する判決を下した［US West v. FCC, 177 F.3d 1057 (D.C. Cir. 1999)］。

上記のとおり，ベル会社のエリア内のLATA間通信進出にあたっては，FCCの許可が必要だが，FCCは第271条(c)(2)(B)の競争のチェック・リストを満たしているか否かについて州委員会の意見，公共の利益に合致しているか否かについて司法省の意見をそれぞれ聞かなければならない。州委員会が14項目のチェック・リストを満たしていないと判定した場合，FCCの許可が下りる見込みは少ないので，基本的に州委員会のチェック・リスト・テストをクリアーした6件が（ただし，1件は州委員会が14項目中11項目しか満たしていないとした），99年末までにFCCに申請された（表3－2参照）。

FCCは5件の申請を地域通信市場の競争開放が不十分との理由でことごとく却下した後，99年末に6番目のニューヨーク州におけるベル・アトランティックの申請を許可した。96年法制定後，4年近く経過していた。競争といえば，電気製品安売りチェーンのコマーシャルではないが，"Every Day, Low Price"をイメージする消費者にとっては牛歩に等しかった。電気通信が設備産業であることは言い訳にならない。同じ電気通信の世界でもAT&Tの分割後，長距離通信市場に本格的競争が導入された時には，激しい値引き合戦が展開されたからである。

FCCはほとんどのケースで，オペレーションズ・サポート・システム（Operations Support System，以下，"OSS"）へのオープン・アクセスが不十分であることを申請却下の理由とした。OSSへのオープン・アクセスは電話の申し込みから，架設，料金徴収，修理保守にいたるまで，加入者をサポート

表3-2　地域ベルの長距離通信参入申請

申請年月	地域ベル	申請州	FCCの裁定
97.4	SBCコミュニケーションズ	オクラホマ	却下
97.5	アメリテック	ミシガン	却下
97.9	ベルサウス	サウス・カロライナ	却下
97.11	ベルサウス	ルイジアナ	却下
98.7	ベルサウス	ルイジアナ	却下
99.9	ベル・アトランティック	ニューヨーク	許可
2000.1	SBCコミュニケーションズ	テキサス	許可

（注1）　ミシガン州委員会がアメリテックに対して，14項目中11項目しか満たしていないと判定した以外，各州委員会は地域ベルが14項目すべてを満たしていると，判定した。
（注2）　司法省も最後の2件以外は却下するようFCCに勧告した。

するために必要なデータベース，コンピュータ・システムや社員を競争事業者にも平等に利用させることだった。事実OSSへのアクセスが保証されてないと，14項目のチェック・リスト中，11項目を満たすことができない。

　表3-2のとおり州委員会がチェック・リストを満たしていると判定しても，FCCが却下するケースが相次いだため，チェック・リストを満たすための必須要件となる，OSSのオープン・アクセスが保証されているかの判定を，ニューヨーク州委員会ははじめて第三者に任せた。これも遠因となってニューヨーク州がFCCの許可第1号を獲得したため，その後，多くの州がOSSのオープン・アクセスの判定を第三者機関に依頼するようになった。

　ベル会社のLATA間長距離通信が許可されるまでの4年間，議会も傍観していたわけではなかった。第105議会（97〜98年）では99年3月までにベル会社の長距離通信参入を許可する法案［S. 1766, 105th Cong. (1998)］，第106議会（1999〜2000年）では96年法成立5年後（2001年2月8日）以後も，エリア内の半分以上の州で14項目のチェック・リストを満たしていないベル会社に対し，満たすまでの間，1日につき10万ドルの罰金を課す法案が提案されたが，いずれも陽の目を見なかった［S. 1312, 106th Cong. (1999)］。

> 「第272条　分離子会社，保障条項（47 U.S.C. §272を追加）
>
> 「(a), (f)　営業エリア内LATA間通信サービスおよび情報サービスの提供もしくは機器の製造に進出しようとしているベル会社は，以下の期間分離子会社によらなければならない。ただし，FCCは規則または命令によってその期間を延伸できる。
>
> 「(b)　分離子会社はベル会社から独立して運営され，別個の帳簿や記録，役員および従業員をもたなければならない。またベル会社との取引はすべて独立した両当事者間の取引として書類に残し，公衆の閲覧に供せるようにしておかなけらばならない。
>
> 「(c), (e)　ベル会社およびその系列会社は，電話交換サービスおよび交換アクセス・サービスを非系列会社に提供する際，期間，設備，サービス，情報，接続料金などで自社または系列会社と差別してはならない。
>
> 「(d)　分離子会社要件を課された会社は，本条および本条に基づいて公布される規則に則っているかを判定するため，独立した監査人によって2年ごとに実施される連邦と州の共同監査を受け，その費用を支払わなければならない。
>
> 「(g)　ベル会社が分離子会社の競争相手に，ベル会社の交換サービスを販売することを許可しないかぎり，分離子会社はベル会社の交換サービスを販売することはできない。ベル会社も前条(d)項に基づき営業エリア内LATA間通信の提供を許可されるまでは，その州で分離子会社によるLATA間通信を販売することができない。
>
> 「(h)　省略

　修正同意判決はベル会社に長距離通信だけでなく，タリフ（Tariff，料金表を含む営業規則）で規制された自然独占のサービス以外の，競争サービスへの進出を禁じた。96年法はこれを解禁したが，その際，既存の地域通信サービスからの内部補助によって，価格競争上優位な地位に立たないよう，分離子会社によるサービス提供を義務づけた。

　分離子会社要件については第276条で解説する。

第 3 章　ベル会社に関する特別規定　85

> 「第273条　ベル会社による製造事業（47 U.S.C. §273を追加）
> 「(a)　ベル会社は営業エリア内LATA間サービスの許可を得た時点で，通信機器および宅内機器を製造し，販売することができる。ただし，ベル会社およびその系列会社は，他のベル会社およびその系列会社と共同で製造することはできない。
> 「(b)　上記(a)の規定はベル会社が製造会社と製造に関係する研究活動に従事したり，ロイヤリティ契約を締結することを妨げるものではない。
> 「(c), (d)　省略
> 「(e)　ベル会社は機器の調達あるいは供給契約を締結する際に，次項の分離子会社によることを要求されている間は，自社の製造子会社を優先してはならない。
> 「(f)～(h)　省略

> 「第274条　ベル会社による電子出版（47 U.S.C. §274を追加）
> 「(h)(1)　電子出版は以下のものを伝送，提供，出版，販売することを指す。
> ニュース（スポーツも含む），娯楽（双方向ゲームを除く），ビジネス・金融・法律・顧客・信用などの情報，編集・コラム・特集，広告，写真・映像，古文書・調査資料，法律の告示・公共記録，科学・教育・指導・技術・専門・通商その他の文献，その他類似の情報
> 「(2)　以下のものは電子出版には含まれない。
> 「(A)　情報アクセス
> 「(B)　公衆通信事業者としての情報伝達
> 「(C)　情報内容の作成または変更を伴わない情報サービスへのゲートウェイの一部としての情報伝達
> 「(D)　ボイス・メッセージや電子メールサービスを含む音声蓄積・検索サービス
> 「(E)　情報内容の作成または変更を伴わないデータ処理または取引処理サービス

「(F) ベル会社の規制された電気通信サービスの電子的請求書発行または広告
「(G) 言語翻訳またはデータフォーマット変換
「(H) 電話会社の管理・運営に必要な情報の提供
「(I) 広告を伴わない番号案内の提供
「(J) 発信者番号識別サービス
「(K) 電話会社運営用の修理・提供データベースおよびクレジットカード・料金請求確認
「(L) 911番サービスほか緊急支援用データベース
「(M) 以上に類似し、情報内容の作成または変更を伴わないその他のネットワーク・サービス
「(N) 情報内容の作成または変更を伴わないこれらのネットワーク・サービスへのアップ・グレード
「(O) ビデオ番組またはオンデマンドの完全動画ビデオ
「(a) ベル会社は分離系列会社、またはベル会社が50％以上の株式、収益分配権、議決権を保有していない電子出版合弁会社を通じて、電子出版事業に従事することができる。
「(b) 分離系列会社や電子出版合弁会社はベル会社から独立して運営されなければならない。
「(c) ベル会社は下記の場合を除いて、分離系列会社との共同マーケティング活動を行ってはならない。
「(A) 電子出版事業の提供に関連のあるテレマーケティング・サービス。ただし、分離系列会社、電子出版合弁会社、系列会社に対しても提供する場合は、すべての電子出版業者に無差別で提供しなければならない。
「(B) 省略
「(C) 上記(a)の合弁会社による共同事業
「(d) 電子出版事業に従事するベル会社は、すべての電子出版業者に対し、基本電話サービスへのネットワーク・アクセスおよび相互接続を、タリフに規定された公正かつ合理的な料金で提供しなければならない。

「(e), (f) 省略
「(g) 本条項の有効期間は本法制定後4年間とする。
「(h) 本条冒頭で紹介ずみ
「(i) 省略

「第275条　警報監視サービス（47 U.S.C. §275を追加）
「(e) 警報監視サービスとは，住居侵入，火災など生命，財産に対する危険を通報するサービスである。
「(a) ベル会社は95年11月30日以前にサービスを提供していた場合を除き，本法制定後5年間は警報監視サービスを提供できない。
「(b) 警報監視サービスを提供する既存LECは，自社の警報監視サービスに提供しているネットワーク・サービスを，非系列会社にも差別することなく提供しなければならない。
「(c), (d) 省略

第276条　公衆電話サービスの提供（47 U.S.C. §276を追加）
「(a) 省略
「(b) FCCは本法制定後9ヵ月以内に公衆電話サービスの競争と普及を促進するために，以下について定めなければならない。
「(1)(A)すべての公衆電話サービス提供者が，自社の公衆電話を利用したすべての通話について，公平に補償されることを保証するような通話ごとの補償計画
「(B)この補償計画に伴い，本法制定の日に有効な公衆電話の州内および州際事業者アクセス・チャージを廃止すること。また，基本料・アクセス料収入からの州内および州際公衆電話への内部相互補助も廃止すること
「(C)ベル会社の公衆電話サービスに対する，第3次コンピュータ裁定と同等以上の非構造的歯止め
「(D), (E) 独立した公衆電話サービス提供者は，場所の提供者が公衆電話からのLATA間通信を伝送する事業者を選定し，契約する際に場所

の提供者と交渉する権利をもつが，それと同等の権利を，ベル会社の公衆電話サービス提供者を含むすべての公衆電話サービス提供者に与えること

「(2)　FCCは公衆電話が他に設置されていない場所で，公益用の公衆電話を維持する必要性，および必要とした場合の公正かつ平等なサポート

「(c)　FCCの定める規則が州の規則と矛盾する場合はFCC規則が優先する。

「(d)　省略

　コンピュータ裁定は，コンピュータと通信の融合によって生じたデータ通信サービスをどう規制するかの問題に直面したFCCが，1971年から3回にわたるコンピュータ調査を実施して，下した決定。それぞれの裁定についてはインターネットに対する規制に関係するため第14章で解説するが，第3次コンピュータ裁定の非構造的歯止めに関係する，80年の第2次コンピュータ裁定から簡単に紹介する。

　同裁定でFCCは情報の処理，加工を伴わない場合は基本サービス，伴う場合は高度サービスに分類し，基本サービスについては規制，高度サービスについては規制することとした。そして基本サービスを提供するAT&Tやベル会社などの支配的通信事業者が，同時に高度サービスや宅内機器を提供する場合は，独占事業から得た収益を競争事業に流用して，競争上，優位に立たないようにするために分離子会社で提供するという要件を課したのである〔Amendment of Section 64.702 of the Commission's Rules and Regulations, Second Computer Inquiry, Final Decision, 77 FCC 2d 384 (1980)〕。

　その後，分離子会社要件が高度サービスの普及を阻害していると判断したFCCは，86年の第3次コンピュータ裁定で，分離子会社という構造的歯止めを撤廃し，非構造的歯止めに置き換えた〔Amendment of Section 64.702 of the Commission's Rules and Regulations, Second Computer Inquiry, Final Decision, 77 FCC 2d 384 (1980)〕。

　非構造的歯止めの代表例としては会計帳簿の分離があげられるが，FCCが第3次コンピュータ裁定で高度サービスに対して課した非構造的歯止めは，

「オープン・ネットワーク・アーキテクチュア」の確立だった。オープン・ネットワーク・アーキテクチュアは，わが国でいえば第1種電気通信事業者（設備を保有して通信サービスを提供する事業者）と，第2種電気通信事業者（自らの設備は保有せずに通信サービスを提供する事業者）との公正な競争条件の確保にあたり，AT&Tやベル会社は高度サービスの提供に必要な基本サービスを，機能別に別建てにして認可を受けたタリフ料金で，すべての高度サービス業者（自社が高度サービスを提供する場合も含む）に平等に提供することを義務づけた。このオープン・ネットワーク・アーキテクチュアによって，高度サービス市場における公正競争条件を確保するとともに，基本サービスを独占する電話会社も分離子会社を通じなくても高度サービスを提供できるようになった［Amendment of Section 64.702 of the Commission's Rules and Regulations, Third Computer Inquiry, Report and Order, 104 FCC 2d 958 (1986)］。

96年法はベル会社の公衆電話サービスに対し，これと同等以上の非構造的歯止めを課した。96年9月，FCCは本条によって要求された上記事項について定めた規則を出した［Implementation of the Pay Telephone Reclassification and Compensation Provisions of the Telecommunications Act of 1996, Report and Order, 11 FCC Rcd. 20,541 (1996)］。

第4章　ユニバーサル・サービス

第1節　背景

1．AT&T独占時代のユニバーサル・サービス

　34年法は第1条で目的を明らかにするとともに，その目的を達成するための権限と責任を有するFCCの設置を定めた。その目的の一つが，「合衆国のすべての国民が十分な施設と合理的な料金によって，可能な限り迅速かつ効率的な全国的および世界的な有線および無線による通信サービスを利用できるように，有線通信および無線通信に対する州際通商および国際通商を規制する目的のために（後略）」という，いわゆる「ユニバーサル・サービス」だった（47 U.S.C. §101）。

　この連邦の通信政策の基本的な目標であるユニバーサル・サービスについて，34年法はとくに定義しなかったため，法律による定義は96年法を待つことになるが，それに90年も先立ってユニバーサル・サービスという言葉を初めて使ったのは，何と民間企業のAT&Tだった。

　19世紀と20世紀の2度にわたり社長の座に就き，AT&T中興の祖と呼ばれたセオドア・ヴェイルは1908年に，「一つのシステム，一つの政策，ユニバーサル・サービス」という経営理念を打ち出した。この経営理念に象徴されるように，当初のユニバーサル・サービスには一つのシステムで提供するサービスという意味が含まれていた。翌1909年の年次報告書も「同一資本の支配下にない独立したシステムの集合体では，ユニバーサル・システムが提供する公共サービスに匹敵するサービスは提供できない」として，この経営理

念を正当化した。AT&Tの独占がまだ確立してなかったからである。

　その後の独立系電話会社の買収により，AT&Tの独占が確立するとともに，ユニバーサル・サービスの概念は「できるだけ多くの人に地域通信を低廉な料金で提供すること」を意味するようになった。この意味でのユニバーサル・サービスを確保するためにAT&Tが採った措置は，地域通信のコストを長距離通信の収入で補塡することにより，地域通信の料金を低めに抑え，低所得者でも電話に加入できるようにすることだった。新規加入者が増えれば既存の電話の利用価値も高まるというのが，その理由づけだったが，裁判所もこれを認めた。

　1930年最高裁は，イリノイ州委員会が地域通信のコストを地域通信の収入でまかなおうとする，イリノイ・ベルの料金申請に待ったをかけた係争で，「長距離通信も地域通信設備を使うので，共通費用の一部を負担すべきである」とする州委員会の主張を認める判決を下した [Smith v. Illinois Bell Tel. Co., 282 U.S. 133 (1930)]。これに基づきAT&Tは，地域通信のコストを一部長距離通信で負担する料金を認可申請し，FCCはこれを認めた。

　米国は他の先進諸国と異なり，電気通信事業における独占を法定しなかった。法定独占でなく規制当局の認めた独占にすぎなかったにもかかわらず，84年の分割前には100万人以上の従業員を擁する地上最大の独占企業体を生み出したのは，AT&Tがユニバーサル・サービスを経営理念とし，規制当局もこれを認めてきたからに他ならない。

2．競争導入とユニバーサル・サービス

　1972年の専用線サービスに始まった長距離通信への競争導入は，78年には長距離電話サービスにもおよび，ユニバーサル・サービスの確保はAT&Tの社内にとどまる問題ではなくなった。新規参入したMCIの長距離通話料金を定める際に，地域通信のコストを負担させるべきかという問題が発生したのである。

　この問題に対し，FCCは顧客がMCIを通じて長距離電話する際，ベル会社の交換機が技術的にAT&Tを通じる場合と同じダイヤル桁数で接続（イコール・アクセス）できないため，ベル会社が交換機を更改するまでの間，MCI

がベル会社に支払う回線使用料をAT&Tより割り引く応急措置で対応した。
　AT&T分割を決めた82年の修正同意判決でこの応急措置は以下の二つの理由で行き詰まった。
①修正同意判決はベル会社24社のうちAT&Tの持株比率が過半数を割る2社を独立，残りの22社を地域ベル7社に再編成したため，AT&Tとベル会社の資本関係が切り離された。
②修正同意判決はまたベル会社に，イコール・アクセスを実現するための交換設備の更改を，86年9月までに行うことを義務づけた。
　①によりAT&T社内の内部補助でユニバーサル・サービスを確保することは難しくなったにもかかわらず，内部補助額は，補助を始めた1940年代からの40年間に確実に増え続けていた。
　技術革新による設備コストの低減は，マイクロウェーブ，衛星通信，同軸ケーブルなど伝送技術の分野で顕在化した。このため伝送部分の長い長距離通信がその恩恵に最初に浴した。逆に地域通信のコストは新型交換機の登場，地価・建設費の高騰などにより相対的に増大した［堀伸樹，競争時代を迎える米国の電気通信産業（1984）］。こうしたコスト構造の変化に対応して，地域通信料を引き上げるとユニーサル・サービスに悪影響を与えかねない。これを避けるため，地域通信料を抑え，長距離通信料は引き下げなかったため，補填額は増大の一途を辿ったのである。
　修正同意判決による長距離通信への競争導入とAT&Tとベル会社の分離に伴い，ベル会社が地域通信料をコストに見合うまで引き上げると大幅な値上げとなる。そこでFCCが考え出したのがアクセス・チャージだった。アクセス・チャージは長距離通信を加入者に接続してもらうために，IXCがLECに支払う接続料で，わが国では事業者間接続料と呼ばれ，加入者へのアクセス回線を持たないNCC（New Common Carrierの略，新電電ともよばれる）が，NTTに支払っている。FCCはこのアクセス・チャージを高めに設定することで，LECの赤字を補填した。
　このようにアクセス・チャージはユニバーサル・サービス確保のためにFCCが考案したもので，ユニバーサル・サービスと裏腹の関係にある。96年法がユニバーサル・サービスを大幅にモデル・チェンジしたのを受けて，FCC

は97年5月にユニバーサル・サービス規則を制定すると同時に，アクセス・チャージ規則を大改正した。いずれも第1章（第251条，第252条）で解説した相互接続規則とともに，96年法実施のためにFCCが制定を義務づけられている，80以上の規則の中でも3大規則の一つである。このため，アクセス・チャージについては背景も含め次章で解説することとし，ユニバーサル・サービスの説明に戻る。

AT&Tの提唱で70年間続いたユニバーサル・サービスが，84年のAT&T分割で存亡の危機に遭遇したため，「ユニバーサル・サービス維持法」が下院を通過するなど，ユニバーサル・サービスをめぐる論議が高まる中で，FCCはアクセス・チャージ以外にも，ユニバーサル・サービスを確保するための措置を考案した。AT&T独占時代からあった(1)ア．の農村電化局の低利融資を含め，現在までに以下の措置が実施されている。

(1) 事業者に対する補助
ア．農村電化局の低利融資

大恐慌後の1933年，大統領に就任したフランクリン・ルーズベルト大統領は，景気刺激と失業救済策のためのニューディール政策を打ち出した。その一つが農村地域に電力を供給する電力会社に低利の融資を行う，農村電化局の設置だった。1949年農村電化局は，融資対象を農村地域の電話会社にも拡大した。歴史も長い農村電化局の低利融資は，米国におけるユニバーサル・サービスの普及に大きく貢献した。

イ．ユニバーサル・サービス基金

全国平均のコストを15％以上上回る高コスト地域を受け持つ地域通信会社に対して補助するファンドで，現在約1200社あるLECの半数以上の約675社が補助を受けている［THOMAS W. BONNETT, TELEWARS IN THE STATES (1996)］。84年にFCCが創設した制度だが［Amendment of Part 67 of the Commission's Rules and Establishment of a Joint Board, Decision and Order, 96 FCC 2d 781 (1984)］，96年法は第102条で，ユニバーサル・サービス基金などの支援を受けられる公衆通信事業者を適格電気通信事業者として指定することとした（第2章参照）。

(2) 加入者に対する補助

　低所得者に対して電話基本料金を援助するライフライン援助プログラムと，低所得者に対して電話の架設工事費を援助するリンクアップ・アメリカがある。

(3) その他

　言語・聴覚障害者の電話利用を手助けすることに伴って発生する費用を補助する，テレコミュニケーションズ・リレー・サービスがある。

3．ユニバーサル・サービス概念の拡大

　こうしたユニバーサル・サービス確保のメカニズムからも想像がつくように，ユニバーサル・サービスの中味は，これまで POTS（Plain Old Telephone Service の略）とよばれる基本的な電話サービスだったが，これを高度サービスにまで拡大しようとする動きが出てきた。

　34年法制定時には40％にすぎなかった電話の普及率は87年に90％を超え［BONNET, *supra* page 94；西田達昭，日米電話事業におけるユニバーサル・サービス（1995）。なお，米国のユニバーサル・サービスについては，林紘一郎・田川義博，ユニバーサル・サービス（1994）も詳しい］，電話ファックスやインターネットの普及により，電話回線で音声だけでなくデータも伝送される時代に当然予想される議論である。ユニバーサル・サービスの概念が時代とともに変遷する好例でもある。この動きは96年法に結実するので，ユニバーサル・サービスの歴史と現状の説明をもう少し続ける。

(1) NTIA 報告書

　ユニバーサル・サービスの対象を基本電話サービスだけに限定せず，技術革新が可能にした新規サービスにも拡大すべきだと主張したのは，商務省電気通信情報局（National Telecommunications and Information Agency, 以下，"NTIA"）が，88年に出した報告書「NTIA テレコム2000」が最初だった。

NTIAは91年には「インフラストラクチュア報告書―情報化時代の電気通信」で，タッチトーン（わが国のプッシュホン），緊急通話用の911番へのアクセス，視覚障害者用機器などを含めた「アドバンスト・ユニバーサル・サービス・アクセス」を提唱した。

(2) NII構想

　通信法の62年ぶりの大改正がクリントン政権下で実現したのは偶然ではない。冷戦の終結に伴い軍事技術の民生転換が大きな課題となっていた時に，初めて大統領選に立候補したクリントン知事は，ハイテク産業を牽引力として，米国企業の競争力回復と米国経済の再活性化を提唱するが，なかでも情報通信産業に着目し，選挙キャンペーンで全米規模の情報スーパーハイウェイを構築することの必要性を訴えた。

　これが大統領就任後，NII構想に結実したのは，序章（第3節）のとおりだが，93年に表明したNIIの9原則の一つに「ユニバーサル・サービス概念を拡張し，再定義する」ことが盛り込まれていた。9原則はその後，ゴア副大統領によって5原則に修正された。5原則の中で副大統領は，「情報について持つ者と持たざる者の差が生じてはならない」として，ユニバーサル・サービスの見直しを提唱，通信法改正の提案にも引き継がれて行った。

4．大統領の2大政策をドッキング

　地域通信への競争導入に伴い，ユニバーサル・サービスがおろそかにされないようにとの受け身の理由だけでなく，内容を時代の要請に合わせて高度化するという積極的な理由から，96年法はユニバーサル・サービスについて規定した。しかし96年法は骨組みを定めただけで，その肉付けはFCCの規則に任された。

　96年法を実施に移すためにFCCが制定を義務づけられた規則は80以上あるが，主要なものは競争の3部作（Competitive Trilogy）ともよばれる三つ。3部作のうち最初に出たのが，昨年8月の相互接続規則。第2，第3が97年5月に同時に出たユニバーサル・サービス規則とアクセス・チャージ規則。

ユニバーサル・サービスが96年法に占めるウェイトの重さを裏づける事実は，3部作のうちの二つの規則が関係していることだけにかぎらない。クリントン大統領のかかわりぶりにも現れている。クリントン大統領が歴代の大統領と異なり，通信政策に口出しし，選挙キャンペーン中から通信政策を明らかにしたことは，序章（第3節）のとおりだが，96年の再選キャンペーン中にもまったく同様に，業界誌の誌上会見で2期目の通信政策を早々と打ち出した［Broadcasting & Cable, Sept. 23, 1996］。

　七つの政策の最初に「2000年までに全米の各教室［各学校ではなく各教室である点に留意されたい。ちなみに米国には約10万の学校，200万の教室がある。また96年現在インターネットに接続可能な公立学校の比率は全体の65％に上るが，教室については14％に過ぎない］にコンピュータを設置し，インターネットに接続する」ことを掲げたのである。

　これがトップに掲げられた理由は通信政策とともに大統領が注力するもう一つの政策である教育政策に関係したからである。クリントン大統領が教育改革を重視する理由は，大学（ジョージタウン大），法科大学院（イェール大）とも奨学金で卒業し，オックスフォード大へも奨学金で留学した事実が語るように自らも苦学生で，自分が今日あるのは教育のおかげとの思いもあるが，根源は通信政策重視と同じ米国の国際競争力強化にある。

　そしてこの国際競争力強化こそが，96年法におけるユニバーサル・サービスの特異な位置づけを説明するキーワードでもある。96年法の目玉は規制撤廃，すなわち市場原理の徹底であるが，ユニバーサル・サービスはこれまでの説明で推察されるとおり，市場原理を歪めるもの。この96年法の二重人格性を解明する鍵が，国際競争力の強化なのである。　再選キャンペーン中にクリントン大統領は，大学生を持つ親には年間1万ドルまでの教育費を所得控除するなど，教育に関する公約もいくつか打ち出したが，その一つでしかも最大の公約が，上記の全米の各教室のインターネットへの接続だった。ブロードキャスティング・アンド・ケーブル誌との誌上会見の翌96年10月，選挙キャンペーン中のクリントン大統領は，学校や図書館からのインターネットへの無料アクセスと教育機関に電気通信サービスを割引料金で提供する「Eレート」導入の考えを明らかにした。

自身の2大政策に関連するうえに，次節で解説するようにユニバーサル・サービス規則制定のための連邦・州合同委員会の答申の期限が，96年11月の大統領選の時期と重なったため，クリントン大統領は何と施行規則にまで口出ししたのである。

第2節　条文

第Ⅰ編A章「電気通信サービス」の中に含まれているユニバーサル・サービスの条項を解説する。

> 「第254条　ユニバーサル・サービス（47 U.S.C. §254を追加）
> 「(a)　ユニバーサル・サービス要件の見直し手続き
> 　FCC は，新法施行後1カ月以内に連邦と州で構成する委員会を設置しなければならない。この合同委員会は，ユニバーサル・サービスを支援するためのガイドラインを，9カ月以内に FCC に答申しなければならない。答申を受けた FCC は，15カ月以内に答申に基づくアクションを開始しなければならない。

96年3月に設置された合同委員会は，クリントン大統領が再選された96年11月，予定どおり FCC に対しユニバーサル・サービスに関する勧告を行った。84年の AT&T 分割時にユニバーサル・サービス維持のために FCC が導入したアクセス・チャージは，支払う側の長距離会社としては少しでも下げてもらいたいが，受け取る側の LEC はなるべく下げてもらいたくないなど，関係者の利害が複雑にからむため，勧告は時間切れで積み残した問題もあった。その中で学校・図書館に対する補助は，大統領自身が方向づけを行ったことも手伝って，もっとも具体性のある勧告となった［Federal-State Joint Board on Universal Service, Recommended Decision, 12 FCC Rcd. 87 (1996)］。

97年5月に出されたユニバーサル・サービスに関する FCC 規則も，合同委員会の勧告をほぼ全面的に取り入れたので，法律の施行規則にまで口出ししたクリントン大統領の作戦が奏効したわけである。

第 4 章　ユニバーサル・サービス　99

　以下ユニバーサル・サービスについて，項目ごとに96年法による骨組みを枠内で（条文はいずれも第101条で追加した 47 U.S.C. §254），肉付けである FCC 規則［Federal-State Joint Board on Universal Service, Report and Order, 12 FCC Rcd. 8776 (1997), at 8789-8798 に改訂の概要。なお，田口英一訳，「FCC のユニバーサル・サービス，アクセス・チャージおよびプライス・キャップに関する1997年5月裁定」海外電気通信1997年10月号でも概要を紹介している］(hereinafter *Universal Service Order*) を解説部分でご紹介する［原則として第12巻8776頁以下に所収されている FCC 記録のページを引用するが，連邦規則集 C.F.R.の第47編（Title 47）に所収されている FCC 所管の規則の Part 54「ユニバーサル・サービス」の改訂を伴った部分については 47 C.F.R.のページを引用する］。

> 「(b)　原則
> 　FCC と合同委員会は以下のユニバーサル・サービスの7原則に従って，ユニバーサル・サービスを推進しなければならない。
> 「(1)　安い負担可能な料金で良質なサービスを提供すること
> 「(2)　高度電気通信および情報サービスへの全国的なアクセス
> 「(3)　農村や僻地の高コスト地域でも，都市部と同じ料金で同じサービスが受けられるようにすること
> 「(4)　すべての電気通信事業者によるユニバーサル・サービスへの資金的貢献
> 「(5)　具体的なユニバーサル・サービスのメカニズム
> 「(6)　小中学校，図書館，医療機関による高度電気通信サービスへのアクセス
> 「(7)　その他，FCC の定める原則

　ユニバーサル・サービス規則は(7)に基づいて，ユニバーサル・サービス制度が特定の事業者，特定の技術を不当に優遇することを避けるため，「競争上の中立性」を7番目の原則として追加した［*Universal Service Order*, 12 FCC Rcd. at 8800-8806］。

「(c) 定義
　ユニバーサル・サービスの定義は，電気通信や情報技術の進歩に合わせて現行化されなければならない。現行化するにあたって FCC は，当該電気通信サービスが以下の四つの基準を，どの程度満たしているかを考慮しなければならない。
「(1)(A)　教育，公衆衛生あるいは公共の安全に不可欠か。
「(B)　かなり多くの住宅用加入者が市場での選択を通じて顧客となっているか。
「(C)　電気通信事業者が公衆電気通信網を構築しているか。
「(D)　公共の利益，便宜および必要に適合しているか。

　上記(b)の原則および本項の定義に基づき，ユニバーサル・サービス規則はユニバーサル・サービスの具体的内容を以下のとおり定めた（47 C.F.R. §54.101 (1997)）。
①公衆交換網への送受信機能を備えた音声級アクセス
②発信音またはそれに相当する機能
③単独―共同電話サービス
④911番，高度911番サービスなどの緊急サービスへのアクセス［911番サービスはわが国の110番と119番を合わせたサービス］
⑤オペレータ・サービスへのアクセス
⑥市外サービスへのアクセス
⑦番号案内サービスへのアクセス
⑧低所得者に対するライフライン・サービス（電話基本料金の補助）とリンクアップ・サービス（電話架設工事費の補助）

　以上のユニバーサル・サービスの定義については，連邦・州の合同委員会が2001年1月までに見直しを行なう［*Universal Service Order*, 12 FCC Rcd. at 8834-8835］。

「(d)　電気通信事業者の貢献
　州際の通信サービスを提供する事業者は，ユニバーサル・サービスの

> 促進に貢献しなければならない。

　地域通信と長距離通信の分水嶺であるLATAは全米で現在193あり，州の数より多いので，地域通信（LATA内通信）は当然州内通信だが，長距離通信（LATA外通信）は州内と州際に分かれる。96年法は長距離通信事業者のうち州際通信を扱う事業者のみに，ユニバーサル・サービスへの資金提供義務を課した。

　96年法は同時に，IXCにかぎらずすべての州際通信を扱う事業者に資金拠出を義務づけた。これによりわずか十数年で，年商368億ドルの市場規模を誇るまでに成長した無線サービス事業者（表0－1参照）も基金に拠出することになった。拠出義務を負うことは必ずしもマイナス面ばかりではない。適格電気通信事業者に指定されれば，ユニバーサル・サービス基金を受領することもできるからである。

　商用移動無線サービス事業者（Commercial Mobile Radio Service Carrier）の中でもページング（ポケットベル）業者は，例えば音声サービスなど上記(c)の内容のユニバーサル・サービスを提供できないため適格電気通信事業者になれない。このため拠出義務の適用除外を求めたが，FCCは例外扱いしなかった［*Id.* at 9181-9182］。公衆電気通信事業者でない州際サービス提供業者や公衆電話集配業者についても除外しなかった［*Id.* at 9183-9186］。唯一除外したのはインターネット・サービス業者やオンライン・サービス業者で，州際の電気通信サービスを提供していないことが除外理由である［*Id.* at 9179-9181］。

> 「(e)　ユニバーサル・サービス支援
> 　適格電気通信事業者のみが，連邦のユニバーサル・サービス支援を受けることができる。ユニバーサル・サービス支援を受ける事業者は，当該支援が意図する施設やサービスの提供，保守，改良以外の目的に使用してはならない。当該支援は本条の目的を達成するために明白かつ十分でなければならない。

　適格電気通信事業者について96年法は第102条で規定した（第2章参照）。

「明白かつ十分な支援」は96年法によるユニバーサル・サービス制度の主要改革点の一つでもある。96年法のねらいは規制撤廃，すなわち市場原理の徹底にあるが，ユニバーサル・サービスは市場原理を歪める補助である。市場原理の徹底をとなえつつ，市場原理を歪める補助を拡大するという96年法の二重人格性を解く鍵の一つが，この補助の明確化である。本条によるユニバーサル・サービスの目標達成のための明白かつ十分な支援のメカニズムを確立するために，FCCはユニバーサル・サービス規則を制定したが，同時に不明確な支援を内包する既存のアクセス・チャージ制度を存続することは好ましくないと判断し，これを改定する規則を制定した。そのアクセス・チャージ規則については次章で解説する。

> 「(f) 州の権限
>   州はFCCの規則に反するような施策を実施することはできない。

> 「(g) 長距離および州際サービス
>   FCCはIXCに，農村部や高コスト地域の料金を，都市部より高く設定しないことを義務づける規則を，6カ月以内に定めなければならない。

ユニバーサル・サービス支援の明確化をうたった上記(e)と矛盾する条項だが，FCCは96年8月，議会の指示どおり不明確な支援すなわち，
① IXCに，農村部や高コスト地域の料金を都市部より高くしないこと
② 州際IXCに，ある州の料金を他の州の料金より高くしないこと
などを義務づける規則を制定した〔Policy and Rules Concerning the Interstate, Interexchange Marketplace, Implementation of Section 254(g) of Communications Act of 1934, as amended, Report and Order, 11 FCC Rcd. 9564 (1996)〕。

> 「(h) 特定機関向けの電気通信サービス
>   電気通信事業者は農村部の医療機関に対して，都市部と同等の料金で電気通信サービスを提供しなければならない。また小中学校，図書館に対しては他の者より安い料金で，サービスを提供しなければならない。

> FCCはこれらの機関が高度な電気通信および情報サービスを，妥当な料金で受けられるような規則を定めなければならない。

農村部の医療機関に対する補助について，規則は以下のとおり定めた（47 C.F.R. §54.601-54.623 (1997)）。
①農村部の非営利の公的医療機関が利用する電気通信サービスに対して，ユニバーサル・サービスを支援するための補助を行う。
②これらの医療機関が医療サービスを提供するために利用する，帯域幅1.544メガビット／秒までの電気通信サービスは補助を受けることができる。
③電気通信事業者はこれらの医療機関に対し，同一州内の人口5万人以上の最寄りの市における類似サービスの料金より高い料金を課してはならない。
④インターネット・サービス業者に市外通話料金無料で接続できない医療機関は次のいずれか低額の方の補助を受けられる。
・インターネット・サービス業者への月30時間までの市外通話料無料のアクセス
・インターネット接続用の市外通話料の月180ドルまでの補助
⑤以上の医療機関に対する補助は年間4億ドルを上限とする。

クリントン大統領の2大政策である通信政策と教育政策をドッキングした最大の目玉，学校・図書館に対する補助について，規則は以下のとおり定めた（47 C.F.R. §54.500-54.517）。
①学校・図書館が地域の貧困度とサービスに伴うコストに応じて，20～90％の割引料金（Educationの頭文字を取ってEレートとよばれる）で，電気通信サービスの提供を受け，インターネットに接続できるようにする（表4－1参照）。
②補助額は毎年22.5億ドルを限度とするが，次年度への繰越しを認める。

> 「(i) 消費者保護
> 　FCCおよび州委員会はユニバーサル・サービスが公正，合理的かつ手ごろな料金で利用できるようにしなければならない。

表 4 − 1　学校・図書館に対する料金割引率　　　　（単位：％）

サービス・コスト 貧困度	低コスト (67%)	中間コスト (27%)	高コスト (5%)
1％未満（3％）	20	20	25
1〜19％（31％）	40	45	50
20〜34％（19％）	50	55	60
35〜49％（16％）	60	65	70
50〜74％（16％）	80	80	80
75〜100％（16％）	90	90	90

（注1）　貧困度は学校給食の補助を受けている生徒の割合によった。
（注2）　貧困度，サービス・コストともカッコ内は分布率を表す。

「(j)　ライフラインの援助
　本条のいかなる規定も連邦規則集第47巻第69.117条（47 C.F.R. §69.117）他に基づき，FCC が規定するライフラインの援助プログラムに影響を与えないものとする。

　低所得者に対して電話基本料金を援助するライフライン・サービスについて規則は以下のとおり充実した［*Universal Service Order*, 12 FCC Rcd. at 8954-8994］。
①ライフライン・サービスを全州に広げるとともに連邦の補助額を増やす。
②州際サービスを提供する全事業者にライフライン支援を義務づけるとともにライフライン・サービスおよび低所得者に電話の架設工事費を補助するリンクアップ・サービスを提供する全適格電気通信事業者に補助を与える。
③ライフライン・サービスを受ける加入者は農村，僻地，高コスト地域の加入者とまったく同じユニバーサル・サービス（具体的内容は上記(c)の解説参照）にアクセスできる。
④ライフライン・サービスには加入者が要望する場合の市外通話への接続制限も含む。
⑤市外通話料の未払いを理由に地域通信サービスを停止することはできない。

⑥市外通話の接続制限を希望する加入者に預託金を要求することはできない。

> 「(k) 内部補助の禁止
> 　電気通信事業者は非競争サービスから競争サービスを補助することはできない。FCC は州際サービス，州委員会は州内サービスに関して，ユニバーサル・サービス提供のために使用する設備の費用を適正に負担するための費用配分規則を定めなければならない。

　ユニバーサル・サービス規則は上記の他，以下について定めた。

(1) **高コスト地域に対する補助** [Id. at 8898-8951]
①高コスト地域においてユニバーサル・サービスを提供するのに要するコストは将来コスト（forward-looking economic cost）とする。地域通信も競争市場となったので，過去の独占時代にかかったコストではなく，将来の競争市場でかかるであろうコストを適用すべきであるという発想である。
②将来コストから収入ベンチマーク（地域通信収入だけでなく，アクセス・チャージ収入（後述）なども含む）を差し引いた分の25%を連邦がサポートする。
③非農村部の将来コスト算定のための調査を開始し，98年8月までに決定，99年1月から実施に移す。
④州は FCC の定める算式を使用してもよいし，独自のコスト調査を実施してもよい。
⑤農村部の将来コストについては，引き続き連邦・州合同委員会と協力して算定していく。

(2) **管理機関の設立**
　連邦諮問委員会を設立し，ユニバーサル・サービス支援を管理する中立的な第三者機関を選定する。それまでの間，既存の地域通信事業者の業界団体である全米地域電話協会（National Exchange Carriers Association）が，新規に市場参入する地域通信事業者の利益もできるだけ代弁することを条件に暫定的に管理する [Id. at 9214-9217]。

表4－2 ユニバーサル・サービス提供に必要な資金額

(単位：億ドル／年)

補助対象	現在	98.1.1以降
農村部の医療機関	0	4
学校・図書館	0	22.5
低所得者	1.5	5
高コスト地域	15	15
合計	16.5	46.5

　以上のユニバーサル・サービス支援に必要な資金額を表4－2にまとめた。全体で現在の約3倍に跳ね上がるが，半分近くを学校・図書館に対する補助が占め，クリントン大統領の教育に対する入れ込みが数字的にも裏づけられる。

第3節　ユニバーサル・サービス規則の見直し

　ユニバーサル・サービス規則も相互接続規則同様，制定直後に訴えを提起された。既存の電話会社や州委員会が，規則は議会が96年法で示した方針に沿っていないとして，次々とFCCを訴えた。訴訟はテキサス州委員会対FCCに統合され，99年7月，第5控裁は規則をおおむね支持する判決を下したが，これについては後述する（第13章）。

　3大規則は後述するアクセス・チャージ規則も含めすべて裁判の洗礼を受けることになるが，ユニバーサル・サービス規則については議会も以下の三つの異議を唱えた。

1．ユニバーサル・サービスの基本的問題

　きっかけとなったのはインターネットだったが，インターネットに伴う問題は96年法後に出現したので，96年法後の課題をまとめた第14章で詳述することとし，ここでは概要のみを紹介する（citationも省略）。

第3章（第276条）のとおり，コンピュータと通信の融合によって生まれたコンピュータ通信をどう規制するかについて，1960年代から3回にわたるコンピュータ調査を実施し，裁定を下したFCCは，80年の第2次コンピュータ裁定で情報の処理，加工を伴わない場合は基本サービス，伴う場合は高度サービスとし，基本サービスについてのみ規制した。

　電気通信と提供サービスについて定義した96年法は，電気通信サービスであると同時に高度サービスであるサービスが存在するかのような解釈の余地を残したが，FCCはユニバーサル・サービス規則で両者は重複しないとして，コンピュータ裁定以来の二分法を堅持した。電気通信事業者はユニバーサル・サービス基金への拠出を求められるが，情報サービス事業者は免れる。基金が十分とはいえない農村部のLECが，両者の性格を合わせ持つインターネット・サービス・プロバイダーに基金を拠出させるべく，農村部の議員に働きかけたため，議会は98年の予算を決めた法律で，ユニバーサル・サービスの基本的問題についてFCCに報告を求めた。

　98年4月，FCCは議会に報告書を提出，インターネット・サービス・プロバイダーを引き続き情報サービス提供者と位置付け，基金への拠出を免除するなど，ユニバーサル・サービス規則の枠組みを維持した。

2．学校，図書館などに対する補助

　3大規則の中でもユニバーサル・サービス規則については議会が異議を唱えた理由は，ユニバーサル・サービスが補助であるため，農村部の議員の関心が高いからだった。議会は学校，図書館，農村部の医療機関への補助についても，98年の緊急補正歳出を認める法律制定時に注文をつけた。98年3月，上院に提案された最終案は，当初盛り込まれていたFCCに対して報告を義務づける条項を削除する代わりに，FCCに報告を期待するとの上下両院協議会の声明を添付した［CONF. REP. ON H.R. 3579, H. REP. 105-504］。

　これを受けてFCCは，97年夏に設立した，
①学校および図書館支援
②農村部の医療機関支援
③低所得者および高コスト地域支援

のための三つのユニバーサル・サービス管理機関を，管理コスト削減のため1機関に統合すると報告した［Report in Response to Senate Bill 1768 and Conference Report on H.R. 3579, Report to Congress, 13 FCC Rcd. 11,810 (1998)］。FCC がユニバーサル・サービス基金運営法人を乱造し，大統領よりも高い報酬をトップに支払っているとの批判に応えたもの。

学校・図書館など教育機関に電気通信サービスを割引料金で提供する E レート・プログラムは98年1月から実施されたが，実施と同時に一部 IXC は事務用加入者に対し，ユニバーサル・サービス基金への拠出額見合いの追加料金を徴収し始めた。AT&T, MCI の2大 IXC は7月から，住宅用加入者にも追加料金を課すると発表した。これも議会を刺激した。共和党議員らは追加料金を E レート・プログラムの発案者であるゴア副大統領の名を冠して，ゴア・タックスと名づけ，「ユニバーサル・サービス基金への拠出は FCC が議会しか持たない課税権を侵して，新たに課す税金である」として FCC を批判した。

FCC も「ユニバーサル・サービス基金への拠出は，アクセス・チャージの引き下げで相殺できるはずである。アクセス・チャージの減額分を顧客に還元せずに，基金への拠出分を顧客に転嫁するのは不公平である」と IXC を非難した。しかし，事態が政治問題化し，E レート・プログラムひいてはユニバーサル・サービス制度そのものの存亡の危機に直面した FCC は98年6月，公示を出して E レート・プログラムを以下のとおり修正した［Third Quarter 1998 Universal Service Contribution Factors Revised and Approved, 13 FCC Rcd. 16,617 (1998)］。

①年間22.5億ドルの学校・図書館に対する補助額（表4－2参照）を，98年は12億7500万ドル，99年6月までの18ヵ月間で19億2500万ドルに縮小する。
②農村地域の医療機関についても年間4億ドルを98年（暦年）は1億ドルとする。

99年7月から，後述するアクセス・チャージが予定どおり年間11億ドル減額されることが決まると，FCC は再考命令を出して，①の学校・図書館に対する補助額を当初の22億5千万ドルに戻した。農村地域の医療機関に対する補助については需要が少ないことから年間1200万ドルとした。

2000年7月からのEレート・プログラムを発表した際の記者会見で，ケナードFCC委員長は同プログラムが，インターネットの普及によって顕在化した，デジタル格差（digital divide）解消に役立つとした。具体例として，委員長は同プログラムによる40万ドル超の補助によってエスキモーの生徒に，インターネット・アクセスを可能にしたアラスカ州アニアックの例をあげた〔FCC News, Statement of FCC Chairman William E. Kennard and Commissioner Gloria Tristani: E-Rate to Receive Full Funding, Apr. 13, 2000〕。

3．高コスト地域における連邦，州の補助比率

ユニバーサル・サービス命令は高コスト地域における補助について，上記のとおり連邦が25％，州が75％負担すると定めた。これに対し，農村部の議員や業界団体などは連邦の負担割合が少なすぎて，高コスト地域における手ごろな料金が維持できないと批判した。このためFCCは再考命令を出すことを約束，連邦・州合同委員会に勧告を出すよう要請した。98年11月，連邦・州合同委員会は「25対75」ルールと呼ばれる連邦対州の補助比率の廃止を勧告した。これを受けて99年5月，FCCは補助比率を廃止する命令を出した〔Federal-State Joint Board on Universal Service; Access Charge Reform, Seventh Report & Order and Thirteenth Order on Reconsideration in CC Docket No. 96-45, 14 FCC Rcd. 8078 (1999)〕。

第5章　アクセス・チャージ

第1節　背景

　第254条「ユニバーサル・サービス」の解説が長くなっているのは，96年法3大施行規則のうちの二つに関係しているからである。96年法のねらいは規制撤廃，すなわち市場原理の徹底にあるが，ユニバーサル・サービスは市場原理を歪める補助である。96年法のこの二重人格性の整合を図る，より正確には本来市場原理を歪めるユニバーサル・サービスを，96年法を貫く競争原理の徹底という原則に適合させるという重大な使命を負わされたFCCは，一時97年5月の制定期限を守れるか危ぶまれたが，一部調整がつかずに先送りした問題はあるとはいえ，期限どおりにユニバーサル・サービスとアクセス・チャージの2大規則を制定した。

　ユニバーサル・サービスとアクセス・チャージの両規則制定により，96年8月の相互接続規則と合わせて3大規則の制定を終えたハントFCC委員長は，97年5月末に辞意を表明，98年6月末の任期切れを待たずに辞職することになった。アクセス・チャージ規則について本章で解説する。

　ユニバーサル・サービスとアクセス・チャージはいずれも補助のメカニズムである。AT&T分割と同時に地域通信はLEC，長距離通信はIXCと別会社が提供するようになり，それまでの長距離通信から地域通信への内部補助が難しくなったが，LECが料金を一気に上げると，ユニバーサル・サービスにも悪影響を及ぼすことをおそれて，アクセス・チャージがFCCによって定められたように，目的（ユニバーサル・サービスの確保）も共通している。逆に相違は資金の流れを見れば一目瞭然である。ユニバーサル・サービスが

低コスト地域の電話会社から高コスト地域の電話会社への補助であるのに対し，アクセス・チャージはIXCからLECへの補助である。

ただ，誤解してならないのは，米国ではユニバーサル・サービスを確保するために，FCCがアクセス・チャージを高めに設定したため補助となったが，アクセス・チャージは本来，補助とは関係ない相互接続料の一種である。第1章（第251条）のとおり，複数の電気通信ネットワークを相互に接続する場合，接続を依頼する通信事業者が依頼される事業者に支払う料金が相互接続料で，このうち，IXCがLECに支払う相互接続料がアクセス・チャージである。96年法は地域通信に競争を導入したため，LEC同士が相互接続する必要が生じた。このため，第251条(b)(5)で相互接続料を明確にすることをすべてのLECに義務づけた。

アクセス・チャージは具体的には，IXCがLECのアクセス回線に，Point of Presence（以下，"POP"）とよばれる接続点で接続してもらうために支払っている（図5-1参照）。この図で加入者宅から電話局までの加入者回線は加入者の専有設備で，コストは電話の利用度に関係なく発生するため，Non-Traffic Sensitive（以下，"NTS"）コストとよばれる。これから先の設備は共有で，コストは利用度に応じて発生するため，Traffic Sensitive（以下，"TS"）コストとよばれる。

1930年に最高裁はIXCによるNTSコストの負担を認める判決を下した。ベル会社のイリノイ・ベルが州委員会の定めた料金では地域通信のコストを完全には回収できないと主張したのに対し，「IXCも地域通信設備を使用するのだから，LECは設備費すべてを地域通信収入で回収する必要はなく，設備費用を地域通信と長距離通信に分計して，IXCにも応分に負担させるべきである」とした［Smith v. Illinois Bell Tel. Co., 282 U.S. 133 (1930)］。

1943年にAT&Tは長距離通信のNTSコスト負担比率を，当時の長距離通信の比率をもとに2.5％に定めた。この負担比率はその後増加の一途を辿り，80年には長距離通信の比率も8％に上昇したが，負担比率はその3倍の25％にも達した［Peter W. Huber, Michael K. Kellog and John Thorne, Federal Telecommunications Law (2d ed. 1999)］。

40年間に技術革新によるコストダウンは交換機よりも伝走路に顕著に現れ

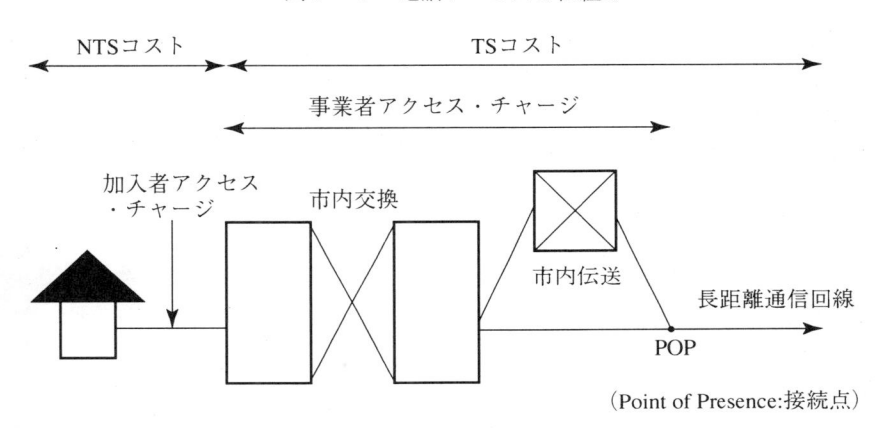

図 5 − 1　電話サービスの仕組み

（Point of Presence:接続点）

たため，長距離通信のコストは低下したが，地域通信のコストは逆に上昇した。しかし，地域通信の料金をコストに見合うように引き上げるとユニバーサル・サービスに支障を及ぼしかねない。このため AT&T は長距離通信料を引き下げずに傘下のベル会社への内部補助に回して，地域通信料値上げを防いだ。1940年から80年までの40年間に地域通信料は上昇するどころか，物価上昇率を差し引いた後の実質地域通信料は55％も下がった［Id.］。

長距離通信収入で NTS コストを賄うことにより，地域通信の料金を低めに抑えたこと，そして規制当局や裁判所もこれを認めたことが，低所得者の電話加入を容易にして，米国のユニバーサル・サービス普及に大きく貢献したことは，1940年に37％だった電話普及率が80年には90％を超えた数字が証明している［Id.］。

この結果，AT&T は長距離通信収入の約半分の110億ドルを毎年傘下のベル会社に割り戻すことになったが，これを可能にしたのは，長距離通信という金のなる木があったこと。コストを大幅に上回る料金だったにもかかわらず長距離通信収入は確実に伸び続け，上記のとおり1943年に2.5％にすぎなかった長距離通信の比率は84年には 8 ％まで上昇した。しかし，それも長距離通信市場を AT&T が独占していたからこそできたこと。

1970年代から始まった長距離通信への競争導入政策は，ユニバーサル・サービスに一大転機をもたらした。新規参入したMCIにも地域通信のコストを負担させるか否かの問題に直面したFCCは，顧客がMCIを通じて長距離電話する際，ベル会社の交換機が技術的にAT&Tを通じる場合と同じダイヤル桁数で接続（イコール・アクセス）できないため，ベル会社が交換機を更改するまでの間，MCIがベル会社に支払う回線使用料をAT&Tより割り引く応急措置で対応した。

　AT&T分割を決めた82年の修正同意判決は，イコール・アクセスを実現するための交換設備の更改を，86年9月までに行うことを義務づけたため，この応急措置は行き詰まった。AT&Tの独占は長距離通信料金のコストに比して割高な水準維持を可能にしただけではない。地域通信の赤字補填を内部補助の形で可能にした。しかし，子会社だからこそ容易にできた長距離通信収入の半分を振り向ける寛大な補助も，AT&Tとベル会社の資本関係を切り離した修正同意判決で難しくなった。

　以上の問題を解決しつつ，ユニバーサル・サービスを確保するため，FCCは長距離会社がLECに支払うアクセス・チャージをコストより高めに設定した。しかし，アクセス・チャージはAT&T独占時代の内部補助の単純な肩代わりではなかった。

　アクセス・チャージ制度の導入にあたり，FCCが意図したのは，
①コストの発生と負担の乖離是正，具体的にはIXCによる地域通信コスト負担の解消
②コストの実態を反映しない負担方法の是正，具体的には利用度に比例しないNTSコストを，長距離通信の利用度に応じて負担することの解消
の二つだった。

　このためFCCはアクセス・チャージを加入者アクセス・チャージと事業者アクセス・チャージに二分（図5－1参照），定額制の加入者アクセス・チャージの導入により①，②の解決を図った。

　82年にFCCが提案した当初案は，加入者アクセス・チャージを月6ドルとするものだった。年間72億ドル（＝6ドル×12ヵ月×1億加入）の収入で，110億ドルに上っていた長距離通信からの補填額を大幅に引き下げることを

ねらったのである［MTS and WATS Market Structure, Third Report and Order, 93 FCC 2d 241 (1983)］。

しかし，加入者の負担を大幅に増やすことが消費者団体の反発を買い，大統領選を控えた議会でも取り上げられたため，FCC は加入者アクセス・チャージの値上げを抑え，事業者アクセス・チャージはあまり引き下げない形で決着をつけた［MTS and WATS Market Structure, Report and Order, 2 FCC Rcd. 2953 (1987)］。しかし，NTS コストの負担割合は86年以降25％に固定したため，負担割合の上昇傾向には歯止めがかけられた。

アクセス・チャージの額は加入者アクセス・チャージについては，事務用単独回線加入者と住宅用加入者のアクセス・チャージは，85年の１ドルからスタートして毎年引き上げられ，89年に3.5ドルにとなった後，据え置かれている。事務用複数回線所有者は85年以降６ドルで固定されている。

96年法はユニバーサル・サービスについて規定した第254条で，ユニバーサル・サービスの支援は明示的かつ十分でなければならないとした（47 U.S.C. §254(e)）。FCC は明示的かつ十分な支援のメカニズムを確立するため，ユニバーサル・サービス規則を制定するとともに，非明示的な支援を内包する既存のアクセス・チャージ制度を改定した。

非明示的な支援とは一口で言えばコストの発生と負担の乖離で，その解消は具体的にはアクセス・チャージ導入時に FCC が意図した上記①，②である。その時点では政治問題化したため，FCC の意図した純粋経済的な問題解決は図れなかったが，今回は当時の長距離通信だけでなく，地域通信も競争となり，市場原理の徹底は通信市場全体に及ぶ。

ユニバーサル・サービスによる支援そのものも市場原理を歪める補助だが，これは前章のとおり競争導入の通信政策とは別の教育政策という大事な政策目標実現のために，なくすどころか増やさなければならない。同時に市場原理も徹底しなければならないという二律背反を解決するため，96年法は支援を明確化することを義務づけた。これを受けて FCC はアクセス・チャージ規則を改定するとともに同規則に関連する料金上限規則も改定した。両規則について次の2節で解説する。

第2節　アクセス・チャージ規則の改定

　96年法が義務づけた支援の明確化を満たすべく，97年5月，FCCはアクセス・チャージ規則を以下のとおり改定した［Access Charge Reform, First Report and Order, 12 FCC Rcd. 15,982 (1997), at 16,004-16,007 に改定の概要。なお，田口英一訳「FCCのユニバーサル・サービス，アクセス・チャージ，プライス・キャップに関する1997年5月裁定」海外電気通信1997年10月号でも概要を紹介している］。

1．加入者アクセス・チャージの改定

　前節①，②の目的実現のため，加入者アクセス・チャージ（Subscriber Line Charge）を表5－1のように改定した［Id. at 16,010-16,018］。

　1回線所有者のアクセス・チャージを引き上げずに現行どおりに据え置いたのは，引き上げがユニバーサル・サービスに逆行する，電話の解約という事態をもたらさないようにとの配慮からである。

表5－1　加入者アクセス・チャージ（月額）

加入区分	現行	改定	備考
1回線加入者 （住宅用，事務用とも）	3.5ドル	3.5ドル	据置き
住宅用複数回線加入者	3.5ドル	2回線目以上について 98年1月から5ドル 99年1月から6ドル	2000年以上はコスト次第だが，9ドルを上限とする。
事務用複数回線加入者	6ドル	97年7月から9ドル	コストによっては9ドル以下も可

2．事業者アクセス・チャージの改定

　事前登録IXCアクセス・チャージを導入することにより，事業者アクセス・チャージ（Carrier Common Line Charge）を改定した［Id. at 16,019-16,026］。

前節①の目的を完全に実現するには，地域通信のコストをすべて地域通信の収入で賄わなければならないが，半世紀にわたって増え続けてきた長距離通信からの補塡を，一挙に地域通信に振り替えると地域通信料の大幅値上げとなる。

82年に FCC は補塡額の大幅削減を試みたが，地域通信料の大幅値上げに伴う関係者の反対で，結果的には補塡額の上昇を食い止めるだけにとどまった。その時は AT&T 分割に伴い内部補助ができなくなることが，是正の理由だったが，今回は補助を受けている地域通信にも競争が導入される。コストに基づかない料金は競争を阻害しかねない。

このため，FCC は加入者アクセス・チャージを引き上げることとしたが，同時に情報化時代に合わせてモデル・チェンジしたユニバーサル・サービスに悪影響を及ぼさないよう，1回線目については上記1のとおり据え置き，引き続き IXC に負担させることとした。

しかし，前節②の利用度に依存しない地域通信の NTS コストを，分単位の従量制料金で補塡していた従来の事業者アクセス・チャージの不合理を解消するため，回線ごとに定額の事前登録 IXC アクセス・チャージ（Presubscribed Interexchange Carrier Charge，以下，"PICC"）を導入した。わが国ではマイラインとよばれ，2001年5月から導入が決まった事前登録制は，加入者が長距離通話をする場合，あらかじめ IXC を登録しておけば，わが国の0に相当する1をダイヤルすると，自動的にその事前登録 IXC につながる。PICC は IXC に事前登録した加入回線単位に，毎月定額のアクセス・チャージを負担させるもの。

PICC はあくまでも加入者アクセス・チャージでカバーされない分を負担するものだが，FCC は表5－2の上限を設定した。

3．伝送相互接続料の改定

FCC は上記のとおり83年に試みたが，政治問題化して実現しなかった，利用度に比例しない NTS コストである地域通信のコストを利用度に比例する長距離通信の収入で補う不合理の解消を，96年法の制定まで放置していたわけではなかった。91年の料金改定で，専用線サービスについては利用度に関

表 5 − 2 事前登録アクセス・チャージ（月額）

加　入　区　分	回　線　あ　た　り　最　高　額
１回線加入者（住宅用，事務用とも）	98年１月から53セント 99年以降，毎年50セントずつ増加
住宅用複数回線加入者の２回線目以上	98年１月から1.50ドル 99年以降，毎年１ドルずつ増加
事務用複数回線加入者	98年１月から2.75ドル 99年と2000年については必要により1.50ドルず増加

係ない設備（具体的には回線）ベースの料金で回収するようにした。

　図５−１のPOPから加入者よりの地域通信部分のうちでも，交換機を経由する公衆電気通信サービスは交換機使用部分が利用度に比例するが，交換機を経由しない専用線サービスは利用度に比例する部分がないためである。また，交換機を経由するサービスについては，分単位の料金を定めた。こうして新しく設定した料金で回収できない分を，引き続き IXC から伝送相互接続料（Transport Interconnection Charge）の形で回収することとした［Id. at 16,073-16,086］。

　このように伝送相互接続料は，地域通信のコスト回収を売上げベースから設備ベースにスムースに移行させるために，過渡的措置として誕生したが，現在も31億ドルに上っている。このため，今回のアクセス・チャージ改定に伴い，上記加入者アクセス・チャージおよび PICC でカバーしきれない地域通信の赤字を，引き続き伝送相互接続料で回収することとした。しかし，FCCでは加入者と事業者双方からのアクセス・チャージの増額により，伝送相互接続料は２〜３年で不要になるとしている。

4．アクセス・チャージ規則の再改定

　加入者アクセス・チャージの増額は97年7月から，事業者アクセス・チャージの定額制への移行は98年1月から，それぞれ実施された。AT&T, MCI, スプリントの３大 IXC は，事業者アクセス・チャージの定額制への移行に伴い，支払請求書に定額アクセス・チャージを別掲したため，アクセス・チャ

ージの負担減少分を加入者に還元するどころか，逆に転嫁しているとの批判を浴びた。3社は97年中に実施した通話料金引き下げの際，98年のアクセス・チャージ負担引き下げ分を織り込みずみのため，98年からLECに支払う定額アクセス・チャージは，そのまま支払請求書に別掲して加入者から徴収するようにしたと反論した。97年アクセス・チャージ規則でFCCが，IXCのアクセス・チャージ負担引き下げ分の加入者への還元方法を明記しなかったことに端を発した問題だが，FCCは3社の反論を了承せず，納得できる資料の提出を求めた。

AT&T，スプリントのIXC 2社は，LEC 4社（ベル・アトランティック，ベルサウス，SBC，GTE）とCoalition for Affordable Local and Long Distance Services（以下，"CALLS"）を結成，99年7月，FCCに対し州際アクセス・チャージの抜本的改革案を提出した。

97年アクセス・チャージ規則が導入したPICCを，住宅用加入者については廃止し，料金構造を簡素化することなどを骨子とする改革案だったが，FCCは2000年5月，これをほぼ採択する規則を制定した[Access Charge Reform, Price Cap Performance Review for Local Exchange Carriers, Sixth Report and Order, Low-Volume Long Distance Users, Report and Order, Federal-State Joint Board on Universal Service, Eleventh Report and Order (May 31, 2000)]。

CALLSには5大LECのうちのUSウエストを除く4社，3大IXCのうちのMCIワールドコムを除く2社が加わったため，FCCは「これまでFCCが業界のコンセンサスを得られずに達成できなかった多くの目標を達成しつつ，消費者の利益にも貢献している」としてCALLS案を採択した。業界主導のような観を与えかねないが，消費者の利益に貢献するかぎり（FCCはPICCと加入者アクセス・チャージの統合により住宅用加入者の負担は軽減するとしている），市場の規制にまかせるFCCの方針にも沿うとしたのである。

第3節　料金上限規則の改定

1．料金上限規制

　電気通信業だけでなく，電気，ガス，水道などの公益事業の規制で重要な部分を占めるのは料金規制である。公益事業に対する料金規制方式として，これまで一般的だったのは報酬率規制（Rate of Return Regulation）であった。料金は事業運営に要する総コスト（総括原価）に一定の利益率（報酬率）を上乗せして決められた。報酬率を決めることにより間接的に決まったのである。

　これに対し料金上限規制（Price Cap Regulation）は，料金の上限を「インフレ率—X％（生産性向上見合分）」で直接規制する方式である。料金上限規制を最初に導入したのは英国電気通信庁で，84年にブリティッシュ・テレコムに対して適用した。料金上限規制の考案者もバーミンガム大のリトルチャイルド教授である。米国ではFCCが89年にAT&Tに対して対して導入したのが最初だった。

　料金上限規制には以下のメリットがあることから，欧州諸国や米国の各州に急速に普及しつつあり，現在，全米で3分の2の州が採用している。
①事業者は定められた上限料金以下に料金水準を抑えれば，報酬率規制を免れられるため，増収，コスト削減のインセンティブが働く。別名インセンティブ規制と呼ばれる所以でもある。報酬率規制ではコストを削減した場合，料金値下げの形で消費者に還元しなければならないので，コスト削減のインセンティブはまったくない。逆にコストを削減しなくても一定の利益は保障されているため，事業者が経営努力を怠るおそれも多分にある。この独占の弊害に対して無策の報酬率規制と異なり，料金上限規制ではある程度除去できるので，規制当局にとっても好都合である。
②煩瑣なコスト配分作業など規制に伴うコストを軽減できるのも，事業者と規制者双方にとって好都合である。

2．アクセス・チャージに対する料金上限規制

　FCC は89年の AT&T についで，91年には LEC が IXC から徴収するアクセス・チャージに対しても，料金上限規制を導入した。「GNP 物価指数―X％（生産性要素）」が料金上限規制の算式だが，FCC は X の値によって当初二つ，現在は表5－3の三つのオプションを設けている。

　最初の二つのオプションでは報酬率規制を併用しているが，この方式で定められたアクセス・チャージ料を，IXC は通信の利用度に応じて，すなわち分単位で LEC に払っていたのである。

　FCC は LEC の中でも地域ベル 7 社と独立系最大手の GTE に料金上限規制を義務づけ，その他の LEC には，これまでの報酬率規制と料金上限規制（報酬率規制と組み合わせた不完全な形の）のいずれかを選択させた。市場支配力のある支配的事業者は経営努力を怠るおそれが高いため，インセンティブ規制を義務づけたのである。95年に FCC は長距離通信市場におけるシェア低下を理由に，AT&T を非支配的事業者に指定，これに伴い料金上限規制も廃止した。

　以上の例からも推察されるとおり，競争導入に伴い料金上限規制の必要性も薄れてくる。独占市場では報酬率規制よりも経営努力促進効果のある料金上限規制だが，競争市場では料金規制そのものが不要になるからである。英国電気通信庁も97年8月からの第4次料金上限規制の終了する2001年8月以降は，ブリティシュ・テレコムに対する料金規制を完全に撤廃することにし

表 5－3　アクセス・チャージに対する料金規制（現行）

X の 値	基準報酬率を超える利益	顧客への還元方法
4.0％を選択した場合	12.5％までの利益 12.25％～13.25％の利益 13.25％超える利益	還元なし 半額還元 全額還元
4.7％を選択した場合	12.25％までの利益 12.25％～16.25％の利益 16.25％超える利益	還元なし 半額還元 全額還元
5.3％を選択した場合	還元なし	

ている。

　96年法による競争導入，97年アクセス・チャージ規則を受け，料金上限規制も以下のとおり簡素化された［Price Cap Performance Review for Local Exchange Carriers, Access Charge Reform, 12 FCC Rcd. 16,642 (1997), at 16,647-16,650 に概要。なお，田口英一訳「FCC のユニバーサル・サービス，アクセス・チャージ，プライス・キャップに関する1997年5月裁定」海外電気通信1997年10月号，郵政国際協会でも概要を紹介している］。

①三つのオプションを廃止し，算式を1本に絞る（47 C.F.R. §61.45 (1997))。

②二つのオプションでは報酬率規制を併用していたが，これも廃止し料金上限規制1本に絞る（Id.）。

③X値を6.5%に引き上げる（Id.）。

第II部　放送およびケーブル・サービス

第6章　放送サービス

第1節　規制の歴史

　無線通信に対する規制は，1912年英国の豪華客船タイタニック号が，処女航海中に北大西洋上で，氷山に衝突して沈没したのがきっかけとなった。マルコーニ無線会社のニューファウンドランド島の中継局は，遭難の第一報を受信していたにもかかわらず，アマチュア無線による照会だけでなく妨害の電波が空中を飛び交ったため中継できなかった。議会は早速以下を骨子とする1912年無線法を成立させた［Radio Act of 1912, ch. 250, 37 Stat. 199］。
①放送は連邦政府がコントロールし，何人も免許なしに放送業を営むことはできない。
②電波は割り当て制とする。
③海難通信が最優先し，軍用通信がこれに次ぐなど，ある種の通信は他の通信に優先する。
　1912年無線法は電波の使用に免許制を導入したが，免許取得者には電波の使用権を与えただけで，電波の所有権を誰がもつかについては明確にしなかった。
　このため議会は1927年無線法を制定し［Radio Act of 1927, ch. 169, 44 Stat. 1162］(以下，「27年無線法」)，明確に電波の私的所有を禁じた。電波は公共のもので，使用にあたっては政府の免許を得る必要があるとした。公共の利益にかなうかどうかの判定は，新たに設置された連邦無線委員会（Federal Radio Commission）にゆだねられた。しかし，通信は1907年以来，州際通商委員会が規制していたため，通信と放送の一元的行政ができないとい

う弊害を生んだ。

　34年法は FCC を設立し，規制権限を一本化した（47 U.S.C. §151）。FCC は当初 7 名，82年の改正後は 5 名の委員（Commissioner）で構成され，委員は大統領が上院の承認を得て任命し，大統領はそのうちの 1 名を委員長に指名する（47 U.S.C. §154(a)）。任期は 5 年で（47 U.S.C. §154(c)），過半数を構成する最小の数以上が同一政党に属してはならないため（47 U.S.C. §15(b)(5)），委員長を含む 3 人の与党委員と 2 人の野党委員で構成されることが多い。

　34年法制定後生まれたテレビと CATV のうち，CATV については次章のとおり，誕生後30年以上経ってからとはいえ，34年法に第Ⅳ編を追加した1984年ケーブル通信政策法［*infra* page 148］（以下，「84年ケーブル法」）が制定された。テレビについては主要な改正は，教育テレビジョン放送施設の助成に関する法律［Pub. L. No. 87-447, 76 Stat. 64 (1962)］や，1967年公共放送法［Public Broadcasting Act of 1967, Pub. L. No. 90-129, 81 Stat. 365］のように公共放送に関するもののみで，それらも84年ケーブル法や，同法を大幅に改正した1992年ケーブル・テレビジョン消費者保護・競争法［*infra* page 149］のような大改正ではなかった。

　34年法第Ⅲ編「無線に関する規定」は制定当初29条の条文で構成されていたが，そのうち純粋に放送のみに適用される条文はたった3条しかなかったにもかかわらず，テレビに関するまとまった改正が行われなかった理由を，放送がマスコミ媒体として合衆国憲法修正 1 条に定める表現の自由の保護を受けるため，制定法による規制は最小限に止めるべしとの考え方に帰する見解もある［清家秀哉「米国公共放送の発展」情報通信学会誌 Vol. 12 No. 3 (1994)］。

　しかし，後述のとおり（第10章），放送は FCC 規則や判例によって出版物や電話など他のメディアより厳しい表現内容規制を受けてきた。放送の場合，表現の自由への配慮は非規制でなく逆に規制の方向に働いた。その代表的例が次項で紹介する公平原則で，希少な公共資源である電波を利用するため，公共性の観点から表現の自由の制約を受けた。むしろ放送に対する34年法の大改正がなかった理由は競争市場だったからである。34年法が公衆通信事業

者（コモンキャリア）を「(前略)対価を得る公衆通信事業者として，有線または無線による州際通信もしくは国際通信（中略）に従事する者をいう。ただし，無線放送に従事する者は，これに従事するかぎりにおいては，公衆通信事業者とみなしてはならない」と定義しているのも（47 U.S.C. §153(h)），競争市場である放送に独占の通信なみの規制を課す必要がないためである。表現の自由の制約のような法的規制は別として，経済的規制の観点からは放送は競争ゆえに非規制だったコンピュータ産業に近いのである。

第2節　条文

第II編「放送サービス」の条文を解説する。

> **第201条　放送スペクトラムの柔軟性（47 U.S.C. §336を追加）**
> 「第336条　放送スペクトラムの柔軟性
> 「(g)　高度テレビジョン・サービス
> 　高度テレビジョン・サービス（Advanced Television Service，以下，"ATV"）とは，デジタル技術または他の高度技術を用いて提供されるテレビジョン・サービスを指す。

　放送会社はテレビ信号標準を変更して，画質を向上させようと種々試みているが，FCCはこうした試みを現在の受像機を使用したまま画質を向上できるEDTV（Enhanced Definition Television Systems）と現在の受像機では受信できないHDTV（High Definition Television Systems）とに二分している。

　FCCは1987年にATV諮問委員会を設立してATVの開発に乗り出したが，標準化をめぐって電機・通信産業の7企業が個別に開発した四つの規格が対立し，日本のハイビジョンに後れを取っていた。ところが93年，四つの規格をDigital HDTV Grand Alliance（以下，"Grand Alliance"）として統一する合意が成立した。Grand Allianceはデジタル方式を採用することによりアナログ方式のハイビジョンを一気に追い抜くことになった。

　ジャーナリストのブリンクレイによると，議会，FCC，業界など関係者を

ATV開発に駆り立てたきっかけは，全米放送事業者連盟（The National Association of Broadcasters）が，88年夏にNHKの助けを借りて行なったハイビジョンの実演だったと指摘，画質の良さ以上に関係者を驚かせたのは，日本で開発されたという事実で，国策を見直す観点から1957年のスプートニック打ち上げに似た効果をもたらしたとのFCC委員の見解を紹介している[JOEL BRINKLEY, DEFINING VISION: THE BATTLE FOR THE FUTURE OF TELEVISION (1997)]。

　その後，米国が真剣に取り組んだ結果，開発国に追いつき追い越した点もスプートニックと類似している。米国について英国も地上波のデジタル化を決定，世界の放送業界は衛星放送，地上波放送とも一気にデジタル化に向かったため，わが国もこれに追随，アナログのハイビジョンを次世代テレビの世界標準にしようとした30年間におよぶ試みは水泡に帰した。

　FCCは95年にATV諮問委員会にHDTVだけでなく，従来の標準規格であるSDTV（Standard Definition Television System，ただし，画質は従来のアナログ方式より良い）での多重放送を検討することも要請したため，ATV諮問委員会の目的はHDTVの規格開発からデジタル・テレビ（DTV）の規格開発に移行した。

　これを受けたATV諮問委員会はDTVの標準化規格案をまとめFCCに提出した。標準化規格案の特徴はSDTV規格を加えた他，画像の走査方式にパソコンで採用されている順次走査（progressive scanning）方式を世界で初めて加えたことだった。テレビは上から奇数行と偶数行を交互に伝送し，2コマで1画面を構成する飛び越し走査（interlaced scanning）方式を採用している。動画には効率的だが，文字などがちらつくため，パソコンは上から順番に飛び越さないで伝送する順次走査方式を採用している。DTVの標準化規格案は走査線の数（SDTV用には現在のテレビと同じ480本，HDTV用には720本か1080本），走査方式（飛び越しか順次か）の他，毎秒表示される画面のコマ数（24か30か60）や画面の横縦比（現在の4対3か横長の16対9）などの組み合わせで18方式を定めた（表6-1参照）。

　96年5月FCCは96年法の成立を受け，これを標準とする提案をした。これに対し近年におけるパソコンの一般家庭への急速な普及にもかかわらず，標

表 6－1 デジタル・テレビ規格（18方式）

区 分	走査線数	水平画素数	横縦比	コ マ 数（毎秒）				チャンネル数
HDTV	1,080	1,920	16：9	60 I		30 P	24 P	1
	720	1,280	16：9		60 P	30 P	24 P	1～2
SDTV	480	704	16：9	60 I	60 P	30 P	24 P	4～6
	480	704	4：3	60 I	60 P	30 P	24 P	
	480	640	4：3	60 I	60 P	30 P	24 P	

参考：既存の放送

| 地上波放送 | ～335 | ～450 | 4：3 | 30 I |
| 衛 星 放 送 | 480 | 544 | 4：3 | 30 I |

（注） I は飛び越し走査方式，P は順次走査方式。

準化の議論に参画していなかったコンピュータ業界が反発，標準化は市場に委ね，競争で優位にたった方式を標準とするデファクト・スタンダード方式を主張した。96年末 FCC はコンピュータ業界の主張を容れ，DTV の標準規格について一切の規定をせず市場の決定にまかせることとした。一方，ATV 諮問委員会の DTV の標準化規格案（18方式）は自主的な規格として残した [Advanced Television Systems and Their Impact upon the Existing Television Broadcast Service, Fourth Report and Order, 11 FCC Rcd. 17,771 (1996)]。

　コンピュータ業界の発言力の高まりを象徴する出来事だったが，もともとコンピュータ産業は規制のない環境で育ってきた業界。設備産業ゆえ競争を認めると二重投資の無駄が生ずるため，独占を認めるのと引き換えに厳しく規制された電話事業や，競争ゆえ電話ほどではないとはいえ，電波というかぎられた資源を使わせてもらう代わりに規制を受けた放送業とは好対照をな

した。

　そのコンピュータ産業では政府主導の標準決定は，技術革新を阻害するだけで，市場にまかせるデファクト・スタンダードが一番よいとの考え方を採ってきた。市場が最良の規制者との認識のもとに規制緩和をキーワードとした96年法とまったく同じ考え方である。

　それもそのはず96年法がコンピュータ産業に習ったからである。立法者の目には，コンピュータ産業がほとんど非規制ゆえに，激しい競争で急成長した成功モデルとして焼き付いていた。84年のAT&T分割で誕生した地域ベルは当初退屈な会社といわれたが，インターネット・ブームや多様な高度情報サービスの普及などで，着実に成長している。

　しかし，ハイテク産業，とくに21世紀の産業である情報通信業で，米国企業および米国経済の復権をねらうクリントン大統領をはじめ米国の為政者は，コンピュータと通信・放送の融合する時代に，通信・放送業がその規制ゆえに足を引っ張るのではないかとの懸念を払拭できなかった。このため96年法で通信・放送業もコンピュータ産業同様，原則非規制としたのである。

> 「(a)　FCCのアクション
>   FCCは追加免許を付与するに際し，最初の適格者を現存する放送事業者に限定し，FCCが定める一定期間経過後は既存の免許か新しい免許のいずれかを返却させなければならない。FCCはまた免許保有者が，指定された周波数を使用して，公共の利益に沿った補助的サービスを提供するための規則を採択しなければならない。

　超党派の支持を得て，圧倒的多数で上下両院を通過した96年法だが，何度も廃案となったこれまでの改正案と同じ運命をたどる危機もまったくなくはなかった。奇しくも96年の大統領選を争った二人のクレームがきっかけとなった。95年夏に上院と下院を通過したそれぞれの当初案にはかなり隔たりがあったが，とくに下院案は市場が最良の規制者だとする市場信奉者ギングリッチ議長主導で規制緩和色が強く，まずクリントン大統領が拒否権発動をほのめかした。

　上下両院案のすりあわせを行なう両院協議会は，ホワイトハウスの意向も

汲んで95年末に両院案を一本化し，この拒否権発動問題を乗り切ったと思われたのも束の間，今度は一本化案に対し，ドール上院院内総務が「デジタル波を競売せずに既存の放送局に与えてしまうのは，企業福祉だ」とクレームをつけた。日頃企業よりの共和党議員らしからぬ発言だが，財政均衡という共和党の別の主張に沿ったもの。

　1927年無線法は免許付与の基準についても1912年無線法の先着順方式に代わり，公共の利益基準を採用した。しかし，使用料は徴収しなかった。競売方式は採らなかったわけである。27年無線法の考え方はそのまま34年法にも受け継がれ，最近に至っている。

　94年の中間選挙で共和党は上下両院を制したが，下院では実に40年ぶりに与党となった。これに気をよくした下院共和党は，ギングリッチ議長の主導で選挙公約だったアメリカとの契約を100日以内に成文化すべく，精力的に立法攻勢をかけた。そのうちの最重要課題の一つが財政均衡問題だった。80年代に入って深刻化した財政赤字問題を解決するため議会は，1985年均衡予算・緊急赤字制限法［Balanced Budget and Emergency Deficit Control Act of 1985 (Gramm-Rudman-Hollings Act), Pub. L. No. 99-177, 99 Stat. 1038］を成立させたが，当初90年を目途にした財政均衡化の時期は，その後先延ばしにされた。下院を民主党が制していたこともその一因だった。予算の立案権は下院が握っているからである。

　しかし，財政赤字を同党の責めにのみ帰すのは公平さを欠く。確かに民主党は福祉政策を重視するが，共和党のレーガン大統領こそ軍拡と減税のレーガノミックスで，財政赤字を深刻化させた張本人だったからである。96年予算案で共和党は7年間での財政均衡を提案，福祉予算の削減などに反対するクリントン政権と真っ向から対立，95年末の政府機関閉鎖問題にまで発展した。

　こうした背景から議会は93年に包括財政調整法を制定し，長年続いた電波無料主義を捨て，競売方式を採用する権限をFCCに与えた。これを受けFCCは95年にパーソナル通信サービス（Personal Communications Service）の電波競売を実施，77億ドルも稼いだ。ドール院内総務はこの実績に目をつけたわけである。

これに対し，条文どおり「最終的にはアナログかデジタルか，どちらかの電波を返却するのだから企業福祉だなんてとんでもない」とするのが，放送業者の言い分。

96年に入って大統領選の予備選が始まると，そのドール院内総務が立候補しているため，上院での審議日程が取れず，またしても廃案の憂き目に会うことをおそれたプレスラー上院商業・科学・運輸委員長は，この問題を切り離して別に定め，96年法はそのまま通すことで必死にドール院内総務を説得し，96年法成立に漕ぎ着けた。

97年4月，FCCは2006年に地上波デジタル化を完了する実施計画を定め，デジタル波を無料で与えることとした。移行後はアナログ波を返還することを条件にしているとはいえ，電波競売方式が主流化しつつある中，移行期間中の両波の無料使用を認めたのは，デジタル放送の普及を優先するためだった [Advanced Television Systems and Their Impact upon the Existing Television Broadcast Service, Fifth Report and Order, 12 FCC Rcd. 12,809 (1997)]。

FCCが地上波デジタル化実施計画で設定した，2006年中とするデジタル化の完了時期については，1997年予算均衡法で34年法第309条 (47 U.S.C. §309 (j)(14)) に法定した [Balanced Budget Act of 1997, Pub. L. No. 105-33, 111 Stat. 265]。

95年にATV諮問委員会が定め，96年12月，画像表示方式の標準決定を市場の決定に委ねたFCC規則でもDTV規格の自主的規格として残った18方式のうち10方式は，SDTV用の利用も検討するようにとのFCCの要請を受けてSDTV用だった。HDTVだと与えられる6メガヘルツの中で，1チャンネルしか放送できないが，SDTVだと4〜6チャンネルの多重放送が可能となるため（表6-1参照），ABC放送などは翌97年夏，SDTVで多チャンネル放送をしたいと表明した。デジタル化に伴う膨大な投資に見合う広告収入は見込まれないため，HDTVの採算性（特に立ち上げ時の）に不安を抱き，SDTVが同じ電波で何チャンネルも流せる点に着目したものだが，これは議会を刺激した。

もともと移動体通信業者が放送に使用していないUHF帯のチャンネルを

明け渡すよう要求したのに対し，HDTV用に使用するとの放送事業者の主張が，HDTVで日本に遅れを取っていた危機感も追い風となって認められたもの。関連してデジタル化も，わずか6メガヘルツの帯域でHDTVを実現するには，デジタル化しかないという消去法の選択で決まった。話が違うと議会が怒るのも無理もない。97年9月，上院商業委員会の公聴会に呼ばれたABC放送のパデン社長は前言を翻し，いくつかのHDTV番組を考えていると証言した。

> 「(b) 規則の内容
>
> 　上記のFCC規則は，アナログ・サービスにFCC規則が適用されるのとまったく同様に，補助的サービスに適用されるが，第614条および第615条（47 U.S.C. §§ 534, 535）に基づく再送信の権利はない。
>
> 　上記のFCC規則は高度テレビジョン・サービスに使用する信号の品質を確保するための要件を採択しなければならない。また，必要な場合は一日あたり信号送信の最低時間数を定める規則を採択することができる。

　第614条および第615条は次章で解説する義務的再送信規則（Must Carry Rule，以下，「再送信規則」）である。ケーブル会社はこの規則で，地元局の地上波電波の再送信を義務づけられているが，ATVすなわちDTVについての再送信の義務は課されなかった。このため，DTVに再送信規則を義務づけるためには，FCCは第614条にもとづき新たな規則を制定する必要がある。98年7月，FCCは規則制定のための手続きを開始した［Carriage of the Transmissions of Digital Television Broadcast Stations, Notice of Proposed Rule Making, 13 FCC Rcd. 15,092 (1998)］。

　CATV会社もデジタル放送をするには既存の同軸ケーブルを光ファイバー・ケーブルに張り換えるなど，デジタル化のための投資が必要となるが，地上波放送と異なりデジタル化を義務づけられているわけではない。しかし，デジタル化すれば，高速インターネット接続やホーム・ショッピングなどの双方向サービスが可能となる。せっかく光ファイバー化で拡大したチャンネルはデジタル地上波放送の再送信でなく，新規の番組を流したいとして，ア

ナログ放送に加え，デジタル放送，しかも移行期のそれに再送信義務を課すなどとんでもないとしている。一方，地上波放送会社も全米3分の2の世帯に普及しているCATVにデジタル放送も再送信してもらわなければとしている。

　高普及率の他にも双方向サービスに優れているというメリットを持つCATV会社に対して，97年にマイクロソフトが業界第3位のCATVコムキャストへ出資，99年にはAT&Tが業界トップのテレ・コミュニケーションズを買収，2000年に入るとAOLが業界第2位のタイム・ワーナーの買収・合併を発表した。

　こうしたソフトウェア，通信，コンピュータ通信業界の巨人の進出に象徴されるように，96年法が可能にした通信と放送の融合はCATV会社を軸に展開しつつある。これに脅威を抱く地上波放送業界と，誕生時の難視聴地域対策に端を発した再送信義務を，デジタル化時代にまで負わされることに反発するCATV業界の対立で，次章のとおり97年の最高裁での合憲判決で30年にわたる係争が小康状態にある再送信規則が，デジタル放送で再燃することは必至である。

　なお，直接放送衛星サービスについては，99年に制定された 衛星家庭視聴者法の第1008条で34年法第338条（47 U.S.C. §338）を追加し，2002年1月から地上波放送の再送信が義務づけられた ［Satellite Home Viewer Improvement Act of 1999, Pub. L. No. 106-113, 1999 U.S.C. §C.A.N. (113 Stat. 1537) 523］。再送信が実現すると，同サービス加入者がローカル・ニュースを聞くために必要だった，地上波用の別のアンテナが不要になるため，直接放送衛星サービス会社は当然これを要求したが，議会も多チャンネル・ビデオ市場における競争促進のために（換言すればCATV会社の対抗勢力育成のために），CATV会社なみの再送信義務を直接放送衛星サービス会社に課すこととした。

「(c), (d)　省略
「(e)　料金
　FCCは規則で補助的サービスを提供する放送事業者が，加入者から料

金を徴収することを認めることができる。その場合，FCC は免許を与えた事業者から年間使用料を徴収しなければならない。

　徴収した使用料は財務省に帰属するが，番組開発，実現に要する費用および高度テレビジョン・サービスの規制，監視に要する費用は差し引くことができる。

「(f)　省略

　98年11月，FCC はデジタル波を使用して補助的サービスを提供する放送事業者から，補助的サービス収入の５％を徴収する規則を定めた［Fees for Ancillary or Supplementary Use of Digital Television Spectrum Pursuant to Section 336(e)(1) of the Telecommunications Act of 1996, 14 FCC Rcd. 3259 (1999)］。

第202条　放送局の保有（47 C.F.R.を修正）
　条文にはないが，参考までに現行規則の保有制限を（　）内に表示した。
(a)　国内ラジオ局所有規則改定の義務（47 C.F.R. §73.3555 を修正）
　FCC は１社が全米的に保有できるラジオ局の制限を撤廃するよう，（AM 局，FM 局それぞれ20局までとしている）47 C.F.R. §73.3555 を修正しなければならない。
(b)　地域的保有制限（47 C.F.R. §73.3555 を修正）
　FCC は１社が１地域で保有できるラジオ局の上限を５〜８局に引き上げるよう，（３〜４局までとしている）47 C.F.R. §73.3555 を修正しなければならない（表６−２参照）。
(c)　テレビ局保有制限（47 C.F.R. §73.3555 を修正）
　(1)　全国的保有制限
　(A)　局数制限
　FCC は１社が全米的に保有できるテレビ局の制限を撤廃するよう，（12局までとしている）47 C.F.R. 73.3555 を修正しなければならない。
　(B)　視聴可能世帯数制限

FCCはテレビ局の全米視聴可能世帯数の上限を35％まで引き上げるよう，（25％までとしている）47 C.F.R. §73.3555を修正しなければならない。
　(2)　地域的保有制限
　FCCは1市場で1社が保有できるテレビ局の数を1局に制限している規則の改廃を決定するための規則制定手続きを開始しなければならない。
(d)　1市場1局主義の緩和
　FCCは1地域でのテレビ局およびラジオ局の保有を合計1局に制限している47 C.F.R. 73.3555を執行するにあたり，（上位25都市について認めている）適用除外を上位50都市まで拡大しなければならない。
(e)　複数ネットワークの保有（47 C.F.R. 73.658(g)を修正）
　FCCは1事業体による複数のネットワークの保有を禁じている47 C.F.R. 73.658(g)を修正し，下記の場合以外はテレビ局がネットワークと系列関係を結ぶことを認めるようにしなければならない。
　(1)　複数のネットワークがいずれも4大ネットワークの場合
　(2)　一つのネットワークが4大ネットワークで，他方が英語番組配給サービスである場合

表6－2　1社が1地域で保有できるラジオ局数

その地域の商用ラジオ局数	1社で保有できる局数		うち一種類の局(AM局もしくはFM局)の保有限度	
	現行	改正	現行	改正
14以下	3*	5*	2	3
15〜29	4**	6	2	4
30〜44	4**	7	2	4
45以上	4**	8	2	5

*　　ただし，地域の半数まで
**　ただし，地域の1/4まで

1920年代以降NBCやCBSは系列のラジオ放送局を次々と買収し，同じ番組を放送し始めた。規模の利益を追求することにより，視聴者あたりのコスト（番組制作費）を引き下げるとともに，全米の視聴者に広告を見てもらいたい広告主を引き付けることにより，広告料収入を増やすという放送会社にとっては一石二鳥の効果をねらったものだった。マイナス面は当然独占のもたらす弊害だが，メディア産業の場合，さらに少数資本によって世論が操作され，民主主義の根幹をなす言論の自由をゆるがすおそれも出てくる。

　ライバル放送会社からの要請を受けて，NBC，CBSのネットワーク支配状況を調査したFCCは，1941年にチェーン放送に関する報告書 [Report on Chain Broadcasting (1941)] を出した。同報告書は両社が放送業界を過度に支配しているとの結論にもとづいて，チェーン放送規則を加え，同一市場で一つのネットワークが二つの局を運営することと1社が二つのネットワークを運営することを禁じた。NBC，CBSはFCCに管轄権がないとして提訴した。最初，管轄権なしとはしなかったワシントン連邦地裁は，最高裁から差し戻され，管轄権なしとの訴えを却下した。NBC，CBSは最高裁に上訴したが，最高裁はFCCの規則制定権を認めた [National Broadcasting Co., Inc. v. U.S., 319 U.S. 190 (1943)]。

　これを受けてFCCは，同一市場ですでにAM局を保有する放送局に免許を与えないとする命令を出した [Order No. 84-A — Multiple Ownership of Standard Broadcast Stations, 8 Fed. Reg. 16,065 (1943)]。またNBCは保有していたブルー・ネットワークをいくつかの局とともに売却した。1945年，買主はこれらをアメリカン・ブロードキャスティング・カンパニーと改名，後にNBC，CBSとともに3大ネットワークを形成するようになるABCが誕生した。

　ネットワーク・テレビは60年代から70年代前半に黄金時代を迎え，3大ネットワークのプライム・タイムの視聴率は，70年代半ばには90％を超えた。その後，CATVの普及などにより，80年代初めには80％を割った。90年代に入りテレビ朝日への資本参加で日本でも時の人となった世界のメディア王，ルパート・マードックのフォックスが急成長したため4大ネットワークとよばれるようになったが，その4大ネットワークのシェアでも最近は60％台に

低下した。

その後，CATVは3分の2の家庭にまで普及，94年には直接衛星放送サービスもスタートし，急速に加入者を伸ばしつつある。このようにメディアの多様化が進展したため，96年法は地上波放送が少数資本に支配されないための規制を大幅に緩和した。ラジオに比べてテレビの方が，もともと規制が厳しかったうえに，96年法による緩和も小幅なのは，テレビの方が資本投下を必要とする，すなわち参入障壁が高いのと，世論形成に与える影響力が大きいためである。

95年夏に上下両院を通過した96年法の当初案，とくに下院当初案の規制緩和の行き過ぎを懸念したクリントン大統領は，拒否権発動をほのめかした。クリントン大統領の具体的懸念は4点で，その中でも最大の懸念は民主主義の根幹をなす言論の自由を制約するおそれのあるメディアの資本集中問題だった。下院案は複占制について，1市場で1社に二つのテレビ局の保有を認めていたが，両院協議会はクリントン大統領の意向も汲んで，(c)(2)のとおりFCCの決定にゆだねることとした。

96年3月，FCCは(c)(1)で義務づけられた47 C.F.R. 73.3555，(e)で義務づけられた47 C.F.R. 73.658(e)を修正する命令を出した［Implementation of 202(c)(1) and 202(e) of the Telecommunications Act of 1996 (National Broadcast Television Ownership and Dual Network Operations), Order, 11 FCC Rcd. 12,374 (1996)］。

残る(c)(2)および(d)に関しては99年8月，以下を骨子とする規則によって47 C.F.R. 73.3555を修正した［Review of the Commission's Regulations Governing Television Broadcasting, Report and Order, 14 FCC Rcd. 12,903 (1999)］。

① (c)(2)項関連

1市場で1社が保有できるテレビ局を1局に制限している，通称「テレビ複占規則」とよばれる規則［47 C.F.R. §73.3555(a), (b)］を緩和し，以下の二つの要件を満たす場合は2局の保有を認める。
・買収後も8局の独立した局が市場に存在している。
・保有する2局のうちの1局がその市場における上位4局ではない。

② (d)項関連

　1地域でのテレビ局およびラジオ局の保有を合計1局としている，通称「1市場1局規則」とか「ラジオ・テレビ交叉所有規則」とよばれる規則（47 C.F.R. §73.3555(c)）を緩和し，テレビ局は少なくともラジオ局1局，その市場における系列化の進捗状況（競争状況）によってはラジオ局6局まで保有できる。系列化が最も進捗していない場合（最も競争市場である場合），同時に上記1を満たせば最高テレビ局2局，ラジオ局6局まで保有可能だが，その場合は，テレビ局1局，ラジオ局7局とすることもできる。

　なお，(d)の複数ネットワーク保有解禁の適用除外条項(1)，(2)は，既存の4大ネットワーク同士または4大ネットワークと英語番組配給サービスとの系列化を引き続き禁止したもので，4大ネットワークが別のネットワークを新たに構築することは可能である。

> (f)　ケーブルとの兼営（47 C.F.R. §76.501を修正）
> 　FCCは1事業体による放送ネットワークとケーブル・システムの相互保有を禁じた47 C.F.R. §76.501を修正しなければならない。

　集中排除の方法としては，上記の複数局支配制限の他に異メディア支配の制限がある。具体的には以下の三つの兼営禁止がある。
①新聞・放送の兼営禁止
②地上波TV・CATVの兼営禁止
③電話・CATVの兼営禁止

　①は1975年にFCCが47 C.F.R. §73.3555(d)に収録された規則で禁止したものだが，96年法は禁止を存続した。

　②は1970年にFCCが47 C.F.R. §76.501に収録された規則で禁止，84年ケーブル法で法定されたが（47 U.S.C. §533(a)），86年に修正1条に違反するとの違憲判決を下されたため［Marsh Media, Ltd. v. FCC, 798 F.2d 772 (5th Cir. 1986), *cert. denied*, 479 U.S. 1085 (1987)］，96年法は本条(f)でこれを廃止した。廃止に伴ってFCCは47 U.S.C. §76.501を修正する命令を出した［Implementation of the Sections 202(f), 202(i) and 301(i) of the Telecommunications Act of 1996, Order, 11 FCC Rcd. 15,115 (1996)］。

③は84年ケーブル法で，公衆通信事業者が自社の営業区域内でビデオ番組を提供することを禁じたのがきっかけ（47 U.S.C. §533，営業区域外であれば提供可能である。また逆にケーブル会社による電話事業兼営は営業区域の内外を問わず可能なのは，電話会社とケーブル会社の規模＝市場支配力の差から来るもの）。後述するとおり（第7章），FCCは後にこれを緩和する規則を出したが，その規則も修正1条違反の違憲判決を下されたため，96年法はこれも第7章で解説する第302条でさらに緩和した。

> (g) ローカル・マーケッティング協定
>   ローカル・マーケッティング協定は，FCC規則を遵守しているかぎり，既存の協定は継続，更新できるし，新規の協定も締結可能である。

　ローカル・マーケッティング協定は，他の放送局の番組の編成や販売を可能にする協定。1市場1局主義で，同じ市場で二つの放送局を所有することはできないが，同協定を締結すれば，二つの放送局を支配することはできるため，上記(b)の大都市への適用除外とは別の形での1市場1局主義規制の緩和である。このため，もともとラジオで始まったローカル・マーケッティング協定は，テレビにも急速に普及し，FCCの推定によれば，同一市場でのローカル・マーケッティング協定が60以上ある。

> (h) FCCの再審査
>   FCCは96年法に基づくものも含め，あらゆる放送局の保有についての規則が，公共の利益のために必要か否か2年ごとに見直し，必要ないと判定したものについては廃止しなければならない。
> (i) 省略

　あらゆる放送局の保有についての規則の見直しを義務づけられたFCCは98年3月，96年法で変更された規則三つと，96年法で変更されなかった規則四つの合計七つの規則を見直すための手続きを告示した。96年法で変更された三つの規則は，上記(b)のラジオ局の8局までの地域的保有制限，(c)(1)(B)のテレビ局の35％までの全米視聴可能世帯数制限，(e)の複数ネットワークの保有制限である。なお，(c)(2)のテレビ複占規則，(d)の1市場1局規則もしくは

ラジオ・テレビ交叉所有規則については，すでに手続きを開始ずみだったため[その後，99年8月に上記(c)(2)，(d)の解説のとおり規則も出された]，見直しに含めなかった [1998 Biennial Regulatory Review — Review of the Commission's Broadcast Ownership Rules and Other Rules Adopted Pursuant to Section 202 of the Telecommunications Act of 1996, Notice of Inquiry, 13 FCC Rcd. 11,276 (1998)]。

第203条　放送免許（47 U.S.C. §307(c)を修正）

「(c)　免許の期間

　　免許期間を最長8年まで延長する。

27年無線法で3年とされた免許期間は，1981年一括予算承諾法でテレビ局については最長5年，ラジオ局については最長7年に延長されたが [Omnibus Budget Reconciliation Act of 1981, Pub. L. No. 97-35, 95 Stat. 736]，96年法は両方ともさらに8年まで延長した。なお新規だけでなく更新の場合も同じ免許期間が適用される。

第204条　放送免許の更新手続

(a)　更新手続（47 U.S.C. §309に追加）

「(k)　放送局更新手続き

「(1)　更新の基準

　　放送局が免許期間中に下記の基準を満たした場合，FCCは免許の更新を認めなければならない。

「(A)　その局が公共の利益，便宜および必要を満たしてきた。

「(B)　通信法およびFCC規則の重大な違反がなかった。

「(C)　通信法およびFCC規則の濫用にわたるような違反がなかった。

「(2)　基準を満たさない場合

　　放送局が上記(1)の基準を満たさなかった場合，FCCは以下の措置を取ることができる。

①却下する。

②必要により最長期間より短い期間を含む適当な条件で更新を認める。

「(3) 却下の基準
　免許更新を却下した場合，FCC は当該申請を第308条に基づく建設許可の申請として受理し，審査する。
「(4) 競争者を考慮することの禁止
　FCC は免許の更新に際し，他の免許申請者のことを考慮してはならない。」

　免許の更新に際し，FCC が伝統的に採用してきた他の申請者との比較法は廃止され，更新者は挑戦者と比較されることなしに，更新が認められるようになった。逆に挑戦者は FCC が上記の理由で更新を却下しないかぎり，免許取得が難しくなった。比較法の廃止はまた免許更新に伴う公判形式の審理に要する時間と費用の節約にもつながる。

(b)　暴力番組に対する苦情の要約（47 U.S.C. §308に追加）
「(d)　免許更新を申請する際，放送局は自社の提供した暴力番組に対する視聴者からの苦情や示唆の要約を添付しなければならない。
(c)　省略

第205条　直接放送衛星サービス

(a)　直接放送衛星サービスのセキュリティ（47 U.S.C. §605(e)(4)を修正）
　通信の秘密を保護する規定は直接放送衛星サービスにも適用される。
(b)　直接放送衛星サービスに対する FCC の管轄権（47 U.S.C. §303 を修正）
　FCC は直接放送衛星サービスについての排他的管轄権をもつ。

　日本でも96年に放送開始した CS デジタル放送に相当する，直接放送衛星（Direct Broadcast Satellite，以下，"DBS"）サービスは，94年にサービス開始以来，わずか5年で1,000万加入を突破した [Annual Assessment of the Status of Competition in Markets for the Delivery of Video Programming, Sixth Annual Report, 15 FCC Rcd. 978 (2000)]。

6670万加入に上るCATVにとっても脅威なのは，第一にカラーTV，VCR，CDなど過去の大型ヒット商品をも上回る，立ち上がりの普及率を示していること，第二にCATVに比し，料金は若干高めだが，多チャンネル（CATV最大手のタイム・ワーナーの平均チャンネル数が40であるのに対し，DBS最大手のディレクTVは175チャンネル），高画質で，サービスが良いため，現在のCATVに飽き足らない高利用の上得意客を奪われつつあること。

第206条　自動船舶遭難・安全システム（47 U.S.C. §362に追加）

「第365条　自動船舶遭難・安全システム

　海上での遭難および安全システムを遵守する船舶は，一人以上のオペレーターによって操作される無線電信局の装備を要求されない。

第207条　地上波放送受信装置

　FCCは本法制定後180日以内に，地上波放送信号，多チャンネル・マルチポイント分配サービス，DBSサービス，その他家庭への直接サービスの利用に対して，都市計画などの地域的制約を課すことを禁ずる規則を採択しなければならない。

多チャンネル・マルチポイント分配サービス（Multichannel Multipoint Distribution Service，以下，"MMDS"）は，通称ワイヤレス・ケーブルとよばれ，マイクロ波を使用して32チャンネルまで中継できるサービスである。DBSサービス同様，地下にケーブルを張り巡らす必要がない。もちろんCATVはすでに地下にケーブルを敷設ずみであるが，デジタル化すなわち画質を良くしたり，チャンネル数を増やそうとすると，現在の同軸ケーブルを光ファイバー・ケーブルに置き換えなければならず，これには巨額の投資を必要とする。

　ケーブルをはりめぐらす必要はないが，代わりに衛星を打ち上げる必要があるDBSサービスに比べ，MMDSはその必要もないという強みを持つため，脚光を浴びた。しかし，弱みはチャンネル数が既存のアナログCATVの平均40チャンネルより少ないこと。このため，デジタル化後のCATVにも十

分太刀打ちできるチャンネル数を持つ DBS サービスは，順調に加入数を伸ばし，CATV や地上波放送の脅威となりつつあるが，MMDS は加入数を減らしつつある。

　96年法で義務づけられた同法制定半年後の8月，FCC は地方公共団体が直径1メートル以上の DBS サービスや MMDS のアンテナに関して，
①設置，保守，使用を理由なく遅らせる
②設置，保守，使用に伴う費用を理由なく増加させる
③許容できる品質での受信を不可能にする
ような制約を課すことを禁じる規則を出した［Restrictions on Over-the-Air Reception Devices: Television Broadcast Service and Multichannel Multipoint Distribution Service, Report and Order, Memorandum Opinion and Order, and Further Notice of Proposed Rulemaking, 11 FCC Rcd. 19,276 (1996)］。

第7章　ケーブル・サービス

第1節　規制の歴史

1．FCCによる規制

　本書ではケーブル・テレビジョンをCATVと略記しているが，CATVはCable Televisionの略ではなくCommunity Antenna Televisionの略である。このことからもうかがえるようにCATVは，発祥の地，米国でもわが国同様，電波の届かない難視聴地域を救済するために誕生したものである。1948年のことだった。

　しかし，国土の広い米国では，電波は届いても映画館などの娯楽施設から遠く離れた地域は多い。一方，地上波放送は電波というかぎられた資源に頼るため，チャンネル数が制約される。多チャンネル放送が可能なCATVはこの間隙を埋めて急成長し，半世紀で6670万世帯に普及した。

　最近，インターネットの高速アクセス・サービスが受けて急伸しているとはいえ，まだ20％そこそこのわが国に比し，68％の世帯普及率を誇るまでに成長した理由としては，
①通信衛星などの技術革新の恩恵に浴したこと
②湾岸戦争時に世界中で見られた24時間ニュース専門チャンネルCNNの他にも，スポーツ専門チャンネルESPN，劇映画の有料テレビサービスHBO，ホームショッピング・サービスのHSNなど魅力ある番組ソフト（コンテンツ）の充実が伴ったこと
③ケーブル王ともよばれるテレ・コミュニケーションズを設立したジョン・

マローン（現リバティ・メディア会長）や CNN を開設したテッド・ターナー（現タイム・ワーナー副会長）など先見力のある業界リーダーに恵まれたこと

④規制緩和が進展していたこと

などがあげられる。

　34年法制定時には存在しなかった CATV をどう規制するかは紆余曲折を経た。34年法では FCC に CATV の規制権限があるかどうか不明確であったにもかかわらず、議会の法律制定が、2度にわたる失敗も手伝って（1959年、1966年）、84年のケーブル通信政策法［infra page 148］制定まで待たなければならなかったからである。34年法は FCC に、公衆通信事業者に対する規制権限を第Ⅱ編「公衆通信事業者」で、放送業者に対する規制権限を第Ⅲ編「無線に関する規定」で付与した。

　公衆通信事業者の原語、コモンキャリアはもともと通信業でなく運輸業で、かつ米国でなく英国のコモンローに由来する概念である。国王がフェリーなどに特定地域の独占的営業権を付与するかわりに、すべての顧客に妥当な料金を含む同一条件で、乗船させることを義務づけた判例に溯る［Allnutt v. Inglis, 12 East 527, 104 Eng. Rep. 206 (1810)］。

　このようにコモンキャリアは独占を認められるかわりに、顧客を差別できない義務を負う［運輸業も含む広義で使われる場合は公衆通信事業者と訳さず、コモンキャリアとした。また、通信業であることが明確な場合でも、同じ原語であることを明確にする必要がある場合は、「公衆通信事業者（コモンキャリア）」とカッコ表示を加えた］。

　米国でも1887年、議会は州際通商法で鉄道をコモンキャリアとして規制した［Interstate Commerce Act, 24 Stat. 379 (1887)］。34年法は第3条で公衆通信事業者（コモンキャリア）を「（前略）対価を得る公衆通信事業者（コモンキャリア）として、有線または無線による州際通信もしくは国際通信（中略）に従事する者をいう（後略）」と定義するとともに「放送業者に公衆通信事業者（コモンキャリア）の義務を課すことを禁じた」（47 U.S.C. § 153）。放送は基本的に競争だからである。

　有線による放送サービスである CATV の出現は、FCC の管轄権問題を提

起した。有線通信のため第III編「無線に関する規定」が適用できず，放送業者のため公衆通信事業者（コモンキャリア）の義務が課されないため，第II編「公衆通信事業者（コモンキャリア）」も適用できないとなるとFCCに規制権限がないことになる。事実，FCCも当初CATVに対する管轄権を拒否した。難視聴地域救済策として誕生したCATVがチャンネル数を増やし，遠隔地の番組を放送し始めたため，脅威を感じた放送業者はFCCに規制を要求した。

　1958年にFCCは，「CATVは視聴者が番組を選択できるので，事業者を選択できない公衆通信事業者とは異なる。有線を使うため視聴者を限定できるので，放送とも異なる」との理由で管轄権を拒否した［Frontier Broadcasting Co. v. Collier, 24 FCC 251 (1958)］。翌1959年，FCCは「放送業者を保護するかどうかは立法論の問題である」として，再度管轄権を拒否した［Inquiry into the Impact of Community Antenna Systems, TV Translators, TV "Satellite" Stations, and TV "Repeaters" on the Orderly Development of Television Broadcasting, Report and Order, 26 FCC 403 (1959)］。

　議会は論議はしたが，法律制定には至らなかったため，放送業者は再度FCCに要求した。1962年，FCCはマイクロ波に対する管轄権を持つことを理由に，マイクロ波を使用するCATVに対する規制を開始した［Carter Mountain Transmission Corp. v. FCC, 32 FCC 459 (1962)］。

　1966年には「FCCに種々の規則制定権を付与した34年法第I編の規定は，FCCがCATVに対する規則を制定する権利を与えたものである」として，マイクロ波を使用すると否とにかかわらず管轄権を主張した［Amendment of Subpart L, Part 91, To Adopt Rules and Regulations to Govern the Grant of Authorizations in the Business Radio Service for Microwave Stations To Relay Television Signals to Community Antenna Systems, Second Report and Order, 2 FCC 2d 725 (1966)］。

　FCCは同年，CATV局にローカル放送局の番組の再放送を義務づけた事実（次節，第653条参照）が裏付けるように，UHFによるローカル放送局育成のためのCATV局への介入強化だった。最高裁も「CATV事業者は同一州内で放送電波を受信するにせよ州際通信に従事していることは疑いない」と

してこれを支持した [U.S. v. Southwestern Cable, 392 U.S. 169 (1968)]。1972年には,「FCC が CATV 事業者に自主番組の提供を義務づけるのは違法でない」とした [U.S. v. Midwest Video Corp., 406 U.S. 649 (1972)]。79年に至り,最高裁は「CATV 事業者に公衆通信事業者としての義務を課す権限は FCC にはない。議会の権限である」とした[FCC v. Midwest Video Corp., 440 U.S. 689 (1979)]。議会も動かざるを得なくなった。

2. ケーブル2法の制定

(1) 1984年ケーブル通信政策法

1960年代に CATV 局への規制を強化した FCC は,1972年の国内通信衛星市場を自由化したオープン・スカイ・ポリシーで規制緩和策に転じた。規制緩和の方向で全米的な CATV 政策を樹立すべく,1984年ケーブル通信政策法が制定された [Cable Communications Policy Act of 1984, Pub. L. No. 98-549, 98 Stat. 2779](以下,「84年ケーブル法」)。

84年ケーブル法の最大の特徴は料金規制を廃止したことだが,管轄権問題については,
①地方自治体にフランチャイズ(営業免許)付与権を与える。CATV 会社がケーブル・サービスを提供する場合,FCC がこれを公衆通信事業者または公益事業者(utility)として規制することを禁じる (47 U.S.C. §541)
②ケーブル番組内容に対する FCC の規制を禁じる (47 U.S.C. §544)
ことなどを定めた。

FCC がフランチャイズを付与している放送と対照的に,フランチャイズ付与権限が州に与えられた。通信については FCC の管轄権は州際通信に限られるため,連邦と州の管轄権の分担の観点から見ると放送がもっとも中央集権的,CATV がもっとも地方分権的,中間が電気通信という位置づけになる。

次に FCC が公衆通信事業者として規制することを禁じた。84年ケーブル法は34年法に第Ⅵ編として追加されたが,第Ⅲ編の「無線に関する規定」が適用される放送同様,第Ⅱ編の「公衆通信事業者」の義務は課されない。

84年ケーブル法による規制緩和で,CATV 産業は急成長し,世帯普及率は

85年の37％から92年の61％に，チャンネル数は84年以前の24チャンネルから92年の30～53チャンネルに，それぞれ飛躍的に増加した。他方わが国では地元資本育成という理由で，複数CATV局を所有するMSO（Multiple Systems Operator）が93年まで認められなかった。1局だけでは規模の利益は得られず，経営が成り立たないため，低迷したわが国の普及率と対比すると，規制緩和が米国のCATV普及の一要因であったことがより鮮明となる。

84年ケーブル法は同時に料金が数年間にインフレ率の3倍で上昇する一方，サービスはかえって悪化するなどのひずみももたらした。

(2) 1992年ケーブル・テレビジョン消費者保護・競争法

地上波放送との競争などにより，料金値上げは抑えられ，顧客サービスは向上するとの期待を裏切られる結果に直面した立法者は，1992年ケーブル・テレビジョン消費者保護・競争法を制定［Cable Television Consumer Protection and Competition Act of 1992, Pub. L. No. 102-385, 106 Stat. 1460］（以下，「92年ケーブル法」），同じく34年法第Ⅵ編に追加した。92年ケーブル法は料金規制を復活するなど規制を強化したが，一加入者がケーブル番組サービスの料金値上げに対して，FCCに照会できる道を開いたりしたため，FCCは料金規制のために膨大な稼動を割かれることになった。

AT&T分割で地域通信を受け持つようになった地域ベルは，退屈な会社というのが定評だった。最近でこそ在宅勤務やインターネットの普及で，住宅用に2台目の電話を引く人が増え，地域通信事業がにわかに脚光を浴び始めたが，これまでは公益事業として僻地や低所得者へのサービス提供，すなわちユニバーサル・サービスを義務付けられ，成長性も見込まれないため，確かに魅力的なビジネスではなかった。その退屈な本業からの多角化を図るため，CATVサービスを提供したいという要望が地域ベルにはあった。

84年ケーブル法はLECが，営業地域内でCATV事業に進出することを禁じていたが，LECは「ビデオ番組提供禁止の規定は言論の自由を保障する憲法修正1条に違反している」との訴えを次々に提起，93年以来の12件の係争に対し，16人の裁判官全員が違憲判決を下した［Chasapeake & Potomac Tel. Co. of Va. v. U.S., 830 F. Supp. 909 (E. Va. 1993), *aff'd*, 42 F.3d 181

(4th Cir. 1994), 他社は省略]。

　92年ケーブル法が料金規制を復活させたため，本業からの利益をあまり期待できなくなったケーブル会社の方にも電話事業に進出したいとの要望があった。

　92年以降，84年ケーブル法の構想した競争環境も徐々に整い始めた。第6章（第205条）のとおり，DBS サービスは，94年に放送開始して以来，多チャンネル（ディレク TV の場合175チャンネル），高画質の割りには，料金は CATV より若干高いだけなので，5年間で1000万加入を突破した［Annual Assessment of the Status of Competition in Markets for the Delivery of Video Programming, Sixth Annual Report, 15 FCC Rcd. 978 (2000)］。

　以上の背景から議会は CATV 事業に対する規制を96年法で再び緩和した。

第2節　条文

第III編「ケーブル・サービス」の条文を解説する。

> **第301条(a)　定義（47 U.S.C. §522(6)(B)を修正）**
> (1)　ケーブル・サービスの定義に加入者からの双方向的使用を含める。
> (2)　公道使用権を使用せず，加入者にサービスを提供する施設をケーブル・システムから除外する。

　いずれも95年夏に本会議を通過した上院および下院の当初案には，かなり隔たりがあったため，両院協議会が設置され，すり合わせを行ない一本化した。その両院協議会がまとめた96年法についての報告書によれば，「CATV 事業の発展を反映させ，ケーブル会社による高度サービスの他，ゲーム・チャンネルや情報サービスなど双方向サービスを含めるための修正である」［H. R. CONF. REP. NO. 104-458 (1996)］。

> **第301条(b)　料金規制の緩和**
> (1)　上位階層規制（47 U.S.C. §543(c)を修正）
> 　上位階層についての規制を以下のとおり緩和する。

> 「(c)(3) 料金改定の審査
> 　FCCはフランチャイズ付与当局から提出される，ケーブル番組サービスの料金値上げに関する苦情に対し，当事者が期間延長に同意しないかぎり，90日以内に審査し，命令を出さなければならない。フランチャイズ付与当局は，料金値上げの日から90日以内に加入者からの苦情がないかぎり，料金値上げに関する苦情を提出できない。
> 「(4) 料金規制の終結
> 　99年3月31日に終結する。

　両院の当初通過案のうちでも，「すべては市場が決めてくれる」とする市場信奉者，ギングリッジ議員が議長を務める下院案は特に規制撤廃色が強く，クリントン大統領が拒否権発動をほのめかした。一本化した案が再び上下両院を通過しても，大統領が拒否権を発動すると，一本化案が再度，しかし今度は3分の2以上の賛成で上下両院を通過しないと法律にならないため，調整の過程ではホワイトハウスの意向も汲んだ。

　クリントン大統領の抱いた懸念は四つあったが，そのうちの一つは，CATV料金規制の撤廃だった。上下両院とも料金規制を1年後にほぼ撤廃するという当初案だったが，両院協議会は撤廃を3年後まで延長した。

　上位階層とは基本サービス階層に対する概念で，スポーツ専門チャンネルESPNのような高度サービスで，加入者にとって大事な違いは上位階層には，基本サービス料金とは別に付加使用料を払わなければならないこと。一方CATV会社にとって重要な違いは，基本サービスの料金はフランチャイズ付与当局すなわち地方公共団体が規制するのに対し，上位階層はFCCが規制すること。

　多くのケーブル事業者が，ケーブル番組サービスを人気のある高度サービスに移しているため，FCCの料金規制は重要性を増しつつある。このため96年法は競争条件が整うまで，有効な規制ができるよう3年間は料金規制を存続したが，同時にFCCの負荷を軽減するため，FCCに対する料金値上げについての苦情は，加入者が直接ではなくフランチャイズ当局が，料金値上げの90日以内に加入者から苦情を受けた場合にのみ持ち込めることとした。

(2) 有効な競争の存在する市場における同一料金体系規制の撤廃(47 U.S.C. §543(d)に追加)

これまでケーブル事業者は，同一サービス・エリア内では同一料金体系を適用することを義務づけられていたが，以下の場合には同一料金体系を適用する必要はないものとした。

①有効な競争の存在するケーブル・システム
②チャンネルまたは番組ごとに提供されるビデオ番組
③集合住宅の大口割引。ただし，有効な競争の存在しないケーブル事業者が略奪的料金を課さない場合に限る

(3) 有効な競争（47 U.S.C. §543(ℓ)(1)を修正）

「(D)　LECまたは多チャンネル・ビデオ番組提供者が，直接衛星放送サービス以外の手段で，加入者にビデオ番組サービスを提供している場合も，その番組がケーブル事業者によって提供される番組に匹敵するものであるかぎり，有効な競争が存在するとみなされ，同一料金体系を適用する必要はない。

92年ケーブル法は以下の条件を満たす場合に，有効な競争が存在していると判定した。

①フランチャイズ地域の30％未満の世帯しか，そのケーブル・システムに加入していない。
②2以上の多チャンネルビデオ番組提供者が，50％以上の世帯に番組を提供しているフランチャイズ地域で，15％以上の世帯が，最大の多チャンネルビデオ番組提供者以外のシステムに加入している。
③フランチャイズ付与当局（地方公共団体）によって運営される多チャンネルビデオ番組提供者が，フランチャイズ地域の50％以上の世帯にサービスを提供している。

92年当時ほとんどのシステムが30％以上の普及率を誇っていたため，有効な競争が存在しない，すなわちFCCが規制するケースが多く，84年ケーブル法で緩和された規制を強化するという議会の意図は，92年ケーブル法で達成された。

後述のとおり（第302条），96年法は電話会社にCATVサービス提供の道をいくつか開いた。これにより電話会社は，フランチャイズが必要なCATV局の開設も可能になったが，それ以外のフランチャイズが不要な方法によっても，簡単にCATVサービスが提供できるようになった。

このため96年法は電話会社がDBSサービス以外の方法で，CATVサービスを提供しているかぎり（サービスを提供してさえいれば，92年ケーブル法のように普及率は問わない），有効な競争が働いていると判定し，同一料金体系を適用する義務から開放した。換言すれば電話会社と競合する加入者に対しては，低料金を課すことも可能になった。

> **第301条(c)　小規模ケーブル事業者に対する規制撤廃（47 U.S.C. §543に追加）**
> 「(m)(1)　小規模CATV事業者が，5万以下の加入者にサービスを提供しているフランチャイズ地域においては，上位階層についての料金規制をただちに撤廃する。94年12月31日現在，基本サービスしか提供してない小規模ケーブル事業者に対しては，基本サービス階層についての料金規制をただちに撤廃する。
> (2)　直接または系列会社を通じて，全米の1％未満の加入者にしかサービスを提供せず，年商2億5000万ドルを超える事業体の系列会社でない，ケーブル事業者を小規模CATV会社と呼ぶ。

こうした小規模CATVには，全米の6670万加入の20％しか加入していないため，FCCによる上位階層に対しての料金規制を撤廃した。

> **第301条(d)　市場の決定（47 U.S.C. §534(h)(1)(C)を修正）**
> (A)　FCCは視聴形態に基づいてテレビ市場を描写した市販の出版物が，利用可能な場合にはそれを用いて，規則または命令によって，テレビ市場を決定しなければならない。
> (B)　FCCはテレビ市場の変更の要請を受けてから120日，または96年法制定日から120日のいずれか遅い方の日までに，結論を出さなければならない。

テレビ市場は，この言葉を定義した 47 U.S.C. §534 に定める義務的再送信規則の他，後記第302条に登場する電話会社によるケーブル・システム買収制限の適用対象にも関係する（ケーブル事業者が営業するテレビ市場が，全米第25位以内に入っていなければ適用対象外となる）。そのテレビ市場を決定する際，92年ケーブル法は FCC 規則の定める方法によることとし（47 U.S.C. §534(h)(1)(C)(i)），FCC 規則はアービトロン社が「テレビ ADI ガイド」で公表する Area of Dominant Influence（以下，"ADI"）の定義によることとしていた（47 C.F.R. §76.55(e)）。ところが，96年法制定時にアービトロン社がテレビ事業から撤退することが判明したため，96年法は「利用可能な市販の出版物」とした。

96年法を受けて FCC は96年5月，
①テレビ市場の定義をアービトロン社の ADI からニールセン・メディア・リサーチ社の Designated Market Areas（以下，"DMA"）に変更する
②移行に伴う混乱をさけるため，3年おきに実施しているテレビ市場の決定を96年については ADI によって行ない，DMA による決定は99年10月まで延期する
などについて定めた規則を出した [Definition of Markets for Purpose of the Cable Television Mandatory Television Broadcast Signal Carriage Rules, Implementation of Section 301(d) of the Telecommunications Act of 1996, Market Determinations, Report and Order and Further Notice of Proposed Rule Making, 11 FCC Rcd. 6201 (1996)]。

義務的再送信規則は CATV 局に地元地上波局の電波の再送信を義務づけるもので，第302条で解説する。

> **第301条(e) 技術基準（47 U.S.C. §544(e)修正）**
> フランチャイズ付与当局は CATV システムによる加入者装置や伝送技術の使用を制約してはならない。

92年ケーブル法第624条(e)項（47 U.S.C. §544(e)）ではフランチャイズ付与当局は，CATV システムが最低限の技術基準を満たすことを，フランチャイ

ズ付与の条件として課すことができた。本改正は下院の当初案に含まれていたものを両院協議会が採択したものだが、下院の報告書は改正理由を「地域ごとに異なる規制の寄せ集めでは、今日の高度にダイナミックな技術環境にはなじまない」と説明している［H.R. Rep. No. 104-204 (1995)］。

第301条(f)　ケーブル装置の互換性（47 U.S.C. §544A に追加）

FCC はセット・トップ・ボックス、テレビ、VCR 相互間の互換性を確保するための基準を採択す際、互換性の決定をなるべく市場に委ねるために最小限の基準とするとともに、コンピュータ、ホーム・オートメーション・コミュニケーションなどの市場に影響を与えるような規則を採択してはならない。

(g)　加入者への通知（47 U.S.C. §552 に追加）

「(c)　ケーブル事業者は適当な書面を用いて、サービスおよび料金の変更を加入者に通知できる。フランチャイズ料など、連邦や州などが課す費用については、事前に通知する必要はない。

(h)　番組へのアクセス（47 U.S.C. §548 に追加）

「(j)　ビデオ番組を提供する電話会社に対しては、番組アクセス規則を適用する。電話会社が権益を有する衛星ケーブル番組提供者に対しても同様とする。

(i)　反トラフィッキング（47 U.S.C. §537 を修正）

CATV システムの取得もしくは建設後、3 年以内に譲渡することを禁じた反トラフィッキング規則は廃止する。

(j)　機器費用の合計（47 U.S.C. §543(a)に追加）

「(7)　ケーブル事業者は機器費用をフランチャイズ、システム、地域もしくは会社レベルで、広範な範疇（たとえば、機器による性能の相違があっても、コンバータ・ボックスは一つの範疇とする）で合計することができる。ただし、料金規制を受ける基本階層のみ受信する加入者が使用する機器を合計することはできない。

(k)　前年度損失の取り扱い（47 U.S.C. §543 に追加）

「(n)　FCC は当初フランチャイズを付与された事業者によって所有し、

運営されているケーブル・システムが，93年9月3日以降に申請し，95年12月1日現在，最終決定の下りていない料金申請について，規制対象のサービスまたは機器の料金が妥当か否か判定する際，92年9月4日以前の損失を勘案するのを拒否してはならない。

第302条　電話会社によるビデオ番組サービスの提供

(a)　34年法第VI編（ケーブル通信）に，以下の条文から成る第V章「ビデオ番組サービスの提供」を加える。

「第651条　ビデオ番組サービスについての規制（47 U.S.C. §571を追加）

「(a)　ケーブル規制の制限

　　LECは下表の方法でビデオ番組を提供できる。

提　供　方　法	適　用　規　定
①無線通信でビデオ番組を提供	34年法第III編（無線に関する規定）および96年法第652条
②通信事業者としてビデオ番組を提供	34年法第II編（公衆通信事業者）および96年法第652条
③ケーブル事業者として提供	34年法第VI編（ケーブル通信）
④オープン・ビデオ・システム（以下，"OVS"）事業者として提供	認証されたOVS事業者の場合は第VI編（ケーブル通信）のいくつかの規定に従わなければならないがフランチャイズは不要，認証されていないOVS事業者の場合は第VI編（ケーブル通信）
⑤上記①または/および②によりビデオ番組を提供している通信事業者がビデオ番組をOVSで提供	34年法第II編（公衆通信事業者）

　ケーブル事業者として提供する場合は，当然のことながら，34年法第VI編（ケーブル通信）が適用され，ケーブル事業者とまったく同じ規制を受ける

ことになるが，それ以外はより簡単な手続きで提供できる。すなわち①，②，⑤の場合，第VI編は第652条以外適用されないし，第VI編が適用される④についても認証されたOVS事業者であれば，フランチャイズは不要である。OVSについては以下で解説する第653条に規定されているが，一口で言えば電話回線を使ってビデオ番組を提供するシステムである。

> 「(b) 相互接続義務からの開放
>   OVSまたはケーブル・システムを通じて，ケーブル・サービスを提供するLECは，加入者に直接ケーブル・サービスを提供しようとする者を，本法第II編にもとづき無差別的に接続する義務はない。

前節のとおり，公衆通信事業者（コモンキャリア）は34年法第II編で，顧客を差別できないが，ケーブル・サービスを提供するかぎりその義務はない。独占ゆえに課す無差別義務を，独占でないケーブル・サービスにまで及ぼす必要はないからである。

> 「(c) その他の規制緩和
>   通信事業者はビデオ番組提供のためのシステムを設置する際，第214条にもとづく認証を取得する必要はない。

通信事業者は線路設備を建設，使用する際に，34年法第214条で，FCCから認証を取得することを義務づけられているが，ビデオ番組提供のためのシステムを設置する際はその義務を免除した。

> 「第652条 買収の禁止（47 U.S.C. §572を追加）
> 「(a) 公衆通信事業者による買収
>   LECおよびその系列会社は，そのサービス・エリア内でケーブル・サービスを提供するケーブル事業者の，10％を超える株式もしくは経営権を取得することはできない。
> 「(b) ケーブル事業者による買収
>   ケーブル事業者およびその系列会社は，そのフランチャイズ地域内で電話サービスを提供するLECの，10％を超える株式もしくは経営権を

取得することはできない。

「(c) 合弁

　同一エリアでサービスを提供するLECとケーブル事業者は，当該市場で電話サービスやビデオ番組を提供するための合弁もしくは提携を行なってはならない。

「(d) 適用除外

「(1) 農村システム

「(A) 人口3万5000未満の非都市地域においては，ケーブル事業者はLECの10％を超える株式もしくは経営権を取得することができ，LECと合弁，提携することもできる。

「(B) 人口3万5000未満の非都市地域においては，LECはケーブル事業者の10％を超える株式もしくは経営権を取得することができ，ケーブル事業者と合弁，提携することもできる。ただし，そのケーブル・システムの加入数が，電話会社が権益を有する他のシステムの加入数と合計しても，電話会社のサービスエリア内人口の10％未満である場合にかぎる。

「(2) 省略

「(3) 競争市場における買収

　LECは以下の場合には，同一市場でケーブル・システム（以下本項では当該ケーブル・システム）の支配権や経営権を取得したり，合弁や提携を行なうことができる。

「(A) 当該ケーブル・システムが上位25位に入らないテレビ市場で営業し，その市場に2以上のケーブル事業者が存在する場合で，当該ケーブル・システムが最大のケーブル事業者でない場合

「(B) 95年5月1日時点で，当該ケーブル・システムおよび最大のケーブル事業者が，そのテレビ市場最大の自治体から，同一エリアのフランチャイズを付与されている場合

「(C) 当該ケーブル・システムを，95年5月1日時点で上位50位に入らないケーブル事業者が所有している場合

「(D) そのテレビ市場における最大のケーブル・システムを，95年5月1日時点で上位10位に入るケーブル事業者が所有している場合

「(4) 適用除外のケーブル・システム
　上記(a)の公衆通信事業者による買収等禁止の条項は以下のケーブル・システムには適用しない。
「(A) 95年6月1日現在，加入者数が1万7000加入未満で，そのうち8000加入以上が都市地域に，6000加入以上が非都市地域に居住しているケーブル・システム
「(B) 95年6月1日時点で上位50位に入るケーブル事業者が所有しているケーブル・システム
「(C) 95年6月1日時点で上位100位に入るテレビ市場で運営しているケーブル・システム
「(5) 非都市地域のケーブル・システム
　年間の事業収入が1億ドル未満のLECは，上記(a), (c)の買収等禁止規定にかかわらず加入数2万未満で，そのうち1万2000以上が都市部に居住していないケーブル・システムを取得できる。
「(6) その他の適用除外
　FCCは下記の場合にも，上記(a), (b), (c)の買収等禁止規定の適用を免除できる。
「(A) FCCが以下の認定をした場合
「(i) 当該規定の実施により，ケーブル事業者またはLECが，不当な経済的困難に直面する
「(ii) 当該規定の実施により，ケーブル・システムの採算が取れない，または
「(iii) 地域社会の利便性と必要性を満たすという公共の利益が，買収等のもたらす反競争的効果を上回る
「(B) ローカル・フランチャイズ付与当局が適用を免除する場合
「(e) 省略

　84年ケーブル法は電話会社に自社のサービスエリア内でビデオ番組を提供することを禁じたが，規制緩和・競争促進がキーワードの96年法は，電気通信，放送，CATVのそれぞれの分野で規制を緩和・撤廃するだけでなく，業

種間の垣根も取り払い，相互乗り入れができるようにした。これにより電話会社はCATV事業にも参入できるようになり，前記のとおり五つの方法が用意された。しかし，買収，合弁，提携による参入については，一気に本格的参入が可能なため，競争促進に逆効果をもたらすおそれも払拭できない。このため96年法は10％以上の株式取得を禁止するなど，競争に悪影響を及ぼさない範囲で，限定的に買収，合弁，提携を認めるにとどめた。

「第653条　オープン・ビデオ・システムの設置（47 U.S.C. §573を追加）
「(a)　オープン・ビデオ・システム
「(1)　適合証明書
① LECはOVSを通じて，ケーブル・サービスを提供することができる。
②ケーブル・システム事業者他は，FCCが公共の利益などに合致すると規定する規則で認められる範囲内で，OVSを通じてビデオ番組を提供することができる。
③OVSを通じてビデオ番組を提供しようとする事業者は，次項(b)によりFCCが定める規則に従っていることを証明しなければならない。
④証明を受領したFCCは承認するか，却下するかを10日以内に決定しなければならない。
「(2)　FCCはOVSに関する紛争を解決する権限を有するが，受理後180日以内に解決しなければならない。

　84年ケーブル法は公衆通信事業者に自社の営業区域内で，ビデオ番組を提供することを禁じた。しかし，CATVに対する規制を大幅に緩和した同法は，最大の規制である料金についての規制も撤廃したため，ケーブル料金は数年間でインフレ率の3倍も値上がりした。このため，CATV業界への競争導入の必要性を痛感したFCCは，92年にビデオ・ダイヤル・トーン（以下，"VDT"）規則を制定した。
　VDTは電話回線を使ったビデオ番組配信サービスで，FCCはこの規則で，VDTによるビデオ番組については，ケーブル・フランチャイズを取得しなくても提供できるようにするなど，84年および92年ケーブル法の要件をかなり

緩和した。ただし，FCC は電話会社が自主番組を提供しないことを条件に付した [Telephone Company — Cable Television Cross-Ownership Rules, Section 63.54-63.58, Second Report and Order, Recommendation to Congress, and Second Further Notice of Proposed Rulemaking, 7 FCC Rcd. 5781 (1992)]。

東海岸を営業地域とする地域ベルのベル・アトランティックは，93年にCATV 業界最大手のテレ・コミュニケーションズの買収を発表した。翌94年に条件面で折り合いがつかず，結局破談となったが，マルチメディア時代の到来を世界に告げた，この買収計画からもうかがえるように，同社は地域ベルの中でもケーブル・サービスにもっとも熱心だった。

そのベル・アトランティック傘下で，首都ワシントン地域をカバーするチェサピーク・アンド・ポトマック電話会社は，92年に自主番組の提供を禁止するFCC の VDT 規則は，言論の自由を保障する合衆国憲法修正１条に違反するとして，バージニア州東部地区連邦地裁に訴えた。翌93年，同連邦地裁はこれを認め，94年には控裁も違憲判決を支持した [Chasapeake & Potomac Tel. Co. of Va., v. U.S., 42 F.3d 181 (4th Cir. 1994)]。司法省は最高裁に上訴，最高裁は95年12月に審理したが，96年法の成立した直後に，同法の成立で争訟性を失ったとして棄却した [U.S. v. Chasapeake & Potomac Tel. Co. of Va., 516 U.S. 415 (1996)]。

こうした自主番組を提供できないという制約も影響してか，VDT は電話会社にあまり人気がなく，CATV に競争を導入しようとの FCC の意図は外れた。そこで96年法は VDT に取って代わる OVS という新しい概念を採り入れた。OVS は VDT を受け継いではいるが，
① VDT が公衆通信事業者としての規制に服さなければならなかったのに対し，OVS ではその必要はない
②電話会社による自主番組の提供も認める
など参入を容易にして，CATV に競争を導入するとともに，②では違憲問題も解決した。これにより自主番組を規制する VDT 規則をめぐる訴訟も，最高裁の指摘するとおり争訟性を失った。

> 「(b) 規則の制定
> 「(1) FCCは96年法制定後6カ月以内に次の規則を制定しなければならない。
> 「(A) OVS事業者がビデオ番組提供者を差別することを禁止する。
> 「(B) OVSのチャンネル容量を超える需要がある場合，OVS事業者とその系列会社が，チャンネル容量の3分の1を超えるビデオ番組を選択することを禁止する。
> 「(C) OVS事業者が2以上のビデオ番組提供者が提供するビデオ番組サービスを，一つのチャンネルで送信することを許可する。
> 「(D) スポーツ番組の排他性，ネットワークの重複禁止，シンジケートの排他性に関するFCC規則をOVSにも適用する。
> 「(E) OVS事業者は加入者のOVS番組選択用に提供する情報に関して，OVS事業者やその系列会社が有利になるような差別をしてはならない。OVS事業者はまたビデオ番組提供者や著作権所有者が，加入者に番組を提供していることを明示しなければならない。
> 　公衆通信事業者は，FCCの定める規則に従うことを前提に，消費者が番組にアクセスできるようにするための条件について，ビデオ番組提供者と交渉することができる。

　OVSは34年法第Ⅱ編「公衆通信事業者」が適用される公衆通信事業者と，第Ⅵ編「ケーブル通信」が適用されるケーブル事業者の合いの子だが，次に述べるように第Ⅱ編の適用はなく，第Ⅵ編も一部適用除外されるなど，参入障壁を低くした。代わりにチャンネル容量を超える番組需要があった場合は，自主番組を3分の1までとするなど，チャンネルに対する支配権を制限した。

　FCCは96年法制定からちょうど180日目の96年8月8日に，上記の内容を肉付けするとともに関連するFCC規則の修正を盛り込んだ報告，命令および規則制定提案を出した［Implementation of Section 302 of the Telecommunications Act of 1996; Open Video Systems, Report and Order and Notice of Proposed Rulemaking, 11 FCC Rcd. 14,639 (1996)］。FCCは続く97年，98年にもOVSについての報告および命令を出したが，次項(c)で解説す

るとおり，99年1月，第5控裁はFCC規則の重要な部分を無効とする判決を下したので，citationも省略する。

> 「(c)　OVSに対する規制の軽減
> 「(1)　OVS事業者には34年法第Ⅱ編「公衆通信事業者」の適用はない。認証されていないOVS事業者には第Ⅵ編「ケーブル通信」が適用されるが，認証されたOVS事業者については，第Ⅵ編のすべての条項が適用されるわけではない。OVS事業者はまた，第Ⅲ編「無線に関する規定」第325条（47 U.S.C. §325）が適用される。

　OVS事業者に対する34年法の規定の適用を制限し，簡単な手続きでビデオ番組が提供できるようにした条項である。電話会社はOVSを提供する場合，34年法第Ⅱ編「公衆通信事業者」は適用されない。第Ⅵ編「ケーブル通信」の規定も一部適用除外される。最大の適用除外は第621条（47 U.S.C. §541）のフランチャイズ要件で，公衆通信事業者は線路設備を建設，使用する際に，34年法第214条（47 U.S.C. §214）で，FCCから認証を取得することを義務づけられているが，認証を受けたOVS事業者であれば，フランチャイズを取得せずにOVSを提供できる。

　しかし，99年1月第5控裁は本条を肉付けしたFCC規則の重要部分を無効とする判決を下したため，この最大の適用除外も無効となった。第5控裁は以下の理由で適用除外を無効とした〔City of Dallas v. FCC, 165 F.3d 341 (5th Cir. 1999)〕。

①96年法第601条(c) (47 U.S.C. §601(c))は「96年法は連邦法，州法および地方条例が明文で定めている場合を除き，それらの規定を改正，限定または廃止するものと解釈してはならない」としている。

②最高裁判例は「伝統的に州や地方公共団体が行使してきた権限を連邦議会が先占（preempt）しようとする場合は，その意図を疑義が生じないよう条文で明文化しなければならない」としてきたが，本件について先占を認める条文は見当たらない。OVS事業者を第621条（フランチャイズ条項）の適用除外とした本条（第653条(c)(1)）は，地方公共団体にフランチャイズ要件を課す義務を免除しただけで，権限を奪うものではない。

99年11月，FCC は第5控裁判決を反映する規則を定めた［Implementation of Section 302 of the Telecommunications Act of 1996; Open Video Systems, Order on Remand, 14 FCC Rcd. 19,700 (1999)］。

一方，OVS に対して適用されるケーブル法の規定の中で最も重要なのは，第614条および第615条（47 U.S.C. §§ 534, 535）の義務的再送信規則である。ケーブル会社に地元局の電波の再送信を義務づける義務的再送信規則（Must Carry Rule，以下，「再送信規則」）について，96年法は92年ケーブル法の規定を修正しなかったため，96年法による改正を紹介するのが主目的の本書は，再送信規則の説明を避けて通ることもできなくはない。しかし，それでは米国のケーブル規制を語ったことにはならない。同規則をめぐってケーブル会社と FCC は過去30年間，法廷闘争を繰り広げてきたからである。以下にその歴史を略記する。

1966年 FCC は再送信規則を採択し，すべてのケーブル会社に地元局のすべての地上波放送の再送信を義務づけた［Amendment of Subpart L, Part 91, To Adopt Rules and Regulations To Govern the Grant of Authorizations in the Business Radio Service for Microwave Stations To Relay Television Signals to Community Antenna Systems, 2 FCC 2d 725 (1966)］。難視聴地域対策という CATV の本来の目的達成もあったが，ライバルの出現に脅威を抱いた地上波放送局の保護という政策的配慮も働いた。ケーブル会社はこれに対し，提供する番組の選択権を侵害するので，表現の自由を保障する合衆国憲法修正第1条違反であるとして提訴，85年に勝訴判決を勝ち取った［Quincy Cable TV, Inc. v. FCC, 768 F.2d 1434 (D.C. Cir. 1985), *cert. denied*, National Association of Broadcasters v. Quincy Cable TV, Inc., 476 U.S. 1169 (1986)］。

翌86年 FCC は再送信規則を改訂したが，再度違憲判決が下った［Century Comm. Corp. v. FCC, 835 F.2d 292 (D.C. Cir. 1987), *cert. denied sub nom.*, Office of Communication of the United Church of Christ v. FCC, 486 U.S. 1032 (1988)］。議会は92年ケーブル法で，同判決で提起された違憲問題の解決を試みた。34年法に第614条および第615条の規定を追加し，今度はほぼすべてのケーブル会社に，ほとんどの地元局地上波放送の再送信を義務づけた。

ケーブル会社は三たび違憲訴訟を提起した。92年ケーブル法は34年法第635条に(c)を追加し，第614条および第615条の合憲性を争う訴訟に，
①通常は1人の判事が裁く連邦地裁で，3人の判事が審理する
②①の判決に不服の場合，直接最高裁に上訴する
道を開いた（47 U.S.C. §555(c)）。

ワシントン連邦地裁の3人の判事による裁判は，93年に92年ケーブル法の義務的再送信規則を支持したが，ケーブル会社は②により最高裁に上訴した。94年最高裁は5対4の判定で修正1条の文脈では，再送信規則は合憲であるとしつつも，明確に再送信規則を支持することは避け，ワシントン連邦地裁に差し戻した［Turner Broadcasting System, Inc. v. FCC, 512 U.S. 622 (1994)］。3人の連邦地裁判事は95年に再度再送信規則を支持した［Turner Broadcasting System, Inc. v. FCC, 910 F. Supp. 734 (D.D.C. 1995)］。このため，最高裁は再審議したが，97年3月に再度5対4の僅少差で再送信規則を合憲とした。

争点は再送信規則が表現内容に対する規制か，内容中立的な規制かだった。表現内容に対する規制であれば，「やむにやまれないほど重要な政府利益」(a compelling government interest) 達成のために不可欠な規制でなければならないという，法規則の合憲性を判定する際の最も厳しい基準が適用されることになる（法律や法令の合憲性を審査する基準は厳格審査を含めて三つあり，基準によって挙証責任や挙証内容も表7－1のごとく異なる）。5対4の僅少差の判決は再送信規則を内容中立的な規制であるとし，厳格な基準

表7－1　合憲性審査の基準

基　準	適用例	挙証責任	挙　証　内　容
厳格審査	基本的権利	被告(連邦，州)	やむにやまれぬ政府利益達成のために必要か
中間審査	性差別	被告(連邦，州)	重要な政府利益達成のために必要か
合理性審査	経済社会立法	原　告	正当な政府利益に合理的に関連しているか

(strict scrutiny) は適用せず，再送信規則は修正1条に違反しないとした〔Turner Broadcasting System, Inc. v. FCC, 520 U.S. 180(1997)〕。

OVS に対して34年法のどの条項が適用されるかの話に戻ると，原放送局の許可なしに番組を再放送することなどを禁じた，第325条（47 U.S.C. §325）は適用される。

> 「(2) フランチャイズ付与当局は，OVS 事業者に対し，売上に応じた手数料の支払いを求めることができる。その手数料は FCC 規則に従ってフランチャイズ付与当局が，ケーブル事業者から徴収するフランチャイズ料を超えることができない。

上記のとおり認証された OVS 事業者の場合，フランチャイズ取得は不要だが，フランチャイズ付与当局は，フランチャイズ料を超えない範囲の手数料を，OVS 事業者から徴収できる。

> **第302条(b)関連する修正**
> 「(1) 廃止—34年法第613条(b)（47 U.S.C. §533(b)）を廃止する。
> 　公衆通信事業者が，その電話サービス区域内の加入者に直接テレビ番組を提供することを禁じた条項を廃止した。
> 「(2) 定義—34年法第602条（47 U.S.C. §531）を修正
> ①もっぱら双方向オン・デマンド・サービスを提供するために使用される公衆通信事業者の施設および OVS は，ケーブル・システムには含めない。
> ②双方向オン・デマンド・サービスは，交換網を通じて，加入者が見たい時に（オン・デマンド），1対1で（ポイント・ツー・ポイント）ビデオ番組を提供するサービスをいう。
> 「(3) VDT 規則の終結—FCC が87年に定めた VDT に関する規則は廃止する。ただし，本法制定以前に FCC が認可した VDT システムを廃止するものではない。

双方向オン・デマンド・サービスは，定義のとおり見たい時にビデオ番組が見られるという利便性から，電話会社にとっても CATV 会社にとっても，

明日の糧にとの期待がかかった。CATV業界第2位のタイム・ワーナーは，94年にフロリダ州オーランドの郊外で実験を開始した。しかし，動画などを双方向でやりとりするために必要な広帯域の回線敷設に1加入あたり1000ドル以上の投資が必要なこと，その投資額の回収に必要な収入（現在加入者が電話会社とCATV会社に払っている毎月50〜60ドルの倍は必要）が期待できないことなどから，その後の計画は頓挫した。

第303条　フランチャイズ付与当局による電気通信サービス規制の先占

(a)　ケーブル事業者による電気通信サービスの提供（47 U.S.C. §541(b)に追加）

「(3)(A)　ケーブル事業者(その系列会社も含む。この項では以下も同様)は電気通信サービスを提供する際，本編に基づくフランチャイズの取得を義務づけられない。

「(B)　フランチャイズ付与当局は，ケーブル事業者による電気通信サービスの提供を規制することはできない。

「(C)　フランチャイズ付与当局は，ケーブル事業者に対し，電気通信サービス提供の停止を命令することはできない。

「(D)　フランチャイズ付与当局は，第611条および第612条（47 U.S.C. §§531, 532）で許可されていないかぎり，ケーブル事業者に対し，フランチャイズ付与，更新，譲渡する際の条件として，電気通信サービスもしくは施設の提供を義務づけてはならない。

(b)　フランチャイズ料（47 U.S.C. §542(b)を修正）

　フランチャイズ付与当局は，ケーブル事業者が電気通信サービスを提供することによって得た収入に対して，フランチャイズ料を徴収してはならない。

84年ケーブル法は電話会社に，営業区域内でビデオ番組サービスを提供することを禁じた。巨大な電話会社が弱小なケーブル会社を踏み潰さないようにとの配慮からだった。当然の帰結として，逆にケーブル会社が営業区域内で電話サービスを提供することはまったく禁じなかった。実際にCATV業界第2位のタイム・ワーナーは，フロリダ州オーランドやニューヨーク州ロ

チェスターで，電話サービスを提供した。

　第611条はフランチャイズ付与当局が，CATVチャンネルの一部を公衆用，教育用，政府用チャンネルに指定できることを定めた。また第612条はケーブル事業者に一定の基準で，他者に商用チャンネルを提供することを義務づけた。

> **第304条　ナビゲーション装置の競争的入手（第629条─47 U.S.C. §549を追加）**
>
> 「第629条　ナビゲーション装置の競争的入手
>
> 「(a)　FCCは民間の業界標準設定機関と協議し，消費者が多チャンネル番組にアクセスするためのコンバーター・ボックス，双方向通信装置，その他の機器を，多チャンネル・ビデオ番組配信業者の系列会社以外からも，購入，リースする道を開く規則を採択しなければならない。同規則は多チャンネル・ビデオ番組配信業者が，装置の料金を別建てとし，番組サービスの料金から補助を受けていなければ，当該装置を提供することを禁じてはならない。
>
> 「(b)　FCC規則は多チャンネル・ビデオ番組の安全性を脅かしたり，番組提供者がサービスの盗難を防ぐ法的権利を妨害してはならない。
>
> 「(c)　FCCは新サービスやサービス改善のために必要であると認めた場合，多チャンネル・ビデオ番組もしくは装置提供者に対して，①に基づいて採択された規則の適用を一定期間免除することができる。
>
> 「(d)　省略
>
> 「(e)　本条に基づいて採択した規則は，FCCが多チャンネル・ビデオ番組配信サービスの市場および装置の市場が十分競争的で，規則を廃止することが，競争と公共の利益を促進すると判定した時に終結される。
>
> 「(f)　省略

　同じ公益事業の電気が当初から顧客自ら電球を設置することを認めていたのに対し，電話機は顧客による自営設置を認めず電話会社が提供していた。電話会社が電話機を端末機器と呼んだように，電話機もネットワークの構成要素なので，粗悪な機器による通信網の汚染を防ぐためだった。ところが，

当初から自営を認めた電気事業では，電気機器メーカーが競って便利な電気製品を開発したのに対し，電話会社による電話機の独占供給は，自営業者による多彩な機器の開発を阻害した。これに気づいた FCC は，1960年代に加入者による自営設置を認め，端末電話機市場に競争を導入した。その結果，電話機市場も電気製品同様多彩な機器が出回り，消費者は好みの電話機を選べるようになった。

　CATV は現在顧客がセット・トップ・ボックスと呼ばれる受信装置をCATV 会社からリースする形になっているが，CATV を利用したパソコン通信やデータ通信の普及に鑑み，30年前の電話機同様，サービス提供者による独占提供から開放して，顧客が自由に選択，購入できるようにした。まったく同じ発想で，多チャンネル・ビデオ・サービスへのアクセス機器市場に競争を導入する条項である。

　98年6月，FCC はナビゲーション装置規則を採択した。同規則は，
①対象となるナビゲーション装置はビデオ番組受信装置だけでなく，多チャンネル・ビデオ番組を通じて提供される，他のサービスへの接続機器も含む。具体的にはセット・トップ・ボックスやケーブル・モデムの他，テレビ，VCR，パソコンなどを含む
②消費者はナビゲーション装置を，それらがネットワークに悪影響を及ぼしたり，システムの安全を脅かさないかぎり，多チャンネル・ビデオ番組システムに設置できる
③対象となる多チャンネル・ビデオ配信業者は CATV 事業者だけでなく，多チャンネル放送テレビ，DBS，無線 CATV などの事業者も含む
④多チャンネル・ビデオ配信業者は要求があれば，ナビゲーション装置が自社のシステムに適合するように機器やシステムの技術情報を開示しなければならない
⑤多チャンネル・ビデオ配信業者は，2000年7月1日までに現用のセット・トップ・ボックスの安全機能部分と非安全機能部分を分離しなければならない。2005年1月1日以降は両機能を一体化した装置を提供できない
ことなどを定めた〔Implementation of Section 304 of the Telecommunications Act of 1996, Commercial Availability of Navigation Devices, Report

and Order, 13 FCC Rcd. 14,775 (1998)〕。

第305条　ビデオ番組へのアクセス（第713条—47 U.S.C. §613を追加）
「第713条　ビデオ番組へのアクセス
「(a)　FCCは96年法制定の日から180日以内に，ビデオ番組の文字表示についての調査を完了しなければならない。FCCは調査結果を議会に報告しなければならない。
「(b)　FCCは96年法制定の日から18カ月以内に，以下について定めた本条実施のために必要な規則を採択しなければならない。
「(1)　本法制定後初めて提供されるビデオ番組は，文字表示の提供を通じて完全にアクセスできること
「(2)　ビデオ番組提供者は文字表示を提供することにより，当該規則の施行日前に初めて提供されるビデオ番組へのアクセスを最大限に確保すること
「(c)　当該規則はビデオ番組の文字表示実施の期限も定めなければならない。
「(d)　FCCは文字表示がビデオ番組提供者に，過度の経済的負担をもたらすと判断した場合，その番組もしくはサービスを文字表示の適用除外とすることができる。
「(e)　不当な経済的負担の判定にあたっては以下の要因を考慮する。
「(1)　番組の文字表示の性格と費用
「(2)　提供事業者または番組所有者の事業に与える影響
「(3)　提供事業者または番組所有者の資金力
「(4)　提供事業者または番組所有者の事業の種類
「(f)　FCCは96年法制定後6カ月以内に，視覚障害者の番組へのアクセスを確保するためビデオ番組におけるビデオ解説の使用状況についての調査を開始し，調査結果を議会に報告しなければならない。
「(g)　ビデオ解説は番組の中で対話中の自然な間を利用して，テレビ番組の主要な画面について音声で解説することを意味する。
「(h)　本条は本条もしくはそれに基づく規則の要件を執行するための私

> 訴権を付与するものではない。FCC は本条にもとづく申立てに関して排他的な管轄権を持つ。

96年の大統領選で敗れたドール元上院院内総務の肝煎りで入った条項である。第二次大戦に参戦し，イタリアで右腕を負傷，自らも身体障害者の仲間入りをした（同氏談）ドールは，27年間の議員生活中，身障者関連立法を積極的に支持してきたが，その最後を飾るものとなった。

96年夏に完了した(a)の調査結果によれば，現在米国の商用番組は自主的に文字表示を行っているが，日本のゴールデン・アワーにあたるプライム・タイムの番組の30％，6 大ネットワークの番組の60％が文字表示されている。また，全米の9600万世帯のうち 5 〜6000万世帯は文字表示対応のテレビ受像器を保有している。ケーブル業界は全番組を文字表示すると年間 5 〜 9 億ドルのコスト増になるとしている〔Closed Captioning and Video Description of Video Programming, Implementation of Section 305 of the Telecommunications Act of 1996, Video Programming Accessibility, Report, 11 FCC Rcd. 19,214 (1996)〕。

FCC は97年8月に「報告および命令」を，98年 9 月には「再考命令」を出し，
①98年 1 月 1 日以降に初出する番組については 8 年後までにすべての番組を文字表示しなければならないこと
②98年 1 月 1 日以前に初出する番組については10年後までに75％の番組を文字表示しなければならないこと
などを定めた〔Closed Captioning and Video Description of Video Programming, Implementation of Section 305 of the Telecommunications Act of 1996, Video Programming Accessibility, Report and Order, 13 FCC Rcd. 3272 (1998); Order and Reconsideration, 13 FCC Rcd. 19,973 (1998)〕。

第Ⅲ部　わいせつおよび暴力等

第 8 章　わいせつ(1)——規制の歴史

第 1 節　表現の自由に対する規制

1．憲法修正 1 条をめぐる判例

　表現の自由は合衆国憲法修正 1 条で保障されている。条文上は「連邦議会は（中略）言論あるいは出版の自由を規制する（中略）法律を制定してはならない」(U.S. CONST. amend. I) となっているが，連邦政府にも適用されると解されている。また，州が正当な法の手続きによらずに個人の自由を奪うことや法律の平等な保護を拒むことを禁じた修正14条 (U.S. CONST. amend. XIV) を通じて，州政府にも適用されると解されている。次に修正 1 条が適用されるには，その前提として州の表現の自由を規制する行為 (state action) が存在しなければならない。私人が表現の自由を規制しても原則として修正 1 条違反とはならない。州の行為は行政的な行為を意味し，FCC など連邦政府機関の行為も含まれる。
　連邦裁判所は伝統的に表現の自由を規制する際，一元的基準を適用するのでなく，表現内容に対する規制か，表現内容中立的な規制か（例えば時間，場所，態様など表現がどのような状況のもとで行われたかについての規制）で異なった基準を用いてきた（「二重の基準」論）。米国では法律や法令の合憲性を審査する基準は三つあり，基準によって挙証責任や挙証内容も異なる（表 7 － 1 参照）。
　「二重の基準」論は表現の自由を規制するにあたり，規制が表現内容そのものに向けられる場合は（以下，「表現内容規制」），「やむにやまれないほど

重要な政府利益」(a compelling government interest) 達成のために，必要不可欠な規制でなければならないとする厳格審査を適用，表現内容中立的な規制は（以下，「表現内容中立規制」），「重要な政府利益」(an important government interest) 達成のための規制でなければならないとする中間審査を適用してきた。

しかし，最も厳しい基準が適用される表現内容規制でも，ある種の表現については，最高裁は表現の自由は保障されないとして，規制を認めてきた。

1919年ホームズ裁判官は，修正1条で最も重要な原則とされている「明白かつ現在の危険原則」(the clear and present danger doctrine) によって，差し迫った違法行為についての表現を抑制することを認めた。第一次世界大戦中の徴兵反対プロパガンダを「現実に害悪をもたらさなくても，実体的害悪をもたらす明白かつ現在の危険を創出するような状況で用いられた場合は処罰できる」としたのである〔Schenck v. U.S., 249 U.S. 47 (1919)〕。

1942年，けんか的表現（fighting words）についての処罰を認めたチャプリンスキー判決で，最高裁は「表現の自由はいつ，いかなる状況においても認められる絶対的なものでなく，しっかりと定義され，限定されたある種の表現については，これを阻止し，処罰しても憲法上の問題は生じないとされてきた」とし，具体的に「みだらで（lewd）わいせつな（obscene），冒瀆的（profane），文書誹毀的（libelous），侮辱的（insulting）もしくはけんか的表現」をあげた〔Chaplinsky v. New Hampshire, 315 U.S. 568 (1942)〕。

わいせつ的表現の成文法による規制は19世紀に溯る。1873年，議会はコムストック法を制定した。それまでわいせつ物の輸入を禁じた関税法はあったが，わいせつについて本格的に規制した最初の連邦法だった。制定へ向けて積極的なロビー活動を行なったコムストック氏の名前を採った同法は，わいせつな内容を含む本や写真などの郵送を禁じたが，わいせつの定義づけはしなかった。このため最高裁は，ヒックリン規則と呼ばれる19世紀の英国における判例の定義を使用した〔Regina v. Hicklin, L.R. 3 Q.B. 360 (1868)〕。

最高裁がわいせつについて独自の定義づけを最初に行なったのは，1957年のロス判決〔Ross v. U.S., 354 U.S. 476 (1957)〕で，以後9年間のわいせつ関連のいくつかの判決で，ロス・テストと呼ばれるわいせつの定義が確立し

た。「全体的にみて（ヒックリン規則の「部分的にでも」ではなく），通常人（同じく「未成年者や過敏な人間を含むいかなる人」ではなく）の好色的興味に訴えている作品」とするものだった。

　この基準を含む3基準からなるロス・テストを，最高裁は1973年にミラー判決で修正した。同じく3基準からなるミラー・テストは，
①その時代の地域社会の基準を適用して，全体的にみて，通常人の好色的興味に訴えている作品
②州法が具体的に定義する性行為について明らかに不快感を与える（patently offensive）描写を行っている作品
③重大な文学的，芸術的，政治的，科学的価値を欠いている作品
をわいせつであるとした［Miller v. California, 413 U.S. 15 (1973)］。

　修正1条で保護されなかったのは，わいせつ的表現で，下品な（indecent）表現は一般的には保護された。しかし，放送については下品な表現も保護されなかった。米国では表現の伝達手段，すなわちメディアによっても表現の自由の保護度合が異なるためだが，これについては次項で解説する。放送については下品な表現についても規制が許されたのは，未成年者保護という公共政策の観点からである。

　その公共政策の観点から表現の自由に対する規制の必要性を論じるのは，一般的には未成年者が情報の受け手になる場合を想定している。しかし，情報の送り手に加担させられる子供ポルノについての規制はより厳しく，最高裁も「表現の自由の保護は受けられず，ミラー・テストでわいせつにあたらない内容でも禁止できる」として，16歳未満の子供による性行為の写真の配布を禁じたニューヨーク州法を合憲とし，下品な表現に対する規制を放送以外にも拡大した［New York v. Ferber, 458 U.S. 747 (1982)］。

2．メディアと表現の自由規制

　1969年最高裁は，公共的な問題については反対意見も放送することを放送局に義務づけるFCCの公平原則を支持した［Red Lion Broadcasting Co. v. FCC, 395 U.S. 367 (1969)］。同判決は「ニューメディアの性格の相違は，それぞれのメディアに異なる修正1条の基準を適用することを正当化する」と

して，表現の自由の保護についてメディアによる異なる取り扱いを認めた［Id. at 386］。

公平原則については第10章で解説するが，放送に対して表現の自由を規制する根拠は，放送は電波という有限な資源を使用するため公共性が高く，資源の有効利用の観点からの規制が必要というものだった。確かに紙という無限に近い資源を使用する新聞・雑誌などの出版物については，最高裁は表現の自由を規制することを認めなかった。

1974年，最高裁は公職立候補者の性格や公式記録を批判する新聞に対し，公職立候補者に反論の機会を与えることを義務づけたフロリダ州法に違憲判決を下した。メディアに対して意見を述べさせてもらういわゆるアクセス権の主張だが最高裁は，「編集権の行使はまさに表現の自由で保護されるところのため，仮にアクセス権を認めることが新聞社に追加費用の負担を強いないとしても，アクセス権を認める州法は新聞社の編集権を侵害し，違憲である」とした［Miami Herald Publishing Co. v. Torinillo, 418 U.S. 241 (1974)］。

公平原則は表現内容中立規制だが，表現内容規制についても放送は表現の自由を最も規制されたメディアだった。78年最高裁はパシフィカ判決で，下品な表現の規制を認めた。同判決についても第10章で解説するが，下品な言葉を子供が聞けるような時間帯に放送することを禁じたFCC規則を合憲としたのである［FCC v. Pacifica Foundation, 438 U.S. 726 (1978)］。

88年に議会は34年法を改正し，下品な表現についての規制を放送だけでなく，通信にもおよぼそうとした。ところが，翌89年，最高裁はセーブル判決で，成年者に対しても下品な通話を禁じるのは違憲であるとした。パシフィカ判決は放送のもつ特異性，すなわち，内容について事前に警告を発することなく，家庭内に侵入し，子供でも簡単に聞くことができる性格ゆえに，FCCが下品な表現を規制できるとしたもので，メッセージを聞くために，能動的な行為を必要とするダイヤル・ア・ポルノ・サービスには適用されないとした。

聞きたくなくても飛び込んでくる放送については，青少年保護というやむにやまれないほど重要な政府目的達成のためには，表現の自由を規制することもやむを得ないが，自分でダイヤルしなければ，情報にアクセスできない

電話については，表現の自由をより規制しない形，すなわち成人には保障されている下品な表現まで規制しない形で，未成年者保護という目的が達成できないとはいえないとした［Sable Communications of California Inc. v. FCC, 492 U.S. 115 (1989)］。

3．「発表・出版者」対「配布者」

　パシフィカ判決は放送に対する電話よりも厳しい表現内容規制の根拠をその侵入性に求めた。しかし，放送に対する表現の自由規制を正当化した電波の希少性や放送の侵入性は，電波の有効利用を可能にする技術や，親が子どもに見せたくない番組をブロックできるＶチップ（第10章参照）などの技術革新によって規制の根拠が薄れつつある。対照的に通信に対する表現の自由規制については，それ以外のメディアと異なる取り扱いを正当化する，より本質的な特徴がある。顧客を差別できないコモンキャリアとしての義務である。第7章（第1節）のとおり，コモンキャリアは19世紀の英国の判例で，独占を認められるのと引き換えに顧客を差別できない義務を負った［Allnutt v. Inglis, 12 East 527, 104 Eng. Rep. 206 (1810)］。

　コンテンツへの関わり具合では，その配布者(distributor)にすぎない電話会社は，コモンキャリアとして来る者を拒めない代わりに，運んだ内容について名誉毀損や著作権侵害などの責任は免れた。コンテンツの発表・出版者(publisher)である放送会社が来る者を拒める代わりに，責任を問われるのと対照的だった［林紘一郎氏はコンテンツに対する通信と放送のかかわり具合の相違に着目，「作り屋」あるいは「私作る人」の放送会社の方が，「運び屋」あるいは「私運ぶ人」である電話会社より表現の自由を制約されるとした（ネットワーキングの経済学(1989)，ネットワーキング―情報社会の経済学(1998)。この例に習い「発表・出版者」を「作る人」，「配布者」を「運ぶ人」と意訳することは，原文に忠実でなくなるため避けたが，そう読み替えていただくとわかりやすいかもしれない］。

　「発表・出版者」対「配布者」の分類が，内容についての責任を問う重要な手がかりとなるのは，放送と通信の性格をあわせ持つインターネットなどのコンピュータ通信（片方向・1対多数の放送，双方向・1対1の通信に対

し，双方向・1対多数の性格を持つ）でも裏づけられる。

　掲示板サービスなどに掲載された名誉毀損的表現に対し，オンライン・サービス業者がどこまで責任を負うかについて，判例はコンテンツの「発表・出版者」とみなすか，「配布者」とみなすかで判定し，問題表現を除去するなど発表・出版者に類似する役割を果していた場合には責任を負わせたが，ノーチェックの場合は責任を問わなかった［コンテンツは情報の内容，これまで使用してきた「表現内容」も英語ではコンテンツだが，前節のとおり表現の自由に対する規制が，表現内容そのものに対する規制か，表現内容中立的な規制かで適用する基準が異なるため，わかりやすいように「表現内容」と和訳した。以後も規制がらみの文脈では「表現内容」，それ以外では「コンテンツ」を使用する］。発表・出版者に類似する役割を果たしていた代表的判例，配布者に類似する役割を果たしていた代表的判例とも次章（第509条）で紹介する。

　配布者が来る者を拒めないのは独占を認められるからで，表現の自由についての法的規制も，独占を認めるかどうかの経済的規制と裏腹の関係にある。34年法も放送業者に公衆通信事業者（コモンキャリア）の義務を課すことを禁じた（47 U.S.C. §153(h)）。放送はフランチャイズ（営業免許）が必要という参入障壁がある点からは完全競争とはいえないが，メディアの資本集中が民主主義の根幹をなす表現の自由を揺るがすおそれから，第6章（第202条）のとおり集中排除に腐心しているため，競争市場であることに変わりはないからである。

　ただ，法的規制も名誉毀損や著作権侵害など当事者間の民事責任と，未成年者に有害な表現に対して公共政策の観点から問われる刑事責任に二分されるが，経済的規制と裏腹の関係にある法的規制は表8－1のとおり民事責任までである。具体的には民事責任については発表・出版者，配布者の相違があてはまるが，刑事責任にはあてはまらない。

　まず，配布者なので，内容については責任を問えないはずの公衆通信事業者に対しても次節のとおり一部規制を認めた。また，同じ発表・出版者の出版が規制を受けないのに対し，放送はメディアの中でも最も厳しく規制されている。サービス内容が放送とほとんど変わらないCATVも放送に大差な

表 8 − 1　メディアに対する規制

規制内容		出版	放送・CATV	通信
経済的規制		無	無	有
法的規制	民事責任	有	有	無
	刑事責任	無	有	一部有

い厳しい規制を受けている（第3節参照）。

　96年法は出版物を除く電話，コンピュータ通信，CATV，放送のコンテンツについて刑事責任を科した。以下，コンピュータ通信を除く各メディアについてメディアごとにまず規制の歴史，具体的にはどういう根拠にもとづいて規制してきたかについて述べ，ついで96年法による規制について解説することとする。

第2節　通信に対する表現の自由規制

1．コモンキャリアと表現の自由規制

　合衆国憲法第1条は連邦議会に郵便局および郵便道路を整備する権限を与えた［U.S. CONST. art. I, §6, cl. 7］。
　1792年，連邦議会は私設郵便を禁じ，独占を認めた。ところが，1865年に連邦議会はわいせつ文書の郵送を禁じる法律を制定した。その後，違法または詐欺的な富くじを郵送することも禁じた。郵便物がわいせつか否か，詐欺的か否かの判定を連邦政府機関である郵便局が行なうことは検閲につながり，修正1条違反のおそれが出てくる。郵便を使って富くじを行なったことを理由に投獄された男が「郵便局は独占事業を行なう性質上，その役割は単に託されたものを運ぶだけで，何が郵送可能かを決める権限を持たない」と主張した係争で，最高裁は郵便局が運ぼうとしないものは何であれ，市民は他の任意の手段を使ってそれを自由に運ぶことができる，との理由でこれを退け，富くじ郵送禁止法を合憲とした［Ex parte Jackson, 96 U.S. 727 (1878)］。

郵政長官が社会主義者の新聞を煽動的ゆえ安価な第2種郵便で送る権利を認めなかった係争では，最高裁は第1種郵便の方はなお利用可能であることを理由に郵政長官を支持したが，ホームズ裁判官は「郵便はコミュニケーションの唯一無二の手段であるゆえ，政府は修正1条に照らして，利用可能かどうかを任意に決定できない」との反対意見を述べた［Milwaukee Social Democratic Publishing Co. v. Burleson, 255 U.S. 407 (1921)］。

　四半世紀後に最高裁はホームズ裁判官の見解を採用した。郵政長官が「連邦議会が雑誌に低額の第2種料金を認めているのは公共の利益に資するためだが，卑猥な エスクワイア誌は公共の利益に資さない」として第2種料金での郵送を拒んだが，最高裁は公共の利益に資するか否かは郵政長官の決定すべき事項ではないとした［Hannegan v. Esquire, 327 U.S. 146 (1945)］。

　それ以来，郵便局はわいせつ文書のように修正1条で保護されていないものは別として，修正1条で保護されているものについては排除できないとした。1世紀にわたる，一時は郵便物の検閲も登場しかねないような紆余曲折を経て，郵便の自由が保障される状況に到達したのである［ITHIEL DE SOLA POOL, TECHNOLOGY OF FREEDOM (1983), 邦訳は堀部政男（監訳），自由のためのテクノロジー（1988）］。

　19世紀半ばに生まれた電信に対し米国は他国と異なり，郵便を扱う主務官庁の下に置かなかった。規制のモデルも郵便に対するものでなく，鉄道に対するものだった。27年無線法は州際通商を規制する権能にもとづいて連邦政府に規制権限を与え，裁判所もこれを認めた［Pensacola Telegraph Co. v. Western Union Telegraph Co., 96 U.S. 1 (1878)］。

　同じく州境を越えて売られる新聞に対する規制権限を連邦に与えなかったのと好対照をなす。電信は新聞よりむしろ小荷物に類似していると考え，表現の手段としてではなく，商業として規制に服する運輸業として扱ったのである。1876年に誕生した電話も電信の後継物と見られ，コモンキャリアの法律が適用された。34年法は第3条でコモンキャリアを「（前略）対価を得る公衆通信事業者（コモンキャリア）として，有線または無線による州際通信もしくは国際通信（中略）に従事するものをいう（後略）」と定義した（47 U.S.C. §153）。

コモンキャリアの法律が適用されると，独占を認められる代わりにすべての顧客に平等にサービスを提供することを義務づけられる。配布者として顧客を差別できなければ，運ぶ情報内容についての責任は問い難いはずだが，議会やFCCは郵便に対して当初試みたのと同様，規制を試みた。電波の希少性や侵入性の問題を抱えている放送に対するほどではないが，同じくそうした問題がない出版物と異なり表現の自由を制約したのである。

2．ペイ・パー・コール・サービスに対する規制

通信業に対する具体的な表現の自由規制は，1968年に議会が34年法に第223条（47 U.S.C. §223）を追加，わいせつな（obscene）電話など迷惑電話に対する罰則を定めた時に始まった。その後，コンピュータ通信が普及，とくに最近はインターネットで普及に加速がついたため，96年法はコンピュータ通信に対しても表現の自由に対する規制を導入した。コンピュータ通信は画像通信なので，96年法以前の通信に対する表現の自由規制の歴史は，音声通信に対する表現の自由規制の歴史でもある。またそれは迷惑電話の規制に始まったが，以後もっぱらペイ・パー・コール・サービスの規制に向けられたので，ペイ・パー・コール・サービス規制の歴史でもある。

(1) ペイ・パー・コール・サービス

ダイヤルする番号に着目して900番サービスとも呼ばれる，ペイ・パー・コール・サービスは，わが国のダイヤルQ2サービスに相当する有料テレフォン・サービスである（わが国の0120サービスに相当する料金着信人払い通話は，米国では長距離通信料無料サービス，あるいは800番サービスと呼ばれている）。

ペイ・パー・コール・サービスは，1972年ニューヨーク電話会社が州内で976番サービスを提供した時に始まる。その成功に目をつけたAT&Tは，1980年に州際の900番サービスを開始した。サービス開始の翌月，ABCテレビはレーガン・カーター両大統領候補のテレビ討論会直後，同サービスを使って世論調査したところ，最終討論日には全米50万の視聴者が50セントを払って，どちらが討論に勝ったか回答した［ROBERT MASTIN, 900 KNOW-HOW

(3d ed., 1996)］。

　州内にかぎられた976番サービスと異なり，全米からアクセスできるため，急速に普及，ペイ・パー・コール・サービスをわずか10年間で年商10億ドル産業に成長させる立役者になるとともに，900番サービスはペイ・パー・コール・サービスの代名詞ともなった。料金着信人払いの800番サービスが，わが国のフリー・ダイヤル（0120）サービスとは比較にならないほど普及し（市場規模100億ドル），広告を見て電話で注文する商慣習が確立していたことも，900番サービスの普及を促進した。

　AT&TなどのIXCにとっても，通信による売上げ増というメリットがあるペイ・パー・コール・サービスだが，情報提供者にとっては，わずかな初期投資で全米のマーケットにアプローチできることに加え，電話会社が料金徴収を代行してくれるという，計りしれないメリットがある［電話料金を支払わないと電話を止められるという認識が浸透しているためか，電話会社の料金回収率は非常に高い］。

　このため，手軽に金もうけしようとする情報提供者が競って，娯楽，スポーツ，暮らしに役立つ情報などを提供したが，なかでも急成長したのが，1983年にサービス開始した，ライブまたは録音したポルノ情報を提供するダイヤル・ア・ポルノ・サービスだった。

　参入障壁が低いことは当然悪徳業者の参入も容易にする。アダルト番組提供業者だけではない。彼らは未成年者に提供するところに問題があるだけで，相手の求める情報は提供しているが，情報も提供せずに情報料だけをかすめ取る詐欺商法も横行した。規制がほとんどなかったことも悪徳業者をのさばらせる原因にもなったため，規制当局は規制に乗り出したが，表現の自由に対する規制には憲法違反のおそれがつきまとうため，憲法上問題なく，かつ実効も上がる規制にたどり着くまでに時日を要した。

　ペイ・パー・コール・サービスの普及により，子供がアダルト情報にアクセスし，電話料金請求書とともに高額の情報提供料の請求が来て，知らなかった親が驚くという問題が一時社会問題化した。このため議会やFCCは種々規制を試みた。わが国でもダイヤルQ2が全く同様に社会問題化したが，通信の秘密が憲法で保障されていることもあって，表現の自由に対する規制

は，インターネットの普及に伴って有料アダルト・サイトを規制するため，99年に風俗営業法が改正されるのを待たなければならなかった。対照的に83年のダイヤル・ア・ポルノ・サービスが開始するやいなや，34年法の改正により即応した，米国における通信に対する表現の自由規制を以下年表的に追うことにする。

(2) 1983年—FCC見解と法改正
ア．FCC見解
　1968年に追加した34年法第223条は，わいせつな (obscene)，みだらな (lewd)，煽情的な (lascivious)，いんわいな (filthy)，または下品な (indecent) 評言，要求，示唆または提案を電話により自ら行なった者，あるいは他人が行なうことを知りながら電話の使用を認めた者に対して罰則を定めた (47 U.S.C. § 223 (1968))。

　83年，ダイヤル・ア・ポルノ・サービスの開始に伴い，FCCは第223条は商用アダルト番組サービスには適用されないとの見解を示した。受信者がその通信を望まない迷惑電話と異なり，商用の場合は受信者も通信を望むので，基本的に迷惑電話を規制するための第223条は適用外と解釈したのである。

イ．法改正
　FCCの見解を受けて，議会は34年法223条に以下の行為をした者を罰する(b)項を追加した (47 U.S.C. § 223 (1983))。
①商業目的でわいせつ電話をかけた者
②商業目的で下品な (indecent) 情報を18才未満の者，または同意なしに18才以上の者に提供した者

　未成年者保護という公共政策を打ち出すことにより憲法違反のおそれも回避しようとする初めての試みだった。

(3) 1984年—FCC規則とカーリンⅠ判決
ア．FCC規則
　法改正を受けてFCCは，
①メッセージ提供業者の営業時間を東部時間の夜9時から翌朝8時までにか

ぎる，タイム・チャネリング規則
②メッセージ提供業者にメッセージ伝送前に，クレジット・カードによる支払いを要求することを義務づける，スクリーニング規則
を制定した（47 C.F.R. §64.201 (1984)）。

イ．カーリンⅠ判決

　カーリン社はタイム・チャネリング規則は，夜間に未成年者からのアクセスを許すため，未成年者を保護するという議会の目的は達成されない。一方，昼間は保護の必要のない成年者にも制限を課してしまう。このためFCC規則は34年法第223条に違反するとの訴えを提起，第2控裁はこれを認めた〔Carlin Comm., Inc. v. FCC, 749 F.2d 113 (2d Cir. 1984)〕（以下，「カーリンⅠ判決」）。

(4) 1985年—FCC 規則

　カーリンⅠ判決を受けて，FCCはタイム・チャネリング規則を廃止，スクリーニング規則はそのまま残したが，同規則によるクレジット・カードによる支払いに加え，ID（身分証明）コードの使用を認めた。IDコードを得るためにユーザは，書面による申請書の提出を義務づけられた。このアクセス・コード規則により，サービス提供業者は，申請者が未成年かどうか判断できるようになった。このためFCCは裁判所の薦めたブロッキング（接続停止）については，コスト増と運用の難しさから反対していた電話会社の主張を容れ，これを拒否した（47 C.F.R. §64.201 (1985)）。

(5) 1986年—カーリンⅡ判決

　カーリン社は今度は手続上の理由でFCC規則は無効であるとの訴えを提起した。具体的にはFCCがブロッキング規則を適用すべきでないことを示す証拠を提出しなかったため，関連するあらゆる証拠を吟味しなかったことになり，合衆国憲法で規定されている適正な法的過程を経ていないとするもので，第2控裁はこれを認め，85年規則を無効とした〔Carlin Comm., Inc. v. FCC, 787 F.2d 846 (2d Cir. 1986)〕（以下，「カーリンⅡ判決」）。

(6) 1987年—FCC規則

　カーリンⅡ判決を受け，FCCは3度目の規則改正を行ない，手続上の理由で無効とされたブロッキング規則に対し，内容的にもこれまでの電話会社寄りの拒否の姿勢を転換し，交換局側のブロッキング（Central Office Blocking）についてはこれを認めることとした。ただし，加入者宅内側のブロッキング（Customer Premise Blocking）については引き続き拒否した。

　そして，従来のクレジット・カードによる支払い，ID番号に続く，3番目の未成年者対策として，スクランブリング規則を採択した。スクランブリングはデコーダと呼ばれる特別な受信装置がなければ受信できないようにすること（47 C.F.R. §64.201 (1987)）。

(7) 1988年—カーリンⅢ判決と法改正

ア．カーリンⅢ判決

　カーリン社は85年にFCC規則に対しても違憲訴訟を提起した。第2控裁は今度はFCCの3規則（クレジット・カード規則，アクセス・コード規則，スクランブリング規則）を基本的にはすべて承認する判決を下した。ただし，わいせつでない（nonobscene）スピーチに対しては，これらの規則を無効（indecentなスピーチは規制の対象外である）とした［Carlin Comm., Inc. v. FCC, 837 F.2d 546 (2d Cir. 1988), *cert. denied*, 488 U.S. 924 (1988)］（以下，「カーリンⅢ判決」）。

イ．法改正

　議会は34年法第223条(b)項を修正，「成年者および未成年者を対象とした下品な（indecent），またはわいせつな（obscene）通信」を禁じた（47 U.S.C. §233 (1988)）。

(8) 1989年—セーブル判決と法改正

ア．セーブル判決

　セーブル・コミュニケーションズは改正法について，FCCを相手に提訴したが，最高裁は以下の判決を下した［Sable Communications of California Inc. v. FCC, 492 U.S. 115 (1989)］。

①わいせつな通話に対する禁止は合憲であるが、成年者に対する下品な通話を禁止することは修正1条に違反するとした。しかし、「わいせつ」と「下品」の区別を定義づけることはしなかった。
②未成年者保護という正当な目的のためでも、憲法で保証する表現の自由が犯されてはならず、有害なサービスを未成年者にアクセスさせない技術的手段を採るべきであるとして、ブロッキング・サービスの適用を助言した。
③未成年者保護の観点からのFCCの3規則（クレジット・カード規則、アクセス・コード規則、スクランブリング規則）を是認した。

イ．法改正

　セーブル判決を受け、議会は34年法第223条(b)項を下記のとおり修正した（47 U.S.C. § 233 (1989)）。

①わいせつなスピーチを禁止する。
②下品なスピーチについては、未成年者へのアクセスと同意を得ない伝送に対して制限を課す。
③情報料回収代行サービス（情報提供者に代わって加入者から情報料を徴収するサービス）を提供する通信事業者に対して、加入者がアダルト・サービスへのアクセスを書面で要望していない限り、アクセス・サービスの提供を禁止するリバース・ブロッキングを義務づける。

(9)　1990年—FCC規則と連邦地裁判決

ア．FCC規則

　FCCはヘルムズ修正を受け、下品な通信は通信事業者に対する書面による申込みがないかぎり禁止する規則を採択した（47 C.F.R. § 64.201 (1990)）。

イ．連邦地裁判決

　ニューヨーク州南部地区連邦地裁（以下、「ニューヨーク南地裁」）とカリフォルニア州北部地区連邦地裁（以下、「カリフォルニア北地裁」）は、ヘルムズ修正は違憲の疑いがあるとして、FCC規則の暫定的な差止命令を出した〔American Info. Enterprises v. Thornburgh, 742 F. Supp. 1255 (S.D.N.Y. 1990); Westpac Audiotext, Inc. v. Thornburgh, No. C-90-0738 (FMS) 1990 WL 284518 (N.D. Cal. Aug. 15, 1990)〕。

⑽　1991年─控裁判決と FCC 規則
ア．控裁判決
　FCC は連邦地裁決定の見直しを控裁に要請，第 9 控裁（カリフォルニア北地裁の上級審），続いて第 2 控裁（ニューヨーク南地裁の上級審）ともこれを認め，FCC 規則を支持した［Information Providers' Coalition v. FCC, 928 F.2d 866 (9th Cir. 1991); Dial Information Services Corp. of N.Y. v. Thornburgh, 938 F.2d 1535 (2d Cir. 1991)］。
イ．FCC 規則
　FCC は900番サービスを含む有料情報サービスに対して，以下の規則を採択した（47 C.F.R. § 64.201 (1991)）。
①プリアンブル規則
　情報提供者は通話あたり 2 ドル以下の定額料金の番組を除く，すべての有料情報サービス番組に対し，料金と番組内容を明らかにし，ユーザが課金される前に通話を中止する機会を与えなければならない。
②ブロッキング規則
　通信事業者は技術的に可能なかぎり，すべての住宅用電話加入者に対して，900番サービスのブロッキングを 1 回目については無料で提供しなければならない。
③通話停止の禁止
　通信事業者は有料情報サービス料金の不払いを理由に，加入者への通話サービスを停止してはならない。
　この規制により悪徳業者は完全に締め出され，91年に10億ドル近くに達した市場規模は92年には44％も激減，ペイ・パー・コール・サービスは転機を迎えることになった。
　その後，業界団体や IXC が倫理基準を整備・強化し，市場は再び成長軌道に乗ったが，いまだに91年のピークには及ばず，いったん焼きついた消費者のサービスに対する悪いイメージの回復は容易でないことを物語っている。目先の利益のために業界の健全な育成を怠った，具体的には未成年者保護や詐欺商法の横行に対する対策不十分のまま，アダルト番組を中心に市場を急

拡大してきたツケはあまりにも大きかった。

(11) 1992年—電話開示・紛争解決法制定

このように規制を厳しくした1991年FCC規則にさらに追い撃ちをかけるように，議会は電話開示・紛争解決法（Telephone Disclosure and Dispute Resolution Act，以下，"TDDRA"）を制定し［Pub. L. No. 102-556, 106 Stat. 4181 (1992)］，34年法に第228条を追加した（47 U.S.C. § 228 (1992)）。

TDDRAは消費者保護の観点からFCCだけでなく連邦取引委員会（Fair Trade Commission，以下，"FTC"）にも規制権限を付与した。

(12) 1993年—FCC規則とFTC規則

FCCとFTCはTDDRAで義務づけられた実施規則を制定した（FCC, 47 C.F.R. § 64.1501-1515 (1993); FTC, 16 C.F.R. § 308 (1993)）。

(13) 1994年—FCC規則

TDDRAは下記については適用除外とした。
①番号案内サービス
②料金表で料金が定められているサービス
③加入者と情報提供者とがあらかじめ情報に対して課金することに合意しているサービス

またTDDRAは着信無料番号にかけた利用者に情報課金することを原則的には禁じたが，利用者がクレジット・カードへの課金にあらかじめ合意している場合は，例外的に課金を認めた。これにより加入者の電話を使って未成年など加入者以外の者が，通話料金着信人払いの800番サービスを使ってかけた通話に対し，情報料を請求され，加入者が驚くケースが多発。以下の問題が伴ったためFCCやFTCに加入者からの苦情が殺到した。
①かける方も900番は有料だが800番は無料という既成概念があるため，利用は高額に達することが多い。
②プリアンブル規則も適用されないため利用に対し，どれだけ課金されるのかもあらかじめ分からない。

③利用料が情報料として別建てに請求されるのでなく，通話料と一緒に請求されるため加入者が認知していない通話であるなどの理由で支払わないでいると，通話停止されることになる。

このため FCC は次の規則を定めた（47 C.F.R. §64.201 (1994)）。
①課金についての合意は文書によらなければならない。
②電話会社は文書によって合意したという証拠なしに加入者に課金してはならない。

(14)　1996年—96年法制定と FCC 規則
ア．96年法（47 U.S.C. §228 を修正）

　FCC 規則により，800番サービスなどあらかじめの合意に基づく課金に伴うトラブルはなくなったが，今度は料金表で料金が定められているサービス，具体的には国際通話で問題が生じた。800番サービスの①の問題はなかったが，②，③の問題は共通した。このため議会は96年法で TDDRA を修正し，TDDRA の三つの適用除外のうち，②の料金表で料金が定められているサービスを削除した。

　しかし，ペイ・パー・コール・サービスについて，TDDRA の抜け穴をふさいだのは，96年法のサイド・ジョブにすぎない。メイン・ジョブは冒頭のべたように，コンピュータ通信にも表現の自由に対する規制を導入したことだが，これについては次章で解説する。

イ．FCC 規則

　FCC もこれにあわせて規則を改正した（47 C.F.R. §64.201 (1996)）。

第3節　CATV に対する表現の自由規制

1．規制機関による規制

　CATV はいうまでもなく放送だが，使用する資源（同軸ケーブルや光ファイバー・ケーブル）が無限に近い点では紙を使う出版物に類似する。にもかかわらず，裁判所は表現の自由に対する規制を認めた。

83年ロードアイランド州連邦地裁は，意見を異にする者のケーブル事業者に対するアクセス権を付与した州法を合憲とした。競争の出版業界では，個人攻撃を受けた者は類似の出版物で反論できるが，自然独占のCATVでは簡単に反論できないので，反論者にも平等アクセス権を保障することにより，事業者の表現の自由を制約することも許されるとしたのである［Berkshire Cablevision of Rhode Island v. Burke, 571 F. Supp. 976 (D.R.I. 1983)］。

85年第9控裁は，自然独占を理由としたケーブル事業者に対する広範な規制を疑問視し，1地域に1フランチャイズしか認めない市の規制慣行を無効とした［Preferred Communications, Inc. v. City of Los Angeles, 754 F.2d 1396 (9th Cir. 1985)］。上訴を受けた最高裁は別の理由で結論は支持したが，ケーブル事業者に対する表現の自由規制をどこまで認めるかについて判断することは避けた［City of Los Angeles v. Preferred Communications, Inc., 476 U.S. 488 (1986)］。このため，第8控裁は自然独占を理由に，排他的フランチャイズを認めた市の規制を支持した［Central Telecommunications, Inc. v. TCI Cablevision, Inc., 800 F.2d 711 (8th Cir. 1986)］。

ケーブル会社はまた，再送信規則で地元局の地上波放送の再送信を義務づけられている。CATVをめぐる最大の修正1条問題である再送信規則は，表現内容規制ではないが，CATVに対する表現内容中立規制の代表例である。第7章（第653条）のとおり，1966年にFCCが採択した再送信規則に対して，ケーブル会社は表現の自由，具体的には提供する番組の選択権を侵害するとして訴えたのに端を発する。

以後，裁判所の違憲判決→FCCによる再送信規則改訂（85年）または法改正（92年）による再送信規則修正→修正後の規則に対するケーブル会社の違憲訴訟提起というサイクルを2回繰り返した。3度目の違憲訴訟提起に対し，94年に事実関係に不明確な点があることを理由に，いったん差し戻した最高裁は，95年，ワシントン連邦地裁が再度，再送信規則を支持したため，再審議し97年3月に再送信規則を合憲とする判決を下した［Turner Broadcasting System, Inc. v. FCC, 520 U.S. 180 (1997)］。

以上の表現内容中立規制の例から，ケーブル会社は出版物なみにほぼ無限の資源を使用するにもかかわらず，出版物なみの完全な表現の自由の保障が

得られないことがわかる。

2．連邦法による規制

(1) 84年ケーブル法

　表現内容規制であることが明確な，わいせつまたは下品な番組については，84年ケーブル法に規制条項が盛り込まれた。長年 FCC 規則で規制してきた CATV に対する初の法律による規制となった，84年ケーブル法は経済規制は緩和したが，表現の自由に対する規制を強化した。

　第2条で34年法に鍵箱条項とよばれる第624条(d)(2) (47 U.S.C. §544(d)(2)) を追加し，加入者の要請があった際には，希望する時間帯にケーブル・サービスを視聴できなくする装置を提供することを，ケーブル事業者に義務づけたのである。同じく第2条で追加した第639条 (47 U.S.C. §559) では，わいせつな CATV 番組を伝送した者は，1万ドル以下の罰金，2年以下の禁固のいずれかもしくは両方に処するとした。

(2) 合衆国法典

　88年議会は合衆国法典第18編第1468条(a) (18 U.S.C. §1468(a)) で CATV によるわいせつ番組の伝送を禁じ，違反者に対しては2年以下の禁固，本編に基づく罰金のいずれかまたは両方に処するとした。

(3) 92年ケーブル法

　CATV に対する規制を緩和した84年ケーブル法は，最大の経済規制である料金規制を撤廃した。この結果料金が92年までの8年間にほぼ倍増したため，92年ケーブル法を制定，料金規制を復活した。92年ケーブル法は表現の自由に対する規制も強化した。34年法第612条に(h)(j) (47 U.S.C. §532(h)(j)) を追加した第10条で，ケーブル事業者に対し以下の権利・義務を定めた。
(a)　明らかに不快感を与える（patently offensive）と判断する番組にチャンネルをリースすることを拒否できる。
(b)　明らかに不快感を与える番組を一つのチャンネルに隔離し，加入者が書面で視聴を要請しないかぎり，視聴できないようにしなければならない。

(c) 公衆用，教育用，政府用チャンネルを通じて，明らかに不快感を与える番組を放映することを承諾もしくは拒否できる。

(d) リース用チャンネルや公衆用，教育用，政府用チャンネルを通じて，わいせつな番組を伝送した際には，刑事または民事責任を負う。

リース用チャンネルはケーブル事業者が他人にリースするチャンネルで，84年ケーブル法は商用ケーブル・チャンネルとよび，第2条で追加した第612条（47 U.S.C. § 532）で，36チャンネル以上もつCATV事業者は全チャンネルの10%，55チャンネル以上の事業者は15%をリース・チャンネルにすることを義務づけた。

Public, Educational and Government Channels を略して PEG チャンネルとよばれる，公衆用，教育用，政府用チャンネルは同じく第611条で（47 U.S.C. § 531），フランチャイズ付与当局（地方公共団体）が義務づけた条件にもとづき，ケーブル事業者が公衆用，教育用，政府用に指定するチャンネル。

96年6月最高裁は，(a)〜(c)の合憲性が争われたデンバー・エリア判決で，(a)は合憲，(b)，(c)は違憲とした。(a)は表現の自由に不必要な制約を課すことなく，青少年保護というきわめて重要な政府の利益を追求しているというのが合憲の理由。FCCは84年ケーブル法の鍵箱は，多くのステップを経ないと親が下品な番組をブロックできないため(b)が必要であるとしたが，最高裁は明らかに表現の自由を制約するとの理由でこれを認めず，(c)についても青少年保護のために必ずしも必要とはいえないとの理由で修正1条に違反するとした［Denver Area Educational Telecommunications Consortium, Inc. v. FCC, 518 U.S. 727 (1996)］。

なお，わいせつでない番組に対する表現の自由規制は認めない点で判例は一貫しており，後述するようにそれも認められている放送よりは，CATVの方が表現内容規制は厳しくない（表現の自由が保障されている）。

このようにCATVに対する表現内容規制は放送ほど厳しくないが，表現内容中立規制については，希少資源である電波を使用しないにもかかわらず，放送と違い独占であるという理由で放送と同じ公平原則を課される上に，放送にはない再送信義務まで負わされる点で放送より厳しく，全体としては放送と大差ない規制を受けている。

第9章　わいせつ(2)——条文

第1節　わいせつな通信

　第V編「わいせつおよび暴力」はA〜C章までの3章からなるが，A章「電気通信設備のわいせつ的，迷惑な利用および不正利用」の条文を本章で解説する。

> **第501条　題名**
> 　本編は「1996年通信品位法」(Communications Decency Act of 1996)として引用することができる。

　米国ではある法律の一部がまとまった体系をなす場合，特定の編だけを法律全体とは別の題名でよぶことがある。34年法の第VI編が，「1984年ケーブル通信政策法」[Cable Communications Policy Act of 1984, Pub. L. No. 98-549, 98 Stat. 2779]とよばれるのが身近な例である。同法は34年法制定時に存在しなかったケーブル通信を規制するために，84年に追加したものだが，通信品位法のように96年法と同時に制定されながら，独立した別の正式名称が付与されることも，当初別個に審議されていた法案が，1本の法律に統合された場合によくある。

　通信品位法は96年法の中でも別個の法体系をなすが，底流を流れる思想も規制撤廃・緩和の96年法と対照的に規制強化である。ただし，96年法が撤廃・緩和した規制は経済的規制（独占市場をなくし競争を全面的に導入する）であり，通信品位法が強化した規制は表現の自由に対する規制なので，96年法は規制の重点を「経済的規制から社会的規制へ」シフトしたと見ることもで

きる。

　表現の自由に対する規制には憲法問題，すなわち規制が修正１条で保障されている表現の自由を侵害しないかの問題が付きまとう。このため，これまでも映画やテレビに登場するシーンを真似た暴力事件が起こるたびに，政府や視聴者から要望が出されていたメディア業界による自主規制もなかなか進まないでいた。

　テレビは映画と違って家庭内にずかずか入り込んでくるのが問題だったが，これにインターネットが加わった。インターネットのホームページでもっとも頻繁に見られているのは，プレーボーイやペントハウスなどのアダルト誌のホームページといわれているが，インターネットは親がパソコンにあまり詳しくないと，親のコントロールも効かないので，同じ家庭内に侵入してくるテレビ以上に問題は深刻。

　このためインターネット・ポルノから子供たちを守ろうという動きが議員の間でも湧き起こった。そのイニシアチブを取ったエクソン上院議員（民主党）も，94年のクリスマスに孫たちにパソコンをプレゼントしたところ，孫たちのパソコンについての知識が親たちを凌駕するのに驚愕，通信品位法の起草に乗り出した。

　そして，米国世論の保守化現象，具体的には「家族の価値」を守ろうとする動きをバックに，ニューメディアのインターネットだけでなく，オールドメディアの放送，ケーブルTVに対する表現内容規制も含んだ通信品位法の成立に漕ぎ着けた。

第502条　34年法下での電気通信設備のわいせつ的または迷惑な利用（47 U.S.C. §223を修正）

(1)　第223条(a)項の修正

「(a)　次に該当する者は合衆国法典第18編にもとづく罰金，２年以下の禁固のいずれかまたは両方に処せられる。

「(1)　電気通信装置によって州際通信または国際通信を通じて以下の行為を自らする者

「(A)　故意に他人を不快にし，虐待し，強迫し，またはいやがらせをす

る目的で，わいせつな，みだら，好色，卑劣または下品な通信を行なう者

「(B) 当人が発信したか否かにかかわらず，受信者が18才未満であることを知りながら，故意にわいせつ（obscene）または下品（indecent）な通信を行なう者

「(C) その後に通話や通信が続くか否かにかかわらず，自分が誰であるかを告げずに，受信者を不快にし，虐待し，強迫しまたはいやがらせをする目的で通信を行なう者

「(D) いやがらせの目的で，他人の電話を反復，継続してよぶ者

「(E) いやがらせの目的で，繰り返し発信し，通信を続ける者

「(2) 上記(1)の利用を許可した者

自らの支配下にある電気通信装置が，上記(1)の禁止された行為に利用されることを意図して，故意にその利用を許可する者

これまで5万ドル以下の罰金，6ヵ月以下の禁固となっていたのを，罰金額については2倍（合衆国法典第18編にもとづく罰金額は現在10万ドル以下）に，禁固刑を4倍に引き上げることによって，違反者に対する罰則を強化した。

また，時代に合わせて，わいせつ情報を伝達する機器を電話から電気通信装置に，わいせつ情報を音声から文字，画像にそれぞれ拡大した。

(2) 第223条(d)項以下の追加

「(d) 次に該当する者は合衆国法典18編に基づく罰金，2年以下の禁固のいずれかまたは両方に処せられる。

「(1) 州際通信または国際通信を通じて故意に，現代の地域社会の基準に照らして，明らかに不快な（patently offensive）用語によって，性的なまたは排泄の行為または器官を描写しまたは記述する論評，要求，提案，申出，画像，その他の通信を，

「(A) 18歳未満の者に伝送するため，または

「(B) 18歳未満の者が利用可能な状態で表示するために

双方向コンピュータ・サービスを（自ら発信したか否かにかかわらず）

> 使用する者
> 「(2) 自らの支配下にある設備が，これらの禁止された行為に利用されることを意図して，故意にその利用を許可した者

　電話については第 8 章（第 2 節）のとおり，89年のセーブル判決［Sable Communications of California Inc. v. FCC, 492 U.S. 115 (1989)］を受けた第223条(b)項の改正で，わいせつな通信と未成年者に対する下品な通信が禁止されていたが，これを双方向コンピュータ通信サービスにも拡大するための追加である。

　その後のインターネットの勃興により，コンピュータ通信を通じたわいせつ情報を規制する必要が生じた。コンピュータ通信では音声よりもリアルな画像が送れる。未成年者保護の観点からは電話より厳しい規制が必要かもしれない。電話が 1 対 1 であるのに対し，瞬時に 1 対多数の通信が可能な点でもコンピュータ通信は放送に近い。

　しかし，原点に戻って，片方向か双方向かの放送と通信の基本的相違に着目すると，コンピュータ通信は双方向で，いうまでもなく通信。わいせつ情報規制の観点からも，放送の持つ侵入性はコンピュータ通信にはない。このため96年法はコンピュータ通信に，放送に対する規制ではなく，電話に対する規制を適用することとした。

　通信品位法を起草したエクソン上院議員（民主党）は第103議会（93～94年）でも，上院の通信法改正案に通信品位法を盛り込もうとした。この時は通信法改正案は下院を通過したが，上院で審議時間不足で廃案となったため陽の目を見なかった。続く第104議会（95年～96年）では会期明けの 1 月に通信品位法を提案，3 月に全委員の賛同を得て，上院商業，科学，運輸委員会を通過した。インターネット業界や基本的人権（表現の自由）の侵害を恐れる市民団体などは猛反対し，修正のロビー活動を活発に行った。このため 6 月の上院本会議では，エクソン議員はインターネットからダウンロードしたポルノの実例集を作成，青いフォルダーに入れたためブルーブックと呼ばれたこの実例集を見せながら，立法の必要性を訴えた。

　リーイ議員は「リノ司法長官の指揮下で規制が必要か否かの調査を行ない，

150日以内に結論を出す」との修正案を出しだが，エクソン議員は子どもたちを守るのに150日も待てないと反論，裁決の結果，通信品位法案は84対16の圧倒的多数で承認された（96年法の上院案は89対11で可決された）。

　マスメディアもインターネット上のポルノ情報氾濫を大きく取り上げた。タイム誌は7月3日号を「サイバー・ポーン」特集号とし，カーネギー・メロン大学の学生の調査結果を紹介した。ネット上の電子掲示板「ニュースグループ」に掲載された約92万件の性的に露骨な画像を，18ヵ月かけて調査した結果，その83％がポルノだったとするもの。大学院生でなく学部の学生によるこの調査は，調査手法も未熟な上，データの裏付けなしに結論が導かれているなどで批判を浴びた。批判の急先鋒Electronic Frontier Foundationのマイク・ゴッドウィンは「商用ポルノ掲示板サービスをもって全体を論じるのは，タイムズ・スクウェアのアダルト・ショップをもって出版界全体を論じるに等しい」とした［INTERNET WORLD, October 1995］。同氏はタイム誌の編集者もこの批判に耳を貸さなかったと指摘している［Id.; MIKE GODWIN, CYBER RIGHTS: DEFENDING FREE SPEECH IN THE DIGITAL AGE (1998)］。ABC放送も報道番組「ナイトライン」でこの問題を特集した。

　このようにインターネット上のポルノ情報氾濫が社会問題化する中，上院のそれより若く，インターネットの経験もある議員で構成される下院は規制に反対した。上院の可決直後，ギングリッチ下院議長（共和党）は明らかに表現の自由違反だと非難した。コックス議員とワイデン議員は規制好きの連邦政府がサイバースペースに芽生えた自由を踏みにじることをおそれ，連邦政府のインターネットへの介入を禁じる修正を420対4とほぼ全会一致で可決させた（96年法の下院案は305対117で可決された）。

　上下両院の当初案には相違点がいくつかあった。その一つがコンピュータ通信に対する規制だった。他の相違点は程度の差で，ベクトルは一致していた。序章（第3節）のとおり市場が最良の規制者であるとする市場信奉者ギングリッチ議長のイニシアチブで，全体的に下院案の方が規制撤廃色が強かっただけである。ところが，コンピュータ通信に対する規制については，上院は規制，下院は規制禁止とベクトルも逆で，その意味では最大の相違点だった。

こうした相違点のすりあわせを行なうべく，上院11議員，下院の34議員からなる両院協議会が設置された。95年12月，協議会委員はコンピュータ通信の規制についての上院案との溝を埋めるための妥協案を模索した。ホワイト議員（共和党）は未成年者に有害な素材を故意に伝送した者を罰する修正案を提出した。上院案同様，規制を導入する代わりに，基準を上院案の「下品な」ではなく，「未成年者に有害な」にしたのである。「未成年者に有害な」基準は，「下品な」基準より狭く解され，文学，文化，科学的価値のある素材を除外できる。このため，48州で採用され，裁判所もこの基準による規制を認めてきた。

上院案の「下品な」の定義は，78年のパシフィカ判決［FCC v. Pacifica Foundation, 438 U.S. 726 (1978)］の定義を条文化したもの。同判決については次章で詳述するが，7つの汚い言葉を，子供が聞けるような時間帯に放送することを禁じたFCC規則を合憲とした判決である。

出席した下院の33人の委員は20対13でホワイト案を承認したが，直後に司法委員会のハイド委員長（共和党）がグッドラット議員（共和党）に提出させた，「未成年者に有害な」を「下品な」に代える修正案が，17対16の1票差で承認され，上院案にかぎりなく近づいた。その後FCCによるインターネット規制禁止条項も落とされ，上院案との下院案の相違は消滅した。下院でも「家族の価値」を守ろうとする保守派が，「表現の自由」を守ろうとするリベラル派を抑えたのである。

それにしても夏には420対4とほぼ全会一致で，インターネットに対する規制を禁止した下院が，ギングリッチ議長が「表現の自由の侵害だ」と痛烈に批判した上院案とほとんど変わらない案に，わずか4ヵ月間で豹変した理由は何か。その解は年が開けると選挙の年だったことにある。「家族の価値」を強調することは票に結びつくからである。

なお「表現の自由」に配慮した「未成年に有害な」基準を提案したが敗れたホワイト議員の選挙区はワシントン州。シアトル郊外に本拠を置くソフトウエアの王者マイクロソフトの吸引力で，ソフトハウスが育ちつつある地域。インターネット関連ソフトはソフト会社にとって金のなる木。しかし，草の根だからこそ急成長が可能なインターネット。規制は成長に水を注すことは

火を見るより明らかで，ソフト会社をはじめとしたインターネット関連業界は，できれば非規制，それが難しい場合でも，必要最小限に抑えたかった。

両院協議会が調整経緯をまとめた「1996年法についての両院協議会報告書」〔H.R. Conf. Rep. No. 104-458 (1996)〕(以下，「協議会報告書」)によれば，違反者は下品な素材がアクセスまたはダウンロードされるごとにではなく，展示するごとに本条に違反したものとみなされる。

> 「(e) 法律で認められたその他の抗弁に加えて，以下の抗弁が可能である。
> (1) 自らの制御下にない設備，システム又はネットワークへのアクセスを提供するだけの場合は，責任を負わない。アクセスは，アクセスの提供に付随する伝送，ダウンロード，中間記憶，アクセス・ソフトウエアその他の関連する機能を含むが，コンテンツの作成は含まない。

上記(a)〜(d)の禁止事項に対して，法律で認められたその他の抗弁に加えて，(e)項でさらに(1)から(6)までの抗弁を用意した。

協議会報告書は「協議会はコンピュータの専門家でない普通のアメリカ人が，インターネットや双方向コンピュータ・サービスにアクセスできるようにするアクセス・ソフトウエアの重要性を認識して，アクセスに含め，アクセス提供者の抗弁に加えた（アクセス提供者を免責とした）」としている。

アクセス・ソフトウエアについては下記(h)項で定義している。

> 「(2), (3) ただし，以下の者に対してはアクセス提供者の抗弁を適用しない。
> ①本条違反の以下の行為をする者
> ・コンテンツを作成する者または故意に頒布する者と共謀すること
> ・コンテンツが利用可能であることを故意に宣伝すること
> ②下品な素材を提供する当該設備，システム又はネットワークを共同で所有又は支配する者

協議会報告書は「協議会はアクセス提供者に共同責任を課すことによって，オンライン通信産業の成長に水を注すことのないように，この抗弁が広義に

解されることを意図した」としている。

> 「(4) 雇用主は被用者又は代理人の行為が雇用の範囲外の場合は，当該行為に対して本条に基づく責任はない。
> 　ただし，雇用主が，
> ①当該行為を知った上でそれを承認，若しくは追認した場合，又は
> ②当該行為を不注意で見逃した場合
> はこのかぎりではない。
> 「(5)　次に該当する場合は，未成年者によるアクセスに関し，本条違反に問われない。
> 「(A)　わいせつな又は下品な通信又は素材への未成年者のアクセスを制限しまたは防止するために，合理的，効果的かつ適切な措置を誠実にとった場合
> 「(B)　認証済みのクレジット・カード，支払い勘定，成人アクセス・コード又は成人認識番号の利用を通じて，わいせつなまたは下品な通信又は素材への未成年者のアクセスを制限した場合

協議会報告書は「効果的とは一般的な意味で，アクセスを100％制限することを要求するものではない。現在開発中のソフトが未成年者をインターネットを通じた下品な情報から遮断することができれば，それらは当然，合理的，効果的かつ適切な措置といえる」としている。

> 「(6)　FCCは双方向コンピュータ・サービスを通じた禁止されている通信への未成年者のアクセスを制限するために，合理的，効果的かつ適切な措置を示すことができる。FCCはしかし，当該措置を強制すること，当該措置を利用しない者に対して行動を起こすこと，または当該措置に関係する製品を推奨することはできない。使用者は当該措置の使用によって誠実さを証明することができる。

以上が(a)～(d)の禁止事項に対して，法律で認められた他の抗弁に加えて，(e)項が用意した抗弁である。

「(f)(1) これら法定の抗弁を行なうために，ある者が誠実にとった行為，または下品な素材の伝送またはそれへのアクセスを防止するためにとったその他の合法行為に対して，司法又は行政上の訴訟を提起することはできない。
「(2) 州および地方自治体は下品な通信に関して，営利および非営利事業体，非営利図書館および高等教育機関に対し，本条と異なる責任を課してはならない。ただし，州内サービスについてはこのかぎりではない。
「(g) 略
「(h) 定義
「(1), (2) 省略
「(3) アクセス・ソフトウエアは通信内容を作成，提供はしないが，利用者が以下のことを可能にするソフトウエアで，クライアント・ソフトウエアやサーバー・ソフトウエアを含む。
「(A) コンテンツを除去，選別，許容または否認すること
「(B) コンテンツを選別，選択，分析または要約すること
「(C) コンテンツを送信，受信，表示，転送，キャシュメモリーへ保存，検索，小分け，編成または再編成すること
「(4), (5) 省略

　協議会報告書は「(州などが異なる基準を採用する道を封じることにより)コンテンツが瞬時に1対1だけでなく1対多数の通信で伝送される，全国的どころかグローバルなメディアに対して，全国的な表現内容規制基準を確立することを意図した」としている。

　インターネットは確かに瞬時にして，全世界に情報が送れるが，わいせつ的表現に対して，裁判所は依然としてミラー・テストの現代の地域社会の基準を適用している。掲示板サービスを通じて，カリフォルニアの警察当局がわいせつ的でないと判定した画像を，テネシーの顧客がダウンロードしたケースで，テネシー州西部地区連邦地裁は地域社会の基準を適用して，カリフォルニアの掲示板サービス提供者を有罪とし，第6控裁もこれを支持した
　[U.S. v. Thomas, 74 F.3d 701 (6th Cir. 1996), *cert. denied*, 519 U.S. 820

(1996)]。

　わいせつ的表現と異なり，「下品な」表現は修正1条で保護され，規制は原則禁止されている。その「下品な」表現について，全米的基準を設けようとした立法者の試みは，グローバルな性格を持つインターネットに対して，規制の実効を上げるために必要とはいえ，かなり大胆なものだった。しかも，その「下品な」基準が「未成年者に有害な」基準のように，すでに判例で確立したものでないだけになおさらだった。

　第Ｖ編Ａ章は以下，CATVの表現内容規制の条文（第503〜第506条）が続いた後，コンピュータ通信の表現内容規制の条文（第507〜509条）に戻るが，コンピュータ通信の表現内容規制を先に完結するため，順序を逆転して解説する。

第507条　コンピュータを使用するわいせつな素材の通信についての現行法の明確化（18 U.S.C. §1462を修正）
(a), (b)　双方向コンピュータ・サービスを通じて，わいせつな素材などを販売，配布した者は本編にもとづく罰金，5年以下（再犯の場合は10年以下）の禁固のいずれかまたは両方に処せられる。
(c)　省略

　合衆国法典第18編（18 U.S.C.）は「刑法および刑事訴訟法」にあてられ，第1460条〜第1469条からなる第71章で，「わいせつ」について規定している。第1462条の「わいせつな素材の輸入および輸送禁止」は，わいせつな素材などを販売，配布した者に刑事罰を科していた。媒体は問わなかったので，双方向コンピュータ・サービスを通じる場合も含んでいた。このため，協議会報告書は，「現行の規定を明確化したもの」としている。

第508条　未成年者に対する強要および誘惑（18 U.S.C. §2422を修正）
　現行の条文の前に(a)を付し，その後に以下を加える。
「(b)　売春もしくは性犯罪に従事するように，未成年者を誘惑，勧誘，強要するために，コンピュータを含む州際通商の設備を使用する者は，

本編にもとづく罰金，10年以下の禁固のいずれかまたは両方に処せられる。

合衆国法典第18編は第2421条〜第2424条からなる第117章で，「違法の性行為などを目的とする輸送」について規定している。第2422条の「強要および勧誘」は売春もしくは性犯罪に従事するために，州をまたがって移動するよう誘惑，勧誘，強要した者に刑事罰を科していたが，未成年者に対し，通信設備を使用して売春などを勧誘した者を追加した。

協議会報告書は「上院司法委員会は95年7月24日，わいせつ，下品なオンライン通信の子どもに及ぼす悪影響についての公聴会を開催，子どもや家族をそうした害悪から守るために，議会が効果的なアクションを取る必要があるとの結論に達した」としている。

第509条　オンライン通信に対する家族の権限強化（47 U.S.C. §230を追加）

「第230条　不快な素材の私的な阻止もしくは選択の保護

「(a)　事実認識－議会は以下の事実を認識する。

「(1)　米国民一人一人が利用可能なインターネットその他の双方向コンピュータ・サービスの急速な普及により，米国市民による教育資源および情報資源の利用は飛躍的に増加する。

「(2)　当該サービスは利用者に，自らが受信する情報に対して高い程度の支配権を付与する。

「(3)　インターネットその他の双方向コンピュータ・サービスは，真に多様な政治的思想の伝達の場，特有な文化的発展の機会および無数の知的活動の方法を提供する。

「(4)　インターネットその他の双方向コンピュータ・サービスは，政府による最低限の規則により発展し，米国民すべてに便益を与える。

「(5)　米国民は多様な政治的，教育的，文化的および娯楽的なサービスを求めて，双方向メディアにいっそう依存するようになる。

「(b)　政策―以下を合衆国の政策とする。

「(1)　インターネットその他の双方向コンピュータ・サービスおよびそ

の他の双方向メディアの継続的な開発を促進すること

「(2) インターネットその他の双方向コンピュータ・サービスの活気に満ち，かつ，競争的な現在の自由市場を，連邦又は州の規制に拘束されないまま維持すること

「(3) インターネットその他の双方向コンピュータ・サービスを利用する個人，家庭および学校が受信する情報を，できるだけ利用者で管理できるようにする技術の開発を奨励すること

「(4) 子供に好ましくないオンライン素材へのアクセスを制限する権限を，その両親に付与するブロック技術およびフィルタリング技術の開発，利用に対する阻害要因を除去すること

「(5) コンピュータを利用したわいせつな表現の売買，反復電話およびいやがらせを処罰するために，連邦刑事法の断固たる施行を保証すること

本書は条文については逐語訳せず，要約するかわりに解説を逐条ごとに加えている［郵政研究所編，1996年米国電気通信法の解説（1997）は逐条解説ではないが，資料編に逐語訳が付いている］。本条(a), (b)については，例外的に条文を逐語訳した。インターネットその他の双方向コンピュータ・サービスに対する，米国の政策とその政策策定に導いた事実認識が明快に述べられているからである。経済的規制はできるだけ差し控えるが，社会的規制については青少年保護の観点から強化する政策が明快に読み取れる。

「(c) 不快な素材についての「よきサマリア人」によるブロックおよび選別の保護

「(1) 出版者または代弁者としての取扱い

双方向コンピュータ・サービスのいかなる提供者または利用者も，別の情報コンテンツ提供者が提供する情報の出版者または代弁者としての責任を負わない。

「(2) 民事責任

「(A) いかなる双方向コンピュータ・サービスの提供者または利用者も，わいせつな，淫らな，好色な，卑猥な，過度に暴力的な素材，その他の

好ましくないと判断した素材が，憲法上保護されているかどうかにかかわらず，当該素材へのアクセスを制限するために誠実にとった措置を理由に責任を問われることはない。

「(B)　いかなる双方向コンピュータ・サービスの提供者または利用者も，情報コンテンツ提供者に，上記の素材へのアクセスを制限する方法を提供したことを理由に責任を問われることはない。

名誉毀損（わいせつではなく）に関する，地裁レベル（上級審ではなく）の二つの対照的な判決が，本項の立法化に影響した。

91年のキュービー判決でニューヨーク州南部地区連邦地裁は，オンライン・サービス・プロバイダーである，コンピュサーブのニュースレターに掲載された表現を名誉毀損であるとしたキュービーの訴えを退けた。図書館や書店などの表現の配布者（distributors）に適用される，修正1条の抗弁はオンライン・サービス事業者にも適用され，素材を流通させるだけのオンライン・サービス・プロバイダーは，素材が名誉毀損的であることを実際に知っていた場合，もしくは当然知っておくべきだった場合を除き，責任を問われないとしたのである〔Cubby v. CompuServe Inc., 776 F. Supp. 135 (S.D.N.Y. 1991)〕。

95年のストラットン判決ではニューヨーク州地裁（連邦地裁でなく州の地裁）は，同じオンライン・サービス・プロバイダーである，プロディジィの掲示板に掲載された表現に対し，同社に名誉毀損の責任を負わせた。プロディジィが不快なメッセージを除去するなど，編集者の役割を果たしていたことから，配布者というより発表・出版者（publishers）に近く，再出版の原則（republication　doctrine）で，著者と同等の責任を負うとしたのである〔Stratton-Oakmont Inc. v. Prodigy Services Co., 1995 WL 323710 (N.Y. Sup. Ct. May 24, 1995)〕。

本項はこのストラットン判決を覆した。協議会報告書は「両院協議会の委員たちは判決が，子供が双方向コンピュータ・サービスから受信する情報内容を決定する権限を，親に与えようとする連邦の政策の障害になるおそれがあることを確認した」としている。オンライン・サービス・プロバイダーが，

自主的に問題ある表現をチェックしているからといって，内容についての責任を負わせると，プロバイダーは問題のありそうな表現を片っ端からカットしてしまい，上記(b)の親にその権限を付与させようとする政策が有名無実化するからである。

> 「(d) 他の法律に対する影響
> 　刑事法，知的財産権法または通信プライバシー法は影響を受けない。本条に合致する州法は効力を維持するが，合致しない州法または地方条例は効力を失う。
> 「(e) 省略

第2節　わいせつなCATV番組

> **第503条　CATVにおけるわいせつな番組（47 U.S.C. §559を修正）**
> 　第639条の「1万ドル以下の罰金」を「合衆国法典第18編（18 U.S.C.）にもとづく罰金」に修正する。

「1万ドル以下の罰金，2年以下の禁固のいずれかもしくは両方に処す」とした84年ケーブル法の罰金額を修正した。協議会報告書は「1万ドルを10万ドルに引き上げようとした上院案を，上記の表現に変える形で採用した」としている。現行の合衆国法典第18編にもとづく罰金額は10万ドル，禁固は2年以下だが，第502条ほか通信品位法の他の条文での罰則同様，第18編の罰則の改定にリンクさせた。

> **第504条　非加入者に対するケーブル・チャンネルのスクランブル化（47 U.S.C. §560を追加）**
> 「第640条　非加入者に対するケーブル・チャンネルのスクランブル化
> 「(a) ケーブル事業者は加入者の要請に基づき，加入者でない者が無料で番組を受信できないよう，完全にスクランブル化またはブロックしなければならない。

> 「(b) スクランブルは番組を視聴できないように信号を変調することを意味する。

　スクランブルは暗号化の一種で，デコーダと呼ばれる解読装置がないと受信できないようにすること。これに対し，ブロックはまったく受信できないようにすること。多くのCATV会社はアダルト番組用の有料チャンネルをもっており，全米で6670万のCATV加入者のうちの300万が追加料金を払って加入している。本来は追加料金を支払って有料チャンネルに加入しないかぎり，視聴できないはずだが，信号流出（signal bleed）と呼ばれる現象によって未契約者でも視聴可能である。こうした信号流出によって，有料チャンネル未契約のCATV加入世帯で，未成年者が受信できないように，そうした加入者から要請があれば，アダルト番組をスクランブルするか，ブロックすることを義務づけたわけである。

> **第505条　性的に明らさまな成人向けビデオ・サービス番組のスクランブル化（47 U.S.C. §561を追加）**
> 「第641条　性的に明らさまな成人向けビデオ・サービス番組のスクランブル化
> 「(a) アダルト番組用のチャンネルで，アダルト番組を提供する多チャンネル映像番組配信業者は，加入者でない者が当該番組の音声および映像部分を受信できないように，すべての性的に明らさまな番組を完全にスクランブルかブロックしなければならない。
> 「(b) 多チャンネル映像番組配信業者はスクランブルかブロックできるようになるまでは，FCCの定める子どもが視聴しないような時間帯にしか性的に明らさまな番組を提供できない。
> 「(c) スクランブルは番組を視聴できないように信号を変調することを意味する。

　前条同様，未契約者がCATV会社のコスト負担で，アダルト番組を受信できないようにすることを，CATV会社に義務づける条項だが，前条との相違は誰が対策のイニシアチブをとるかにあり，第504条ではCATV加入者が要

請した時だが，第505条では加入者から要請の有無にかかわらずとした点である。

　共和党のファインシュタイン上院議員とロット上院議員（現上院院内総務すなわち上院議長）が提案した修正案が，95年6月の上院本会議で賛成91票の全会一致で可決され上院案となり，両院協議会でも採択されて盛り込まれた条項である。ファインシュタイン議員は提案理由を「両親が勤めを終えて帰宅すると，子供達がアダルト専用チャンネルを視聴している場面に遭遇する。アダルト専用チャンネルに加入せず，そうしたチャンネルの存在すら知らない両親が，性的に露骨な番組から子どもを守れるようにするための修正である」と説明した。

　(b)は過渡的措置として設けられたものだが，スクランブルやブロックできるようにするためには時間だけでなく金もかかることから，アダルト番組配信業者はもっぱらこれにより対応し，放送時間をFCCの定めた「安全な港」（safe harbor）と呼ばれる時間帯（午後10時から翌朝6時まで）に移した。「安全な港」はもともと税法で使われていた概念が，他の法律分野にも一般化したもので，一定の要件（この場合は午後10時から翌朝6時までに放映する）を満たせば，罰則を免れることを意味する。

> **第506条　ケーブル事業者による特定番組の伝送拒絶（47 U.S.C. §§531, 532を修正）**
> (a), (b)　ケーブル事業者は，わいせつな表現，下品な表現または裸体を含む，公衆が提供する番組の全部または一部の伝送を拒絶できる。
> (c)　省略

　84年ケーブル法は，第611条(e) (47 U.S.C. §531(e))で公衆用，教育用，政府用ケーブル・チャンネルに対して，第612条(c)(2) (47 U.S.C. §532(c)(2))で商用ケーブル・チャンネルに対して，ケーブル事業者が編集権を行使することを禁じた。本条はこれらの条項に上記ただし書きを追加し，わいせつおよび下品な表現については例外とした。

第10章　暴　力

第1節　放送に対する表現の自由規制

1．公平原則

　第8章（第1節）のとおり，表現の自由に対する規制は表現内容規制と表現内容中立規制に二分されるが，放送会社に対する厳しい表現の自由規制もこの両方の規制に及ぶ。放送に対する表現内容中立規制の代表例は公平原則である。公平原則は同時に放送に対する表現の自由規制の代表例でもある点で，CATV における再送信規則と類似する。その公平原則についてまず解説する。

　公平原則（Fairness Doctrine）の起源は，1929年に FCC の前身である連邦無線委員会（Federal Radio Commission, 以下，"FRC"）が，「政見放送だけでなく，公共的に重要な問題を扱う番組については，異なる意見が自由かつ公平に交わされることが公衆の関心事である」とした時に溯る ［Great Lakes Broadcasting, 3 FRC. Ann. Rep. 32 (1929)］。

　以後，FRC と FCC はこれを遵守しない放送局の免許更新を拒否することにより，公平原則を実効あらしめた。1932年，FRC は自らの放送局を使って，もっぱらアンチカトリックの意見を流した牧師の放送免許更新を拒否，裁判所もこれを支持した ［Trinity Methodist Church, South v. FRC, 62 F. 2d 850 (D.C. Cir. 1932), *cert. denied*, 284 U.S. 685 (1932)］。

　1940年FCCはメイフラワー・ブロードキャスティング事件で，「ラジオは情報の伝達とアイディアの交換が，公平かつ客観的にできるよう配意して，初

めて民主主義の手段となるので,放送局は編集できない」とするメイフラワー原則を打ち出した [Mayflower Broadcasting Corp., 8 FCC 333(1940)]。

1949年に公平原則を公表したFCCは,メイフラワー原則のうち,重要な公共的論争について,すべての意見を公平に陳述させる原則は採用したが,放送局が編集できないとする原則は捨てた。「米国の放送システムの礎は放送局の放送する権利ではなく,公衆の知る権利である」という論拠で編集はできるが,あらゆる見解を公平に編集すべきであるとした [Editorializing by Broadcast Licensees, Report of the Commission, 13 FCC 1246 (1949)]。

1959年議会は34年法第315条を修正し,公平原則を法的に根拠づけるような条文を加えた (47 U.S.C. §315 (1959))。34年法第315条は放送局に公職の候補者に対して放送局の利用を認める場合は,同じ公職の他の候補者に対しても同じ条件で放送局の利用を認めることを義務づけていた。1959年の改正は候補者がニュースおよびニュース関連番組に登場する場合を除外したものだが,その条文の中で「公共性の高い争点について異なる見解間の議論のために相当な機会を与える義務」という文言を使ったことから,公平原則に法的根拠を与えたとの解釈が生まれた。しかし,この解釈には異論も出て,公平原則の確定は10年後の最高裁判決を待たなければならなかった。

1969年最高裁は,「この(議会が34年法第315条に加えた)文言は,1959年に議会が,1927年以来法律に含まれていた公共の利益という言葉に,公共的争点について放送局に両方の側面を討議させる義務を課すことを明確にした。換言すれば公平原則が公共の利益基準に内在するとのFCCの見解を擁護するものである」として公平原則を支持した [Red Lion Broadcasting Co. v. FCC, 395 U.S. 367 (1969)]。

その後ケーブルTVの普及や衛星技術の発達などで,公平原則を正当化していた資源(電波)の希少性の問題は後退したため,85年FCCは公平原則の再検討を実施した。FCCは情報源の多様化に伴い,大衆が規制当局の干渉なしでも種々の見解にアクセスできるので,公平原則は公共の利益に寄与しなくなったと認めつつも,現時点での廃止もしくは大幅な制限は不適当と結論づけ,議会に報告した [Inquiry into Section 73.1910 of the Commission's Rules and Regulations Concerning Alternatives to the General Fairness

Doctrine Obligations of Broadcast Licenses, 102 FCC 2d 145 (1985)]。

87年ワシントン控裁は，原子力利用支持団体の広告を放映する際，公平原則に違反したテレビ局の事件で，公平原則の合憲性を再考することを拒否したFCCを，恣意的で気まぐれな行為だと批判して差し戻した［Meredith Corp. v. FCC, 809 F.2d 863 (D.C. Cir. 1987)］。

FCCはただちに公平原則を廃止した［Complaint of Syracuse Peace Council Against Television Station WTVH, Syracuse, New York, 2 FCC Rcd. 5043 (1987), *recon. denied*, 3 FCC Rcd. 2035 (1988)］。民主党が支配していた議会は，すぐ公平原則を復活する法案を圧倒的多数で可決したが，レーガン大統領が拒否権を発動したため陽の目を見なかった。そのレーガンの任命したファウラーFCC委員長は，87年に公平原則を廃止するにあたり，「政府はテレビをトースターなど他の家電製品とまったく同様に取り扱うべきだ」とした［Paul Taylor, *Superhighway Robbery*, THE NEW REPUBLIC, May 5, 1997］。

しかし，歴史は繰り返す。民主党の大統領クリントンが任命したハント委員長は，94年に「放送業界と公衆の社会契約を見直す時がきた」と宣言。2年後の96年には，「希少資源である電波は公共のもので，その電波を託された放送会社は，公衆の関心のある番組を提供する義務がある」として，希少性の論理にもとづき，放送に対する厳しい表現の自由規制を復活した。

96年8月に採択した，週3時間を子ども向け教育番組にあてさせる子ども番組規則がそれである［Policies and Rules Concerning Children's Television Programming, Revision of Programming Policies for Television Broadcast Stations, Report and Order, 11 FCC Rcd. 10,660 (1996)］。しかし，94年には直接放送衛星サービスも登場，公平原則を廃止した87年当時以上に，電波の希少性の論理は説得力を失っている。

かといって次項の表現内容規制のように，未成年者保護という公共政策の観点からの正当化もできない。公平原則の問題は法的規制の根拠が乏しいだけにとどまらない。異なる意見を持つ者に対して，サービス提供を義務づけることは経済的規制でもある。しかし，サービス提供義務は独占のコモンキャリアに課すそれで，34年法も放送業者に課すことを禁じた (47 U.S.C. §153 (h))義務である。それを競争時代の放送業者に適用しようとする試みだからである（表 8 − 1 参照）。

　それを百も承知の FCC は，その前身である FRC 時代からの伝家の宝刀，フランチャイズ権を抜き，迅速かつ容易にフランチャイズを更新したかったら，規則を遵守せよとする「アメとムチ」政策で，新規則を実効あらしめようとしている。一見乱暴なやり方だが，ギブ・アンド・テイクの米国社会では，その効用は意外と大きいかもしれず，ひょっとすると放送に対する，メディアの中でも最も厳しい表現自由規制を可能にした最大の要因かもしれない。

　第 7 章（第 1 節）のとおり，CATV についてはフランチャイズ付与権限が州にあるが，放送については FCC にあるからである。前章と本章で解説する通信品位法に対しても，後述するとおり（第12章），インターネットと CATV については制定直後に修正 1 条違反を理由とする違憲訴訟が提起された。インターネットについては97年に最高裁の違憲判決が出た。CATV についてはいったん合憲判決が下されたが，最高裁によるインターネットの違憲判決に勇気づけられた再訴訟で，2000年に違憲判決が最高裁から下った。対照的に放送については違憲訴訟すら提起されていないのも，放送会社がフランチャイズ付与権限を持つ FCC の「アメとムチ」政策で，長年飼い慣らされてきたからかもしれない。

2．表現内容規制

　公平原則や子供番組規制は表現内容中立規制だが，表現内容規制の面でも放送は他のメディアより厳しい規制下におかれている。1973年10月30日（火）午後 2 時頃，パシフィカ財団の保有するニューヨーク市の FM 放送局は，コメディアン，ジョージ・カーリンの「汚い言葉（Filthy Words）」と題した漫談を放送した。12分間の放送中，カーリンがとくに七つの汚い言葉を繰り返し使うのを，車の中で15歳の息子と聴いた父親は FCC に苦情の手紙を書いた。

　FCC は「この番組は下品なので，子供が聴く可能性のある状況下では放送できない」とした。下品な番組について，成年者に対しては規制できないが

（規制は修正1条に違反），未成年者に対しては規制できるとするそれまでの方針を貫いたのである［Citizen's Complaint Against Pacifica Foundation, Declaratory Order, 56 FCC 2d 94 (1975)］。

パシフィカ財団の提起した訴訟でワシントン控裁はFCC規制を違憲であるとした［Pacifica Foundation v. FCC, 556 F.2d 9 (D.C. Cir. 1977)］。しかし，最高裁はこれを覆した。「放送はその特異な性格から，メディアの中でも修正1条の保護を最も受けてこなかったメディアである。特異な性格とは極めて侵入性が高いこと（uniquely pervasive）。家庭内にづかづか入り込み，事前警告も視聴者を完全には保護できず，子供でも簡単にアクセスできるなど，下品な放送を特別扱いする理由には事欠かない」とした。

下品さの定義については，FCCの定義をかなり狭めたが，「カーリンの用いた言葉を子供が聴いているような時間帯（たとえば午後10時以前）に放送することを禁ずるべきだ」としてFCCの結論を支持した［FCC v. Pacifica Foundation, 438 U.S. 726 (1978)］。87年FCCは，下品な言葉を子どもが聴いているような時間に放送することは違法であるとの警告を数回発した［The Regents of the University of California, Memorandum Opinion and Order, 2 FCC Rcd. 2703 (1987)ほか］。

翌88年，議会はFCCの89年の予算を決めた1989年商務省歳出法で，FCCに下品な放送番組を一日中禁じることを義務づけた［Department of Commerce Appropriation Act, 1989, Pub. L. No. 100-459, §608, 102 Stat. 2228 (1988)］。FCCは時間制限規則を廃止し，24時間禁じる規則に置き換えた［Enforcement of Prohibitions Against Broadcasting Obscenity and Indecency in 18 U.S.C. §1464, Order, 4 FCC Rcd. 457 (1988)］。

ワシントン控裁は規則を執行停止するとともに，FCCに規則の合憲性についてのヒヤリングを命じた［Action for Children's Television v. FCC, No. 88-1916 (D.C. Cir. Jan. 23, 1989)］。ヒヤリングを実施したFCCは規則は合憲であると報告した［Enforcement of Prohibitions Against Broadcasting Obscenity and Indecency in 18 U.S.C. §1464, Report of the Commission, 5 FCC Rcd. 5297 (1990)］。

ワシントン控裁は今度は時間制限に戻すことを命じた［Action for Children's Television v. FCC, 932 F.2d 1504 (D.C. Cir. 1991)]。これを受けて，議会は「1992年公衆電気通信法」で時間制限を復活した［The Public Telecommunications Act of 1992, Pub. L. No. 102-356, 106 Stat. 949］。

FCC も93年に次の規則を定めた［Enforcement of Prohibitions Against Broadcasting Obscenity and Indecency in 18 U.S.C. § 1464, Report and Order, 8 FCC Rcd. 704 (1993)］。

①わいせつ番組は一日中禁止する。
②下品な番組については，夜12時までに放送を終了する放送局に対しては，午前6時から午後10時まで，その他の放送局に対しては午前6時から午後12時まで禁止する。

ワシントン控裁は再び執行停止を命じ，次いで違憲判決を下したが［Action for Children's Television v. FCC, 11 F.3d 170 (D.C. Cir. 1993)］，再考の後，FCC 規則を支持した［Action for Children's Television v. FCC, 58 F.3d 654 (D.C. Cir. 1995), *cert. denied*, Pacifica Foundation v. FCC, 133 L. Ed. 2d 658, 1996, 64 U.S.L.W. 3465 (U.S. 1996)］。

基本的人権の中でも，最重要の表現の自由を制限するには，「やむにやまれないほど重要な政府利益」(compelling governmental interest) 達成のために必要で，「最小限に制限的な手段」(narrowly tailored means) によらなければならないとする，法規則の合憲性を判定する際のもっとも厳格な基準を満たさなければならない。未成年者保護というやむにやまれないほど重要な政府利益達成のために，下品な表現を規制する必要があることは，ワシントン控裁も十分承知していた。

問題は規制が最小限に制限的な手段か否かで，24時間禁止のように制限しすぎると，下品な表現は成年者に対しては，修正1条で保護されているため，成年者の表現の自由を侵害することになる（わいせつな表現については，修正1条で保護されていないため，対象が成年，未成年かを問わず，禁止しても問題ない）。そこで未成年者の視聴する時間帯のみ禁止したわけだが，それでもワシントン控裁は，いったんは最小限に制限的でないとして違憲判決を出すなどきわめて慎重だった。

下品な表現を規制する際の裁判所の慎重な姿勢は，これを放送にかぎった

点にも現れている。第8章（第2節）のとおり，議会は88年に下品な番組に対する規制を通信にも拡大しようとした。最高裁は侵入性という特異な性格をもつ放送については，青少年保護というやむにやまれないほど重要な政府利益達成のために，下品な表現を規制することもやむをえないが，メッセージを聴くために能動的な行為を必要とする，換言すれば侵入性のない電話に関しては，表現の自由をより制限しない形，つまり成年者には修正1条で保障されている下品な表現まで，規制してしまわない形で，青少年保護という政府利益が達成できないとはいえないとした［Sable Communications of California Inc. v. FCC, 492 U.S. 115 (1989)］。

第2節　条文

第Ⅴ編　B章「暴力」の条文を解説する。

> **第551条　両親によるテレビジョン番組の選択**
> 「(a)　事実認識—議会は以下の事実を認識している。
> 「(1)　テレビは子どもが社会の価値観や行動基準の認識に影響を与えている。
> 「(2)　テレビおよびケーブルTV関係者は，自らの番組が米国の子どもにきわめて浸透力のある存在となっていることを十分認識して，番組作成にあたるべきである。
> 「(3)　米国の子どもは毎週平均25時間，テレビを視聴，なかには1日11時間，視聴している子どももいる。
> 「(4)　調査結果によると，幼年期に暴力番組をよく視聴した子どもは，そうでない子どもより，長じて暴力的，攻撃的な行動をとりがちで，かつ暴力行為が許容されると考えがちである。
> 「(5)　米国の子どもは，小学校を卒業するまでに平均して，テレビで推定8000件の殺人事件と10万件の暴力行為に接している。
> 「(6)　調査結果によると，子どもはテレビの性的な素材の悪影響を受けており，子どもに責任ある態度や行動を身につけさせようとする両親の

努力を妨げている。
「(7)　両親は暴力的，性的な番組に対し，重大な懸念を表明し，子どもに有害な番組をブロックする技術を強く支持している。
「(8)　子どもに有害な番組の，好ましくない影響を制限する権限を両親に付与することは，やむにやまれないほど重要な政府の利益である。
「(9)　近々公開される番組の特徴について，時宜を得た情報を提供したり，暴力的，性的，その他子どもに有害な番組をブロックできる道具を提供することは，やむにやまれないほど重要な政府の利益を達成するための，押しつけでなく，最小限に制限的な手段である。

基本的人権の中でも基本的な表現の自由を規制するには，やむにやまれないほど重要な政府利益達成のために必要で，最小限に制限的な手段によらなければならないとする，法規則の合憲性を判定する際のもっとも厳格な基準を満たさなければならない。本条に規定する制約は，その条件を満たしていることを明文化した，(8)，(9)が本項のポイントだが，(1)〜(7)の立法化の背景説明も参考になるので，全文を逐語訳した。

(b)　テレビの格付けコードの設定（47 U.S.C. §303に以下を追加して修正）
「(w)　FCCは両親，テレビ放送事業者，テレビ番組制作者，ケーブルTV事業者，公共的利益団体など利害関係者からなる公正な諮問委員会を設置し，1年以内に最終報告書を提出するよう要請しなければならない。
　FCCは諮問委員会の勧告にもとづいて，性，暴力，その他下品な素材を子どもが見る前に，両親が内容を判定できるように番組を格付けするためのガイドラインを規定しなければならない。
　FCCは番組配給業者が格付けを伝送し，両親が子どもにとって不適切と判断した番組をブロックできるようにする規則を規定しなければならない。

格付けは下記(c)，(d)の番組のブロック機能と裏腹の関係にあるので，(d)の後でまとめて解説する。

(c) 番組をブロックするテレビの製造要件（47 U.S.C. § 303 に以下を追加して修正）

「(x) FCC は米国で製造，あるいは州際通商で出荷される（製造地にかかわらず），13インチ以上（対角線で測定）のすべてのテレビ装置に，共通の格付けをもったあらゆる番組を，両親がブロックできるようにする機能（Vチップ）を装備するよう要求しなければならない。

(d) 番組をブロックするテレビの出荷（47 U.S.C. § 330 を修正）

(1) 新しい技術が開発されるにつれ，FCC は，ブロック技術が公に利用できることを保証するための措置をとらなければならない。新しい技術が共通の格付けシステムを使うことなく両親に番組をブロックすることを可能にし，現在のブロック技術に比肩し得る費用で利用でき，かつ効果的で共通の格付けによるものと同様に番組を容易にブロックできる場合，FCC は新旧技術のいずれかをテレビに搭載することを許可できるよう，規則を修正しなければならない。

(2) 省略

　第103議会（93〜94年）で上院商業委員会の委員長を務めたが，94年11月の中間選挙で民主党が少数党となったため，第104議会（95〜96年）では，共和党のプレスラー議員に委員長の座を譲ったホリングス上院議員は，所属する上院商業委員会を「何もかも墓場行きにしてしまう委員会だ」と酷評した。メディアによる暴力が青少年におよぼす影響について，過去40年間ヒヤリングを繰り返すばかりで，何一つアクションを取ってこなかったからである〔BROADCASTING & CABLE, August 14, 1995〕。

　事実，議会が初めてこの問題を取り上げたのは1950年代に遡る。1954年には上院司法委員会の小委員会は，1950年代に入って急増した漫画本，とくに犯罪やホラー漫画と青少年の非行の関係についての調査報告書をまとめた〔S. REP. No. 62, Comic Books and Juvenile Delinquency, Interim Report of the Subcommittee to Investigate Juvenile Delinquency to the Committee on the Judiciary, 84th Cong., 1st Sess. (1955)〕。1965年のロスアンジェル

ス暴動に象徴されるように，大都市における暴力問題が顕在化した60年代から70年代にかけて，公聴会を繰り返した議会は，FCCに暴力，性的に過激な番組から子どもを守るための施策を採用するよう指示した［H.R. REP. No. 1139 (1974), S. REP. No. 1056 (1974)]。

しかし，FCCもわいせつあるいは下品な番組については，下品な番組を禁止したパシフィカ財団に対する措置（第1節参照）を引用しつつ，政府による規制の必要性を認めたが，暴力的あるいは下品なレベルまで達しない性的な番組については，業界の自主規制にまかせた [Report on the Broadcast of Violent, Indecent, and Obscene Material, 51 FCC 2d 418 (1975)]。78年にベトナム反戦映画「鹿狩人」がテレビで放映されると，29人がロシアン・ルーレットを実行，うち26人が死亡，最年少は8歳の少年というようにテレビ番組を真似る暴力事件は後を断たなかった [Charles S. Clark, *TV Violence*, 3 CQ RESEACHER, Mar. 26, 1993]。

レーガン政権の80年代は，メディアに対する規制も緩和され，4大ネットワークのシェアも低下したため，自主規制はますます難しくなった。90年に入り，議会はやっと1990年テレビ番組改善法 [Television Program Improvement Act of 1990, Pub. L. No. 101-650, 104 Stat. 5127] を成立させた。男優がチェーンソーで真っ二つに引き裂かれるテレビ番組を見て，激怒したサイモン上院議員（民主党）が起草した同法は，34年法に第303c条（47 U.S.C. § 303c）を追加したものだが，テレビ番組の暴力を規制するために，業界で話し合いをもったり，合意に達しても，反トラスト違反に問われないという内容の，名前負けする法律だった。

このように40年間，自主規制より先にはほとんど踏み込めなかった理由は，政府が規制すると検閲になるからだった。検閲はもともと34年法の前身の27年無線法で禁じられていた。34年法も無線法の条文を受け継いで次のように定めた。「本法のいかなる規定も，FCCに対し，無線局が送信する無線通信または信号を検閲する権限を与えるものと理解し，または解釈してはならない。FCCは無線通信の手段による自由な言論の権利に干渉する規則または条件を公布しまたは定めてはならない」（47 U.S.C. § 326.)。

検閲はコンテンツをあらかじめチェックし，危害のおそれがある場合には

これを禁止する制度であるため，事前抑制とも呼ばれる。事後処罰のような手続的保障もないため，特に問題視され，英国では表現の自由の中核をなしていた。このため修正1条は検閲を明文で禁止していないが，検閲または事前抑制の禁止は当然含まれると解されてきた。最高裁も27年無線法の時代に，政府批判の記事を掲載した新聞の出版禁止を命ずる州法を，検閲そのものにあたり，違憲であるとした［Near v. Minnesota, 283 U.S. 697 (1931)］。

その後，VCR，ビデオ・ゲームなど技術革新による新製品の登場で，メディアなどによる暴力の問題は解決するどころか，かえって深刻化した。にもかかわらず憲法違反の検閲のおそれがあるため，40年間有効な対策が打てないでいた為政者に解決の糸口を与えてくれたのもやはり技術革新だった。

両親が子どもに見せたくないテレビ番組をブロックできる，コンピュータ・チップの開発である。ViolenceのVを取ったものとかなり広く信じられているが，開発者であるバーナビーズ・サイモン・フレーザー大学（カナダ）のコリングス教授によれば，Viewer's controlの頭文字を取った［THE VANCOUVER SUN, Mar. 18, 1996）］，Vチップは技術的には取るに足らないかもしれないが，法規制的には画期的な発明だった。Viewerすなわち親による検閲も含めた自己検閲は，政府による検閲と異なり合憲だからである。

93年マーキー下院議員（民主党）は，このVチップの導入を提唱した。テレビ業界は猛反対した。両親が子どもに見せたくない番組をブロックするためには，番組を格付けしなければならない。これには膨大な作業量が伴うことが反対理由の一つだった。

アメリカ映画協会（The Motion Picture Association of America）は，1920年代から映画業界に倫理面の諮問をはじめ，1968年に現在使われている格付け基準を設定した。格付けは映画産業とは無縁の両親たちからなる格付け委員会が行う［MICAHEL K. KELLOG, JOHN THORNE AND PETER W. HUBER, FEDERAL BROADBAND LAW (1992)］。しかし，映画業界の年間1000件に対し，テレビ業界は40万番組にのぼる新作を格付けしなければならない［THE CHRISTIAN SCIENCE MONITOR, Mar. 1, 1996］。実施は不可能ではないが，困難だというわけである。もちろん修正1条違反も大きな理由だが，その他に暴力番組のスポンサーに逃げられる懸念という現実的な理由もあった。ところが，

ライバルのCATV業界はこれを支持した。

　95年7月，クリントン大統領は「通信法改正案が自分のところに来たら，Vチップ条項を挿入し，両親にメディアをコントロールする権限を与える」と述べ，Vチップ導入を家族の価値を重視する政策推進の一環としてあげ，マーキー議員らVチップ導入派を勢いづかせた。

　95年8月，下院を通過した通信法改正案に，マーキー議員の提唱したテレビ受像機にVチップ搭載を義務づけ，放送業者に格付けを奨励する条項が盛り込まれた。これに先立ち，6月に通過した上院案は，放送業者が1年以内に自主的格付け方法を開発しなかった場合は，大統領が上院の承認を得て任命する連邦テレビ格付け委員会が格付けを行なうとするなど，マーキー案よりさらに厳しいものだった。

　95年11月，上下両院案の相違のすりあわせを行なった両院協議会は下院案を若干修正して採択した。放送業界が1年以内に自主的に格付けを行なわなかった場合は，下院案どおりFCCが諮問委員会の勧告にもとづいて格付けのガイドラインを設定するものとした（上記(b)参照）。

　95年11月，上下両院案の相違のすりあわせを行なった両院協議会は下院案を採択した。

　96年1月，クリントン大統領が一般教書演説で，Vチップの導入とテレビ業界の自主規制を重要な政策課題とした。

　96年2月，上下両院案を一本化した通信法改正案が上下両院を通過，クリントン大統領が署名して，発効した。

(e)　適用および発効日

(1)　(b)項は本法制定1年後（97年2月8日）に発効する。ただし，ビデオ番組配給者がそれ以前にFCCが承認できるような自主規則を制定し，かつ番組の格付けも含めて放送することに自主的に同意した場合はこのかぎりではない。

(2)　FCCはテレビ製造業者と協議のうえ，(c)項の発効日を決定しなければならない。発効日は本法制定日の2年後（98年2月8日）より前であってはならない。

96年法成立直後，クリントン大統領は放送業界のトップ30名をホワイトハウスに招き，制定後1年以内の97年1月までに格付けを導入することを約束させた。
　97年1月，放送業界は年齢をベースにした以下の六つの格付けを採用することをFCCに報告した。
・TV－Y：あらゆる子どもむけ
・TV－7：7歳以上の子どもむけ
・TV－G：全視聴者むけ
・TV－PG：両親のガイダンスが望ましい
・TV－14：14歳以下の子どもには不適切
・TV－M：成人むけ
　97年2月，上院でのヒヤリングやFCCが求めたコメントに対し，格付けが業界（両親ではなく）主導との批判を浴びた放送業界は，内容ベースの格付けの導入を検討。97年8月，主要テレビ会社が子どもには不適なTV－PG以下のカテゴリーを，表10－1のとおり内容ベースの格付けで細分化し，10月から実施することとした。ただし，業界最大手のNBCは「業界主導の年齢ベースの格付けが最適解で，議会主導の格付けは検閲の第一歩だ」と反発，内容ベースの格付けには加わらなかった。
　98年3月，FCCは以下の内容の規則を採択した［Implementation of Section 551 of the Telecommunications Act of 1996, Video Programming Ratings, Report and Order, 13 FCC Rcd. 8232 (1998)］。

表10－1　テレビ番組の格付け

	区　分	V	S	L	D
TV-PG	両親のガイダンスが望ましい	やや暴力的	性的場面あり	たまにみだらな(coarse)言葉	きわどい会話あり
TV-14	両親は要注意	暴力的場面頻出	性的場面頻出	非常にみだらな言葉	きわどい会話頻出
TV-MA	成人向け	生々しい暴力	露骨な性的行為	むきだしの下品な言葉	

①業界の自主的格付けは許容できるものである。
②(c)項の発効日，具体的には33センチ（13インチ）以上のテレビへのVチップ搭載の義務づけは，出荷する半数以上の受像機について99年7月1日まで，全受像機について2000年1月1日までとする。

99年5月，FCCは親がVチップを活用するのを手助けするため，トリスタニFCC委員を議長とするVチップ・タスク・フォースを設立した。翌6月，同タスク・フォースは受像機製造メーカーの努力により，②の期日が守れる見込みだと発表した[FCC News, Commissioner Gloria Tristani Commends Manufacturers for Meeting Deadlines to Install V-Chips in Televisions, June 9, 1999]。

> **第552条 技術基金**
> 　放送事業者，ケーブル事業者，衛星事業者，シンジケーションその他の番組配給業者は，テレビジョンおよび機器製造業者に次のことを奨励するために，技術基金を設定することを促される。
> (1)　両親が子どもにとって不適当と思われる番組をブロックする技術の開発を促進することをテレビ・電子機器製造業者に奨励し，低所得の両親がブロック技術を利用するための技術基金を設立すること
> (2)　技術の動向について公表すること
> (3)　当該技術の容易かつ効果的な利用を保証するための手続きを設定すること

第Ⅴ編　C章「司法審査」の条文を解説する。

> **第561条 迅速な審査**
> 　第5編（わいせつおよび暴力）の合憲性を争う民事訴訟は，3人の判事からなる地方裁判所が審査し，最高裁判所に直接上訴される。

迅速な裁判を行なうため，通常判事1人の連邦地裁で，控裁なみの3人の判事で審査し，地方裁判所の判決を不服として上訴する場合は，すぐに最高裁へ持ち込めるものとした。92年ケーブル法で追加した34年法第635条(c)(47

U.S.C. §555(c))にならった規定（第7章，第653条参照）だが，両院協議会の報告書は本条の適用について，条文に定める限定（民事訴訟に限る）のほか次の限定を加えた。

「文言上の違憲（facially unconstitutional）を争う訴訟（facial challenge）にのみ適用され，特定の利害関係者に適用される際の違憲（unconstitutional as applied）のみを争う訴訟（"as applied" challenge）には適用されない。換言すれば，特定の利害関係者に適用される際の違憲訴訟については，文言上の違憲を争う訴訟とともに提起され，かつその文言上の違憲訴訟について争われたことがない場合にのみ適用される」〔違憲立法を審査する際，通常はその法律が原告に適用された場合の違憲性が問題になるが，修正1条に関しては，法律の文言が漠然不明確な場合（vagueness doctrine）もしくは適用範囲が過度に広範な場合（overbreadth doctrine），その法律が文言上無効として違憲と判断されることがある〕。

後述のとおり（第12章），「全米市民の自由連合」などの団体は，通信品位法が成立した96年2月8日に，第502条で修正した第223条が文言上違憲であるとの訴えを提起した。本条にもとづき指名されたペンシルバニア東部地区連邦地裁の3人の判事が，96年6月に違憲判決を下したため，被告のリノ司法長官は最高裁に上訴，97年6月最高裁も連邦地裁判決を支持した。本条の適用により訴訟提起からわずか1年4ヵ月で最高裁の判断が下された。

第11章　規制改革等

　雑則的規定が中心とはいえ，規制緩和がキーワードの96年法を象徴する規制改革の規定も含まれている。

第1節　規制の差し控え

　第Ⅳ編「規制の差し控え」の条文を解説する。

> **第401条　規制の差し控え（47 U.S.C. §160を追加）**
> 「第10条　電気通信サービスを提供する際の競争
> 「(a)　規制の柔軟性
> FCCは本法の規定または規制を適用することが，
> (1)　正当かつ合理的で，非差別的な料金や実施慣行を確保するため
> (2)　消費者保護のため
> (3)　公共の利益に資するため
> 必要ないと判定した場合は，適用を差し控えなければならない。
> 「(b)　競争効果の重視
> 　(a)の公共の利益に資するかの判定にあたっては，規制の差し控えにより競争が促進されるか否かについて考慮しなければならない。
> 「(c)　差し控えの申請
> 　規制の差し控えは事業者からも申請でき，FCCが1年以内にこの申請を却下しなかった場合は自動的に認められる。
> 「(d)　省略
> 「(e)　州への効果

> 州委員会は FCC が適用を差し控えた規定を，引き続き適用してはならない．

　既存の規制，それも細かい技術的な規制ならまだしも，料金規制のような重要な規制を，公共の利益にそぐわなくなったとの理由で規制機関自ら廃止することは，わが国ではあまり考えられない。規制が利権の温床となっているからである。最近であれば規制緩和という世論の流れには逆らい難いという事情も加わるかもしれないが，FCC は20年も前にそれを試みた。それも裁判所が廃止は立法論の問題で，現行法の解釈で廃止することには無理があると判断するような大胆な廃止だった．

　79年，FCC は競争的事業者規則を導入した。電気通信事業者を支配的事業者と非支配的事業者に二分し，非支配的事業者に対しては，34年法にもとづく規制を差し控える，ドミナント規制と呼ばれる規制方法だった。非支配的事業者は市場支配力がなく，勝手に料金を上げられないから規制する必要がないというわけである〔Policy and Rules Concerning Rates for Competitive Common Carrier Services and Facilities Authorizations Therefor, Notice of Inquiry and Proposed Rulemaking, 77 FCC 2d 308 (1979)〕。市場が最良の規制者で，市場（競争）メカニズムがうまく働かない時にのみ FCC が乗り出して，その障害を取り除いてやればよいという考え方である．

　89年長距離通信市場で唯一の支配的事業者である AT&T は，業界第2位のライバル MCI が，FCC に申請せずに料金を決めているのは，34年法違反であるとして，FCC に不服を申し立てた。AT&T は FCC に料金の変更を届け出なければならないが，FCC に届け出られた料金変更に対し，他の事業者は異議を申し立てることができるので，MCI は異議申し立てにより，AT&T の料金値下げを引き伸ばすことができる。ところが，FCC への届け出が不要な MCI の料金値下げに対し，AT&T は同じ対抗手段が取れないので，競争上非常に不利な立場に置かれるとの言い分である．

　92年 FCC は AT&T の異議申立てを却下したため〔AT&T v. MCI, Memorandum Opinion and Order, 7 FCC Rcd. 807 (1992)〕，AT&T はワシントン控裁に提訴した。同控裁は，

①34年法第203条(a)項の「すべての事業者は，FCC にタリフ(Tariff, 料金表を含む営業規則）を申請する義務がある」との規定は字義のとおりに解釈すべきである
②第203条(b)項は「FCC は本条の定める要件を個別の場合について変更し，または特別の状況もしくは条件に適用される一般的命令により変更することができる」としているが，タリフの廃止はこうした変更の範疇を超えている
③ FCC の解釈が34年法の目的にもかなうとの主張は立法論の問題であるとし，FCC のドミナント規制は34年法違反であるとの AT&T の主張を認めた［AT&T v. FCC, 978 F.2d 727 (D.C. Cir. 1992)］。

これを受けて FCC は，MCI にタリフを届け出るよう命じたが，MCI がこれに応えなかったため，AT&T は今度は MCI を訴えた。MCI は最高裁まで争ったが，最高裁は対 FCC との係争におけるワシントン控裁の判決を支持した［MCI v. AT&T, 512 U.S. 218 (1994)］。

ドミナント規制には法改正が必要との裁判所の判断を受け，96年法はこれを成文化し，FCC がドミナント規制政策を推進できるようにした。規制機関の FCC が発想した規制緩和策を，規制緩和を目玉とする96年法がいただいたわけである。現在，論議されている NTT 再々編問題でも競争促進のため，これまで日本の経済・産業規制に存在しなかったドミナント規制の導入が検討されている。

第402条　隔年ごとの規制見直し，規制の軽減

(a)　規制の隔年見直し（47 U.S.C. §161 を追加）

「第11条　規制見直し

　FCC は98年以降，偶数年ごとにすべての規制の見直しを行い，競争の進展により公共の利益に沿わなくなっているか否かを判定し，沿わなくなった規制についてはこれを廃止または修正しなければならない。

(b)　規制の軽減

　料金および実施方法についての通信事業者からの申請に対する FCC の審査期間を短縮する。実施は本法施行1年後（97年2月8日以降）から。

| (c) 省略 |

　規制を存続するか否かの判断を規制機関に任せてしまったら，規制機関は既得権や利権を失いたくないはずだから，規制緩和はちっとも進まないだろうとの懸念は取り越し苦労である。前条で解説したとおり，現行法の解釈では無理があると，裁判所が判断するような大胆な規制緩和を，規制機関が法改正を待たずに実施するような国だからである。

　98年12月，最初の隔年見直しを担当したファーチトゴット・ロス FCC 委員は，隔年見直しについての報告書を提出，FCC が 8 月に31の規則見直しの手続きを始め，12月時点で四つの規則を修正・廃止する命令を下したことを明らかにした〔Report on Implementation of Section 11 by Federal Communications Commission, Commissioner Harold W. Furchtgott-Roth (December 21, 1998)，なお本報告書は FCC Rcd. には掲載されていないが，(visited Apr. 23, 2000)〈http://www.fcc.gov/commissioners/furchtgott-roth/reports/sect11.html〉で見ることができる〕。

| **第403条　FCC による不要な規制，機能の廃止** |
| たとえば以下のような細かい規制を廃止または修正する。 |
| (a) 省略 |
| (b) FCC が実施していた装置・機器の検査を他の機関に委託できる（47 U.S.C. §154(f)(3)を修正）。 |
| (c)～(g) 省略 |
| (h) 政府所有の船舶無線局に対する FCC の管轄権を廃止する（47 U.S.C. §§305, 382(2)を修正）。 |
| (i), (j) 省略 |
| (k) 外国人が取締役や役員になっている会社に対する放送局や無線局免許の制限を廃止する（47 U.S.C. §310(b)を修正）。 |
| (l)～(o) 省略 |

　米国では会社法は州法なので，ニューヨーク州会社法の例でいうと役員 (officer) は president, vice president, secretary, treasurer である。

34年法は,
①いずれかの取締役または役員が外国人である会社に対しては,免許を与えない
②いずれかの取締役または役員の総数の4分の1が外国人である,他の会社によって直接的もしくは間接的に支配されている会社には,免許を与えないことができる
としていたが,これらの規定を廃止した。

なお,外国資本については,34年法は,
①外資比率が20％を超える会社に対しては,免許を与えない
②同じく25％を超える会社の子会社に対しては,FCCが公共の利益にかなうと認定した場合は,免許を与えないことができる
とする外資規制を設けている。

95年11月FCCは,②の公共の利益の判定にあたり,有効競争機会分析を導入する規則を定めた。Effective Competitive Opportunitiesの頭文字を取った通称ECOテストで,相手国が米国の通信事業者にどれだけ競争機会を与えているかを分析し,相手国の市場開放度によって,外国企業の米国市場への参入を認める規則である。

95年6月上院を通過した当初案にも同様の趣旨の規定が盛られていた。規制の撤廃,あるいは業種間の垣根の取り払いによって,自由に活動できるようになった米企業が,規模の利益を求めて,M&Aや提携によりグローバルな市場でも自由に活動できるようにするためだった。しかし,両院協議会で下院と合意に達することができずに削除された。

97年11月,FCCは「米国通信市場の外国通信事業者に対する自由化に関する命令」を採択,「WTO基本電気通信合意とWTO加盟国の市場開放努力により,WTO加盟国に関しては従来の外国通信事業者参入規制政策を,自由参入政策に置き換えることができる」としてECOテストを廃止した［Rules and Policies on Foreign Participation in the U.S. Telecommunications Market, Report and Order and Order on Reconsideration, 12 FCC Rcd. 23,891 (1997). なお,WTO（世界貿易機関）はGATT（関税および貿易に関する一般協定）を強化し,それまでの物だけでなく通信,金融などのサービ

スの面でも多国間の枠組みの中で障壁をなくしていくことを目的に94年4月に設立されたが，基本電気通信サービスの自由化については，3年間の交渉の後，97年2月に69カ国・地域が市場開放を約束して妥結，98年2月から日本を含む56の受託国間で発効した］。

これにより②の子会社を通じた間接所有については，WTO合意受託国の場合は外資比率100％の会社でも免許が保有できるようになった。①の直接所有の場合は20％の外資比率制限は依然として残っている。

第2節 他の法律への影響

1．無線通信に対する規制の歴史

無線通信に対する規制の歴史は第6章（第1節）で，1912年および1927年の無線法の制定，34年法への統合など，その初期の歴史について概説したにとどまる。96年法は34年法と異なり，無線通信についての独立した章を設けていないが，たまたま本編と次の第Ⅶ編に無線通信に関する重要な規定が盛り込まれているため，ここで最近の改正について補足する。

FCCは長らく地上移動無線サービスを，公衆通信網に接続する公衆移動無線サービスと接続しない専用移動無線サービスに二分してきた。議会は93年に34年法第332条を改正して，商用移動無線サービス（Commercial Mobile Radio Service，以下，"CMRS"）と専用移動無線サービスの二分法に置き換えた。公衆一般もしくは公衆のかなりの部分にサービスを提供するのがCMRS（47 U.S.C. § 332(d)(1)），それ以外が専用移動無線サービスである（47 U.S.C. § 332(d)(3)）。

移動無線サービスの嚆矢となった携帯電話（Cellular Phone）の他に，パーソナル通信サービス（Personal Communications Service，以下，"PCS"）などの新サービスが登場したため，サービス間で整合性のとれた規制をめざしての改正だった。

2．条文

第Ⅵ編「他の法律への影響」の条文を解説する。

> **第601条　同意判決その他の法律の適用**
> (a) 同意判決の不適用
> 　96年法施行後は下記の同意判決に服さなくてよい。
> (1) AT&T 同意判決
> (2) GTE 同意判決
> (3) マッコー同意判決

同意判決はいずれも司法省を原告とする反トラスト訴訟の判決である。82年のAT&T同意判決はAT&T分割を決定したもの［U.S. v. AT&T, 552 F. Supp. 131 (D.C. Cir. 1982), *aff'd sub nom.*, Maryland v. U.S., 460 U.S. 1001 (1983)］。84年のGTE同意判決は独立系最大の電話会社GTEによる，同じ独立系電話会社のスプリントの買収を認めたもの［U.S. v. GTE Corp., 603 F. Supp. 730 (D.D.C. 1984)］。94年のマッコー同意判決はAT&Tによる，携帯電話業界最大手のマッコー・セルラーの買収を認めたもの［U.S. v. AT&T Corp. and McCaw Cellular Communications, Inc., 59 Fed. Reg. 44, 158 (Aug. 26, 1994)］。

いずれも当事者間の和解内容を，ワシントン連邦地裁のグリーン判事が確認することにより，判決と同じ効力を持つようにした。三権分立の別の独立機関である司法府の確定判決であることから，96年法は「廃止する」とのストレートな表現を避け，「今後は服さなくてよい」と婉曲的に表現した。

裏を返せば，序章（第2節）のとおりAT&T同意判決がAT&Tを分割すると同時に，地域通信＝独占，長距離通信＝競争に二分する，二分法を採用し，国の通信政策に踏み込んだためにこうした措置が必要となった。議会が技術革新のテンポの早い通信業の根拠法の改正を62年間も怠ったために，連邦地裁の1判事が国の通信政策を策定させるような状況を許し，それが今回の改正理由の一つにもなったわけだが，そうした状態を正常化する条項でもある。

> (b) 反トラスト法（47 U.S.C. §221(a)を廃止，15 U.S.C. §18 を修正）
> 　96年法は反トラスト法の規定を改正，限定または廃止するものと解釈してはならない。
> (c) 連邦法，州法および地方条例
> 　96年法は連邦法，州法および地方条例が明文で定めている場合を除き，それらの規定を改正，限定または廃止するものと解釈してはならない。
> (d) 商用移動体サービス共同マーケティング
> 　47 C.F.R. §22.903 その他の FCC 規則にかかわらず，ベル会社あるいはその他の会社は，本法により修正された34年法第271条(e)(1)および第272条の有線サービスとして提供する場合を除き，電話交換サービス，電気通信サービス（LATA内，LATA外とも），情報サービスと商用移動体サービスを共同でマーケティング・販売することができる。
> (e) 省略

　米国の移動無線サービスには着信人払いの通話料など，規制面でも世界的にユニークな制度に事欠かないが，携帯電話に対して1市場に有線系1社，無線系1社計2社にのみ免許を与える複占制もその一つである。複占制を採用した81年の規則でFCCは，有線系の会社には構造的分離子会社要件を課した。ベル会社を主体とする強大な有線系の会社が，内部相互補助によって携帯電話サービスを提供すると，弱小の無線系の会社は太刀打ちできなくなるため，有線系の会社に分離子会社でのサービス提供を義務づけたもの〔Amendment of Parts 2 and 22 of the Commission's Rules Relative to Cellular Communications Systems, Report and Order, 86 FCC 2d 469 (1981)。その後，分離子会社要件は有線系の会社の中でもベル会社のみに適用を限定した〕。

　その後，PCSなどの新サービスが登場したため，上記のとおり議会はサービス間で整合のとれた規制をめざして，34年法第332条(47 U.S.C. §332(c)(1)(C))を改正した。ところが，FCCはPCSなど携帯電話以外のCMRSについては，有線系の会社に構造的分離のような厳しい参入条件を課すことによって，参入意欲をそぐことをおそれ，会計帳簿の分離などの会計上の歯止めだ

けで内部補助を防げるとして，分離子会社要件は課さなかった［Amendment of the Commission's Rules to Establish New Personal Communications Services, Second Report and Order, 8 FCC Rcd. 7700 (1993); Implementation of Section 3(n) and 332 of the Communications Act, Regulatory Treatment of Mobile Services, Second Report and Order, 9 FCC Rcd. 1411 (1994)］。

　同じ移動無線サービスで異なる取り扱いをするのは恣意的であるとする地域ベルの提訴に対し，第6控裁は95年に「技術革新の激しい無線通信市場において，14年前の携帯電話に対する規則を堅持することは，ベル会社にとって懲罰的意味を持ちかねないため，構造的分離子会社要件を早急に再検討する必要がある」としてFCCに差し戻した［Cincinati Bell Tel. Co. v. FCC, 69 F.3d 752 (6th Cir. 1995)］。

　96年法は商用移動体サービスについても共同マーケティングを認めた。第6控裁判決および96年法を受けて，FCCは97年に以下を骨子とする規則を定めた［Amendment of the Commission's Rules to Establish Competitive Service Safeguards for Local Exchange Carrier Provision of Commercial Mobile Radio Services, Implementation of Section 601(d) of the Telecommunications Act of 1996, Report and Order, 12 FCC Rcd. 15,668 (1997)］。
①既存LECは営業エリア内でCMRSを提供する場合にはCMRS系列会社によらなければならない。営業エリア外の場合にはその必要はない。
②農村電話会社は営業エリアの内外を問わず，CMRS系列会社による必要はない。
③既存LECが96年法第601条(d)にもとづき，有線サービスと無線サービスを共同マーケティングする場合は共同マーケティング契約を書面に残し，そのコピーを公衆の閲覧に供しなければならない。

　上記規則が追加した連邦規則集第47編第20.20条 (47 C.F.R. §20.20(1997)) よれば，「系列会社」は他者によって所有または支配（中略）される者をいう。「所有」は10％を超える持分権（またはそれに相当するもの）を所有することを意味する」と96年法第3条 (47 U.S.C. §153) の定義を踏襲している (47 C.F.R. §20.20(e)(1997))。CMRS系列会社は分離子会社と異なり，親会社の

役員，社員が系列会社の役員，社員を兼任できるが（47 C.F.R. §20.20(b)(1997)），それ以外は分離子会社と変らない要件を課される。

　FCCはCMRS系列会社を構造的歯止めとも非構造的歯止めとも呼んでいないが，実質構造的歯止めである［非構造的歯止めの代表例は会計帳簿の分離などを義務づける会計上の歯止め］。実体上構造的歯止めを残した理由は，CMRS市場において既存LECとCMRS事業者が競争する可能性が高まったためである。いうまでもなく無線の最大のメリットは回線を引かなくてすむこと。序章（第1節）のとおりそのメリットは回線距離の長い長距離通信に顕著に現れた。

　96年法は地域通信にも競争を導入したが，長距離通信への競争導入時に比べると競争の進展は牛歩の観は否めない。長距離通信への競争導入時には競争相手は簡単に引ける無線回線を敷設してAT&Tに対抗できたため，競争はすみやかに進展したが，無線技術の進歩によるコストダウンも回線距離の短い地域通信で有線に太刀打ちできるまでには至っていないため，有線の地域通信回線をほぼ独占する地域ベルの優位が続いているからである。

　しかし，秒進分歩の技術革新の時代，地域通信でもコスト面で有線に太刀打ちできる無線技術が出現するのは時間の問題。その時点で，LECが自社のCMRSに内部補助を行い，競争上優位に立つことのないよう実体上構造的歯止めを残した。自社が有線の地域通信を提供しているエリア以外ではCMRS系列会社要件を課さないのも，そうした地域では，有線通信からCMRSへの内部補助は起こり得ないため。

第602条　衛星放送サービス提供者に対する地方税の免除

(a), (c)　衛星放送サービス提供者は地方税を免除される。ただし，州は徴税権をもつ。

(b)　省略

第3節　雑則

　第Ⅶ編「雑則」の条文を解説する。

第701条　料金着信人払い通話についての不公正な請求行為の防止

(a)　不公正な請求行為の防止

(1)　総括（47 U.S.C.§228(c)を修正）

(A), (B)　料金着信人払い通話により情報を提供する者は，発信者と書面による契約（電子媒体を通じて伝送される契約も含む）を締結せずに，発信者に伝送した情報について課金することはできない。

(C)「(8)　料金着信人払い通話によって提供される情報に対する請求に関する契約

「(A)　書面による契約には下記の項目を含む重要な契約条件を盛り込まなくてはならない。

「(i)　情報に課す料金

「(ii)　情報提供者の氏名

「(iii)　情報提供者の事業所住所

「(iv)　情報提供者の事業所電話番号

「(v)　情報に課す料金を変更する場合は，少なくとも1料金請求周期前に加入者に通知するという，情報提供者の合意

「(vi)　加入者による支払い方法の選択

「(B)　加入者が電話料金請求書とともに支払う場合は，公衆通信事業者が係争中の情報サービスに対する料金を支払わないことを理由に，電話サービスを停止しないことを明示するなどの要件を満たさなければならない。

「(C)　契約書には情報サービスにアクセスするための暗唱番号を含めなければならない。

「(D)　省略

「(E)　公衆通信事業者は情報提供者が本条の規定に違反した場合は，当該情報提供者へのサービスの提供を中止することができる。

「(F)　省略

「(9)〜(11)　省略

(2)　FCCは96年法制定後180日以内に，本条実施のための規則を改正し

なければならない。
(3) 省略
(b) 省略

わが国のダイヤルQ2サービスに相当する有料テレフォン・サービスは，米国ではペイ・パー・コール・サービスあるいはダイヤル番号に着目して900番サービスと呼ばれる（わが国の0120サービスに相当する料金着信人払い通話は，米国では長距離通信料無料サービス，あるいは800番サービスと呼ばれている）。わが国のダイヤルQ2サービスも，子どもがアダルト情報にアクセスし，電話料金請求書とともに高額の情報提供料の請求が来て，知らなかった親が驚くという問題が一時社会問題化したが，ペイ・パー・コール・サービスも同様だった。

第8章（第2節）のとおり，議会とFCCは規制を試みたが，情報内容に対する規制は合衆国憲法修正1条で保障されている表現の自由を侵害するおそれが出てくるため，実効の上がる規制をめざして試行錯誤を繰り返した。議会は最近では92年に34年法に第228条ほかを追加する電話開示・紛争解決法〔Telephone Disclosure and Dispute Resolution Act, Pub. L. No. 102-556, 106 Stat. 4181 (1992)〕を制定した。96年法は同法を消費者保護の観点からさらに充実した。

96年7月，FCCは本条の要件を満たす命令を採択した〔Policies and Rules Governing Interstate Pay-Per-Call and Other Information Services Pursuant to the Telecommunications Act of 1996, Policies and Rules Implementing the Telephone Disclosure and Dispute Resolution Act, Order and Notice of Proposed Rule Making, 11 FCC Rcd. 14,738 (1996)〕。

第702条　顧客情報のプライバシー（47 U.S.C. §222を新設）
「第222条　顧客情報のプライバシー
「(a)　すべての電気通信事業者は他の電気通信事業者，機器製造業者および顧客に専属する情報の秘密を保持する義務を負う。
「(b)　電気通信サービスを提供するため他の電気通信事業者から情報を得た事業者は，その情報を当該目的にのみ使用するものとし，自らのマ

ーケティングのために利用してはならない。

「(c)「(1) 法律によって要求される場合や顧客の了承を得た場合を除き，電気通信サービスを提供することによって，顧客に専属する網情報を得た電気通信事業者は，下記のサービス提供のためにのみ，その情報を開示することができる。

(A) 当該情報が得られた電気通信サービスまたは

(B) 当該電気通信サービスの提供に必要なサービスまたは提供に利用されるサービス

「(2) 省略

「(3) 個別の顧客情報を開示しない集計的な顧客情報は，非差別的な取り扱いを条件に開示することができる。

「(d) 本条のいかなる規定も，

「(1) 料金請求のため

「(2) 事業者の権利または資産を保護するため，または顧客や他の事業者を情報サービスの不正使用から保護するため

などの目的に顧客情報を利用することを禁ずるものではない。

「(e) 加入者リスト情報は顧客に専属する網情報には含まれない。このため電気通信事業者は，電話帳を発行するためにその情報を要求する者には提供しなければならない。

「(f) 省略

個人情報がインターネットを通じて大量かつ瞬時に行き交う時代を迎え，わが国では個人情報保護の法制度整備の遅れ（公的部門には「個人情報保護法」はあるが，対象が国の行政機関の電算化情報に限定されており，民間部門には法的規制がない）が問題化しつつある。このため，政府の「個人情報保護検討部会」座長の堀部政男中央大教授により99年11月，官民をカバーする個人情報保護の基本法が必要だとする中間報告を，高度情報通信社会推進本部長の小渕首相に提出。

これを受けて，2001年の通常国会に基本法が提出される見とおしとなったが，米国では70年代から個人情報保護の必要性が顕在化した特定分野ごとに

立法化を進めてきた［分野別個別対応の米国方式に比し，欧州連合（EU）では個人情報を扱うすべての分野に規制をかける包括立法方式を採用している。わが国の中間報告は両者の折衷型で，基本法ですべての分野を（米国型のように特定分野だけでなく）保護する一方，厳しい規制を（EU 型のように全分野にではなく）特定分野に絞っている］。

特定分野ごとの個別立法の指針となったのが，教育・厚生省の諮問委員会 (Advisory Committee on Automated Personal Data Systems, Records, Computers and the Right of Citizens (Washington, D.C., Dept. of Health, Education and Welfare, 1973))の出した「公正情報慣行規則」(Code of Fair Information Practices, 以下，「公正規則」) だった。

公正規則が指針となったのは，技術革新の環境下におけるプライバシー政策を検討する際に，分野を超えて適用可能以下のプライバシー保護の5原則を打ち出したからである。
①秘密裏に個人情報を収集してはならない。
②情報を収集される個人は収集された情報の種類，使用方法を知ることができる。
③情報を収集される個人は収集された情報を修正することができる。
④情報を収集される個人は収集された情報を本人の同意なしに収集した目的外に使用してはならない。
⑤個人情報を取り扱う団体は情報を意図した目的にのみ使用することを保証し，不正使用防止策を講じなければならない。

通信の分野ではじめて公正規則を法定したのは84年ケーブル法だった。双方向 CATV の開発により顧客データの一方的収集が可能となることに危惧を抱いた議会は84年ケーブル法制定に際し，以下を骨子とする加入者プライバシー保護条項を盛り込んだ（47 U.S.C. §551）。
① CATV 会社は加入者の同意なしに個人的情報を収集することができない。
② CATV 会社は収集した情報を開示することも原則としてできない。
③ CATV 会社は年1回，収集した個人情報の内容，情報開示方法などを加入者に通知しなければならない。
④違反者には最低1000ドルの賠償額を課すことができる。

NIを整備するにあたっても解決すべき問題は多々あったが，プライバシー保護は大きな問題の一つだった。NIIのプライバシー・ワーキング・グループも公正規則を確認，これを受けて商務省電気通信情報局（National Telecommunications and Information Administration）も，「NIIとプライバシー：電気通信関連個人情報の保護」と題する報告書で，公正規則の5原則をベースに電気通信関連個人情報のプライバシー保護の枠組みを勧告した〔National Telecommunications and Information Administration, Privacy and the NII: Safeguarding Telecommunications-Related Information (1995)〕。

電話の分野でも電話会社による顧客情報利用を制限する規定は存在した。FCCは80年の第2次コンピュータ裁定で〔Amendment of Section 64.702 of the Commission's Rules and Regulations, Second Computer Inquiry, Final Decision, 77 FCC 2d 384 (1980)〕，電話会社による顧客に専属する情報の利用を連邦規則集で制限した（47 C.F.R. 64.702 (1980)）。その後，86年の第3次コンピュータ裁定〔Amendment of Section 64.702 of the Commission's Rules and Regulations, Third Computer Inquiry, Report and Order, 104 FCC 2d 958 (1986)〕などでも連邦規則集を改正したが，適用範囲が，AT&Tとベル会社の提供する端末機器，AT&T，ベル会社とGTEの提供する高度サービスと，電話会社，サービスの両面で限定されていた上，法律による規制ではなかった。

96年法により電話会社間の相互接続が認められるようになったため，電話会社間で接続のための顧客情報がやりとりされるようになること，競争となるため，顧客情報をマーケッティング目的に利用するおそれが出てくることなどから，顧客のプライバシー保護を徹底する必要が生じ，上記報告書の考え方を採り入れた本条を96年法に追加した。

98年2月，FCCは電気通信事業者からの要請に応え，本条を明確にする命令を下した。通信会社が顧客の電気通信サービスの利用形態に関する情報を利用して，その顧客に別のサービスを販売するには，別のサービスが現在提供しているサービスと同種のサービス（例えば同じ地域通信サービス）の場合か，顧客が同意した場合でなければならないとする命令だった〔Implementation of the Telecommunications Act of 1996: Telecommunications Carriers' Use of Customer Proprietary Network Information and Other customer Information, Order, 13 FCC Rcd. 12,390 (1998)]。

　LECやIXCは，この命令に対して表現の自由を保障する修正1条違反および法のデュー・プロセスによらない生命，自由，財産の剥奪を禁じる修正5条違反などを理由とする違憲訴訟を提起した。99年8月，第10控裁は「FCC命令は顧客のプライバシー保護を目的としているが，実際に顧客のプライバシーが侵害されたとする証拠なしに保護しようとしているため，修正1条で保障された営利的表現を制限している」として，原告の主張を認めた［US West, Inc. v. FCC and U.S., 182 F.3d 1224 (10th Cir. 1999)］。ちなみに最高裁は営利的表現（commercial speech）について当初，表現の自由の保護の対象外としていたが，広告に表現の自由の保護を認めた76年の判例［Virginia Pharmacy Board v. Virginia Consumer Council, 425 U.S. 748 (1976)］で保護の対象とした。しかし，保護の程度は他の表現と同じ程度までには至っていない。

> **第703条　電柱添架（47 U.S.C. §224を修正）**
>
> 　(1)～(6)　LEC，電気，ガス，水道などの公益企業は，CATV会社や電気通信事業者に対し，妥当な料金で無差別に電柱，管路，導管および公道使用権へのアクセスを提供しなければならない。ただし，スペース不足，品質や安全の問題，その他技術的な目的でアクセスを拒否することはできる。
>
> (7)　FCCは96年法制定後2年以内に，公益企業が電気通信事業者に対して課す電柱添架料を定める規則を制定しなければならない。同規則は96年法制定後5年で発効する。同規則採用の結果生ずる電柱添架料の引上げは，同規則発効後5年間は，同額の年間引上げを段階的に実施する。
>
> 　公益企業はスペース提供費用を添架する全企業に配分しなければならない。新たに添架する企業に対しては，添架の追加に要する費用を負担させなければならない。電気通信サービスまたはCATVサービスを提供するため自らの施設に添架する公益企業は，その費用を負担しなけれ

ばならない。」

　地域通信への競争導入により，通信事業者やCATV会社が電柱添架などを要望してくるようになるため，公益企業にそうした要望を無差別，公平に扱うことを義務づけた。98年2月，FCCは公益企業が電気通信事業者に対して課す電柱添架料を定める規則を制定し，料金，期間などの添架条件は原則として両当事者の契約交渉にまかせるが，合意に達しなかった場合の計算式などを定めた［Implementation of Section 703(e) of the Telecommunications Act of 1996, Report and Order, 13 FCC Rcd. 6777 (1998)］。

第704条　施設の立地；無線周波数の放射基準

(a)　無線通信の全米立地政策（47 U.S.C. §332(c)を修正）

「(7)(C)　パーソナル無線サービス（Personal Wireless Services）は，商用移動サービス，免許を要しない無線サービスおよび公衆通信事業者による無線アクセス・サービスを指す。

「(A)　パーソナル無線サービス施設の設置，建設，改修についての権限を，州政府や地方官庁に与える。

「(B)　(A)の一般的権限には下記の制約が課せられる。

「(i)　州政府や地方官庁は機能的に同じサービスの提供者を不当に差別したり，パーソナル無線サービスの提供を禁止してはならない。

「(ii)　パーソナル無線サービス設置，建設，改修についての要請に対し，州政府や地方官庁は妥当な期間内に応えなければならない。

「(iii)　要請を拒否する場合は書面で行い，かつ書面証拠による十分な裏付けがなければならない。

「(iv)　州政府や地方官庁はパーソナル無線サービスが，無線周波数放射に関するFCC規則を満たしているかぎり，無線周波数の放射が環境に与える影響を理由に，パーソナル無線サービス施設の設置，建設，改修を規制してはならない。州政府や地方官庁がこれに違反した場合，不利益を被った者はFCCに救済を求めることができる。

「(v)　州政府や地方官庁の以上の制約にあてはまらない措置（措置をとらないことも含む。以下同様）によって不利益を被った者は，措置後

> 30日以内に提訴できる。
> 「(C) 省略

　93年の34年法第332条の改正目的には，統一のとれた移動無線サービス規制（本節上記1参照）の他に競争の促進があった。競争の促進状況を把握するため，議会はFCCに業界における競争条件を分析する年次報告書の提出を義務づけた(47 U.S.C. §332(c)(1)(C))。99年6月にFCCが議会に提出した第4回年次報告書によると，CMRSの中心的地位を占める移動電話サービス（他のサービスはポケベル，無線データ・サービスなど）は，携帯電話サービス，PCS，特殊移動無線サービスなどからなる[Annual Report and Analysis of Competitive Market Conditions With Respect to Commercial Mobile Services, Fourth Report, 14 FCC Rcd. 10,145 (1999)]。

　FCCの最新の統計（Trends in Telephone Service, Mar. 2000）によれば，携帯電話は84年からの15年で，加入数は800倍の7500万加入に，売上は33倍の330億ドルに急成長した。携帯電話サービスの爆発的普及により割り当てられた周波数帯域の不足に直面した移動電話業界は，デジタル化により電波をより効率的に使えるPCSに着目した。PCSは携帯電話と同じ周波数帯域で3倍の利用者を収用できる反面，同じ地域をカバーするのに4倍のタワーを建設する必要がある。しかし，地域の都市計画法はこうしたタワー建設のサイト需要に対応できるようになっていないため，（商業地区，住宅地区などの）地区指定をする地方公共団体も手の施しようがなかった[5 FED. COMM. L.J. 887 (1999)]。

　「議会は（中略）無線通信に適合したより効率的な土地利用規制を実施するための全米的な権限を創出したが，地方の優先的決定権に取って代わるものではない」とする判例[AT&T Wireless Serv., Inc. v. Orange County, 982 F. Supp. 856, 860 (M.D. Fla. 1997)]のとおり，96年法は連邦に無線通信の規制権限を付与したが，地域内の無線通信施設設置については地方公共団体が完全に先占(preempt)させることもしなかった。しかし，同法は無線サービス提供者に(B)項(ⅰ)から(ⅴ)の5つの実質的保護を与えた[5 FED. COMM L.J. 887 (1999)]。

この結果，ご多分に漏れず訴訟が多発した。連邦地裁レベルでは「96年法は地方公共団体がタワー建設を禁じる道を封じた」とする，無線事業者寄りの判決もあったが [Lucas v. Planning Board of Town of LaGrange, 1998 U.S. Dist. LEXIS 7538 (S.D.N.Y. May 19, 1998) ほか]，ほとんどの控訴はこれを覆し，地方公共団体にタワー建設を禁じる権限を認める，住民寄りの判決を下した [Sprint Spectrum v. Willoth, 176 F.3d 630 (2nd Cir. 1999)ほか]。

> (b), (c)　FCC は無線周波数放射の環境に与える影響に関する規則を制定するため，96年法制定後180日以内に ET 事案93-62の審理を完了しなければならない。大統領は連邦省庁が管轄する財産，公道使用権および地役権を，新しいサービスを提供する者が，公正，妥当，無差別に利用できるようにするための手続を規定しなければならない。

　パーソナル無線サービス施設の設置，建設，改修についての権限を，州政府や地方官庁に与えることによって，全国的なパーソナル無線サービスの立地政策を確立した。

　93年4月，FCC は通信・放送用のアンテナから放射される無線周波数が環境に与える影響を測定する基準を ET 事案93-62で定めたが，本条の規定を受け，環境関連省庁の意見も参考にこれをより厳しくした基準を96年8月1日に作成した [Guidelines for Evaluating the Environmental Effects of Radiofrequency Radiation, Report and Order, 11 FCC Rcd. 15,123 (1996)]。

> **第705条　移動サービスの IXC への直接アクセス（47 U.S.C. §332(c)を修正）**
>
> 「(8)　商用移動サービスの提供者は長距離通信サービスを提供する際，公衆通信事業者へのイコール・アクセスを提供する義務はない。ただし，移動サービス加入者が，自己の選択する長距離通信サービスの提供者へのアクセスを拒絶され，その拒絶が公共の利益に反すると FCC が判断した場合は，FCC は通信事業者識別コードを使用することによって，加入者が選択する IXC にアクセスできるようにする規則を定めなければ

ならない。

イコール・アクセスとは IXC を，LEC ではなく加入者に選択させ，加入者が選択した IXC を，LEC に登録しておけば，どの IXC を選定しても，同じダイヤル桁数で長距離通話ができるようにする仕組み。CMRS 提供者はイコール・アクセスを義務づけられないので，IXC を CMRS 提供者が選べることになる。加入者がどうしても別の IXC を選びたい場合は，FCC が認めれば可能だが，それでもその通信事業者識別コードを使用しなければならないので，ダイヤル桁数は多く（イコール・アクセスでなく）なる。

FCC は94年に CMRS 提供者にイコール・アクセス要件を課す必要性についての規則制定および調査告示を出した [Equal Access and Interconnection Obligations Pertaining to Commercial Mobile Radio Services, Notice of Proposed Rule Making and Notice of Inquiry, 9 FCC Rcd. 5408 (1994)]。本条により，CMRS 提供者はイコール・アクセス提供義務を課されなくなったこと，現状ではイコール・アクセス提供義務を課すための調査を実施する必要はないことなどから，96年3月，FCC は調査を中止する命令を出した
[Interconnection and Resale Obligations Pertaining to Commercial Mobile Radio Services, Order, 11 FCC Rcd. 12,456 (1996)]。

第706条　高度通信へのインセンティブ

(a)　FCC および州委員会は，料金上限規制，規制の差し控え，競争促進施策，その他インフラ投資の障壁を除去する規制方法を活用して，公衆の利益に適合する方法で，すべてのアメリカ人に高度電気通信能力を，合理的かつタイムリーに提供することを奨励しなければならない。

(b)　FCC は96年法制定30カ月以内に，その後は定期的に，高度電気通信能力がすべてのアメリカ人に利用できるようになっているかについての調査を告示しなければならない。調査は告示から180日以内に完了しなければならない。利用できるようになっていないとの調査結果が出た場合には，FCC は利用を促進するための措置をとらなければならない。

(c)　省略

第11章　規制改革等　247

　第706条から第709条までは，96年法制定のきっかけともなった，NII構想を実現するための規定である。第706条は現在論議を呼んでいる条項の一つであるため，(b)の調査結果も含むその後の動きは第14章で紹介する。

　料金上限規制とは公益事業の料金規制方式の一つ。第5章（第3節）のとおり従来の報酬率規制は，コストに対して一定の報酬率（利益率）を保証していた。これに対し，料金の上限を設定するだけの料金上限規制では，事業者は料金をそれ以下に下げれば増収になる，つまり経営努力を反映する料金規制のため，最近，発祥の地である英国だけでなく，米国でも3分の2の州が採用している。

第707条　電気通信開発基金

(a)　省略

(b)　下記の目的達成のため準政府機関である電気通信開発基金を設立する（47 U.S.C. §714を追加）。

「第714条　電気通信開発基金

「(a)　本条の目的

「(1)　電気通信産業における競争促進のため，中小企業の資本へのアクセスを容易にする。

「(2)　新技術の開発を刺激し，雇用および訓練を促進する。

「(3)　ユニバーサル・サービスを支援し，電気通信サービスの行き届かない地域へのサービス提供を促進する。

「(b)～(e)　省略

「(f)　電気通信開発基金は総資産5000万ドル以下の中小企業に融資することができる。

「(g)～(k)　省略

第708条　全国教育技術基金

(a), (c)　全国教育技術基金は連邦政府の機関でも独立機関でもない非営利団体で，連邦政府から財政的援助を受け，教育技術のインフラ整備を支援する。

(b), (d), (e)　省略

第709条　医療目的のための高度電気通信サービス利用に関する報告書
　商務省通信・情報担当次官補は，厚生長官と協議の上97年1月31日までに，公共保健サービスその他の政府機関の援助を得た，遠隔医療の研究成果を含む，遠隔医療に関する報告書を提出しなければならない。

第710条　予算の承認
(a)　96年法を実施するために必要な金額をFCCに割り当てる。
(b), (c)　省略

第IV部　制定後の動き

第12章　通信品位法の違憲訴訟

　96年法をめぐる係争状況について触れる。米国は英国の伝統を受け継いだコモンローの国，裁判所が法律をつくってきた。電気通信の世界では最近でも，連邦地裁の1判事が96年法制定までの14年間にわたって，通信政策を策定した。AT&T分割を決めた82年の修正同意判決である。
　AT&Tの分割自体は，司法省がAT&Tを相手どった反トラスト訴訟に対し，両者が和解し，和解内容を判決にしたものなので，純粋な司法マターである。しかし，同時に決めた地域通信＝独占，長距離通信＝競争の二分法はまさに国の通信政策で，立法，行政の領域を侵犯した。
　もちろん技術革新の激しい分野を律する通信法の大改正を，62年間怠った為政者の怠慢という事情も加わった特異な例ではある。しかし，成文法のウエイトが増した現在でも，米国が判例法の国であることを実感するのは，成立した法律が違憲，違法訴訟の洗礼に十分耐えられるものでなければならない点である。その意味では96年法も少なからぬ試練に直面した。

第1節　コンピュータ通信に対する規制

1．ACLU対リノ

(1) 背景

　96年法は，その後の訴訟面での試練を象徴するかのように，成立の日に早くも裁判の洗礼を2件も浴びた。クリントン大統領が同法に署名した96年2月8日，全米市民の自由連合（American Civil Liberties Union，以下，"ACLU"）など20の団体は，ペンシルバニア東部地区連邦地裁(以下，「ペン

シルバニア東地裁」）に，司法省（リノ長官）を相手どった訴えを提起した。通信品位法（Communications Decency Act）ともよばれる第Ⅴ編で修正した34年法第223条について，憲法修正第1条（U.S. CONST. amend. I）違反を理由とした仮差止命令（preliminary injunction），一方的緊急差止命令（temporary restraining order）を申請したのである。

　2月15日，同連邦地裁は第223条(a)(1)(B)を下品な通信についてのみ適用することを差し止める一方的緊急差止命令を出した。

　2月26日，全米図書館協会（American Library Association）とアメリカ・オンラインやマイクロソフトなど20社以上のインターネット関連会社なども同様の違憲訴訟を提起したため，両訴訟は併合された。原告は第502条で修正した第223条の(a)項（(1)(B)および(2)），(d)項の二つの条項を違憲であるとした。以下にその条項を抜粋する。

第223条
「(a)　次に該当する者は合衆国法典第18編に基づく罰金，2年以下の禁固のいずれかまたは両方に処せられる。
「(1)　電気通信装置によって州際通信または国際通信を通じて以下の行為を自ら行う者
「(A)　省略
「(B)　当人が発信したか否かにかかわらず，受信者が18歳未満であることを知りながら，故意にわいせつ（obscene）または下品な（indecent）通信を行う者
「(C), (D), (E)　省略
「(2)　自らの支配下にある電気通信設備が，上記(1)の禁止された行為に利用されることを意図して，故意にその利用を許可する者
「(b), (c)　省略
「(d)　次に該当する者は合衆国法典18編に基づく罰金，2年以下の禁固のいずれかまたは両方に処せられる。
「(1)　州際通信または国際通信を通じて故意に，現代の地域社会の基準に照らして，明らかに不快な（patently offensive）用語によって，性的

なまたは排泄の行為または器官を描写しまたは記述する論評，要求，提案，申出，画像，その他の通信を，

「(A) 18歳未満の者に伝送するため，または，(B) 18歳未満の者が利用可能な状態で表示するため，に双方向コンピュータ・サービスを（自ら発信したか否かにかかわらず）使用する者

「(2) 自らの支配下にある設備が，これらの禁止された行為に利用されることを意図して，故意にその利用を許可した者

　いずれも未成年者に対する有害な情報提供を禁じた条項だが，相違は適用される通信が(a)項の通常の電気通信に対し，(d)項はコンピュータ通信，有害基準も(a)項の「わいせつ，下品」に対し，(d)項は「明らかに不快な」である点。

　96年法は通信品位法の合憲性を争う民事訴訟に対し，迅速な裁判を保証するため第561条で，
①事実審は3人の判事からなる連邦地裁の特別法廷で行なう（地裁の判事は通常1人）
②①の判決に不服の当事者は直接最高裁に上訴できる
道を開いた。

　①にもとづきペンシルバニア東地裁を管轄する第3控裁のスロビター主席判事が，自身と連邦地裁の2人の判事を特別法廷の3人の判事に選任した。

　96年6月，3人の判事は第223条(a), (d)の両条項を違憲であるとして，仮差止命令を出した［ACLU v. Reno, 929 F. Supp. 824 (E.D. Pa. 1996)］(hereinafter *ACLU I*)。インターネットについての初の判決を下すことになった3人の判事は，それまで未知の世界だったインターネットについて猛勉強し，判例集（F. Supp.）のページ数で60ページに上る判決文のうちの20ページを割いて，インターネットの性格を分析したうえで，全員一致で違憲判決を下した。ペンシルバニア東地裁判決を不服とした連邦政府は，上記②に従い最高裁に上訴した。

　97年6月，最高裁はペンシルバニア東地裁判決を支持する違憲判決を下した。上記のとおり，通信品位法第561条に「迅速な審査」の条項が設けられて

いたことも幸いしたが、連邦地裁に訴訟が提起されてから、わずか1年4ヵ月で最高裁の最終判断が下るという、わが国では考えられないスピード判決ぶりも、裁判所が変化の早い時代の要請にも十分応えているという意味で、コモンローの伝統が生きていることを実感させるもう一つの事例である。

(2)　**判決**　[Reno v. ACLU, 117 S. Ct. 2329 (1997)] (hereinafter *ACLU II*)

スティーブンス裁判官の書いた以下の判決に6裁判官が賛同、オコーナー裁判官の書いた一部反対意見にレーンクイスト長官も賛同したため、7対2の違憲判決となった。

ア．過去の判例との相違

司法省は通信品位法合憲の理由として三つの最高裁判例をあげた。

判例1：ギンズバーグ対ニューヨーク

大人にはわいせつでなくても未成年にはわいせつと考えられる情報を、未成年に提供することを禁じたニューヨーク州法を合憲とした判例 (Ginsberg v. New York, 390 U.S. 629 (1968))。

最高裁は通信品位法が、

①両親の了解のもとに提供する道も封じてしまう

②商取引に限定していない

③「下品」の定義づけがなされていないし、「明らかに不快な」情報でも、社会的に正当化されるもの（文学的、美術的、政治的、科学的価値のあるもの）を除外していない

ことなどから、ギンズバーグ判決の方がより限定的であるとした [*ACLU II*, 117 S. Ct. at 2341]。

判例2：FCC対パシフィカ財団

第10章で解説したとおり、下品な言論は修正第1条の保護を受けないわけではないが、低い保護しか受けないとの理由でFCC規則を合憲とした判例 (FCC v. Pacifica Foundation, 438 U.S. 726 (1978))。

最高裁は通信品位法が、

①時間をかぎって禁止するとか、そのメディアのユニークな性格に詳しい機関（FCC）に評価させる方法をとらずに包括的に禁止してしまっている

②懲罰的である
③放送は予期しない内容の番組が警告もなしに飛び込んでくる性格上，伝統的にメディアの中でも表現の自由を最も制約されてきた
ことなどから，パシフィカ判決とはかなり異なるとした［*ACLU II*, 117 S. Ct. at 2341-42］。

判例3：レントン対プレイタイム・シアター社
　アダルト映画劇場を住宅街から締め出すゾーニング条例を合憲とした判例 (Renton v. Playtime Theatres, Inc., 475 U.S. 41 (1986))。
　最高裁は通信品位法が，表現内容に対しての包括的制限のため，表現方法 (context) に対しては適用可能な時間，場所，態様についての制限も適用できない点で，場所についての制限であるゾーニング規制と異なるとした［*ACLU II*, 117 S. Ct. at 2342-43］。

イ．放送との相違
　米国ではメディアの種類によって，表現の自由保護の度合いも異なるので，新しいメディアであるインターネットをどう位置づけるかが，本判決の最大の焦点だったが，判決はインターネットが次の点で放送と異なるとした［*Id.* at 2343-44］。
①家庭内に一方的に侵入してくることはない。
②性的に露骨な内容に偶然出くわすこともない。
　電話に対するセーブル判決 (Sable Communications of California Inc. v. FCC, 492 U.S.115 (1989)) で，放送に対するパシフィカ判決との相違を明確にしたように（第8章，第2節参照），ダイヤル・ア・ポルノ・サービスの場合はダイヤルするという能動的行為が必要である。
③放送に対して最初に規制を正当化した電波の希少性の論理は当然あてはまらない。

ウ．あいまいさの問題
　通信品位法は以下の点でも修正1条違反の問題を抱えている［*ACLU II*, 117 S. Ct. at 2344-46］。
①第223条(a)の「下品な」，同じく(d)の「明らかに不快な」表現について定義づけがなされていない。

②これは通信品位法が表現内容規制であること，刑事罰を科していることなどを勘案すると社会的に懸念される問題である。
③司法省は通信品位法を「わいせつ」の基準を確立したミラー判決 (Miller v. California, 413 U.S. 15 (1973)) よりもあいまいでないとした。同判決はミラー・テストと呼ばれるわいせつの3基準を確立した。「明らかに不快な」は3基準の一つにすぎず，この他に「その時代の地域社会の基準(contemporary community standards)」と「重大な文学的，芸術的，政治的，科学的基準」がある（第8章，第1節参照）。全米的基準（地域社会の基準でなく）である「重大な文学的，芸術的，政治的，科学的基準」を欠くことはとくに深刻である。
④通信品位法はカバーする範囲もあいまいなため，本来適用外の憲法上の保護を受けるべき表現まで検閲してしまうおそれがある。

エ．成人の表現の自由を制限するおそれ

　通信品位法はまた表現内容規制に要求される厳しい基準を満たしていない。確かに政府は悪影響を及ぼすおそれのある情報から未成年者を保護する利益を有するが，セーブル判決などで明らかにしたように成人に対するわいせつではなく，下品な表現は修正1条で保護されているため，通信品位法は成人が送受できる下品な表現まで，制限してしまうおそれがある。

　ギンズバーグ判決，パシフィカ判決などと異なり，商業目的の表現に適用をかぎっていないし，両親が承認した場合でも両親に刑事罰がかかったり，例えば産児制限の情報など社会的価値のある情報の伝達も禁じるなど通信品位法の広範さは類を見ない。

　未成年者保護という法律の制定目的がより制限的な方法で達成できるなら，通信品位法は違憲である。議会も司法省も通信品位法より制限的な方法では未成年者保護の目的が達成できないことを，残念ながら証明できなかったため，通信品位法は「最小限に制限的な手段（narrowly tailored means)」で，表現の自由を制限しているとはいえず違憲である ［ACLU II, 117 S. Ct. at 2346-48］。

オ．インターネットの可能性

　インターネットは驚異的な成長を続けている。憲法では伝統的に反証がな

いかぎり，表現内容規制はアイディアの自由な交流を妨げこそすれ，促すことはないとしてきた。民主主義社会において表現の自由を促すことの重要性は，理論だけで実証されていない検閲のもたらす便益をはるかに上回る［Id. at 2351］。

以上の理由でペンシルバニア東地裁の違憲判決を支持した［Id. at 2351］。

カ．一部反対意見

オコーナー裁判官は「受信者が全員未成年者であることを知りながら，有害情報を発信した送信者に対しては，通信品位法は合憲である」との一部反対意見を書き，レーンクイスト長官が賛同した。「サイバースペースではゾーニング規制のように未成年者のアクセスを禁ずる，アダルト・ゾーンを設けることは難しい。しかし，通信品位法のように包括的に未成年者への有害情報の提供を禁じると，成年者の表現の自由を侵害するおそれが出てくる。このため，通信品位法は受信者に1人でも成人が含まれていれば違憲，全員が未成年者の場合のみ合憲とすべきである」とした［Id. at 2351-57］。

2．シェア対リノ

(1) 背景

96年法制定日のもう1件の訴訟は，電子新聞「アメリカン・リポーター」（日刊）の編集者シェアが，司法省を相手どって，ニューヨーク州南部地区連邦地裁（以下，「ニューヨーク南地裁」）に提起した違憲訴訟。第223条(d)があいまい（vague）かつ過度に広範（overly broad）ゆえ，違憲であることの確認判決（declaratory judgment）と仮差止命令を求める訴えだった。

シェアは具体的に，
① 「あいまいさ」については，「下品さ」の定義がないため，どんな行為が禁じられているのか判断できないこと
② 「過度の広範さ」については，「わいせつ」と異なり，成人には認められている「下品」な素材へのアクセスまで禁じてしまうこと
を違憲理由とした。

(2) 判決 ［Shea v. Reno, 930 F. Supp. 916 (S.D.N.Y. 1996)］

　特別法廷はニューヨーク南地裁を管轄する第2控裁の判事とニューヨーク南地裁の2人の判事で構成された。ペンシルバニア東地裁がACLU判決を下した翌月の96年7月に3判事は，
①あいまいさについては第223条(d)はFCCの下品さの定義を認めたパシフィカ判決の定義を条文化したものなので，決してあいまいではないとの理由で，原告の主張を認めず，違憲ではない［Id. at 935-39］
②過度の広範さについては原告の主張どおり，第223条(d)は成人間では認められている下品な通信をも制約してしまうため過度に広範で，違憲であるとした［Id. at 939-42］。

　司法省は第223条(e)(5)に掲げる二つの防止策を過度の広範さを救済する積極的抗弁としてあげたが，ニューヨーク南地裁はクレジット・カードなどを要求することにより，成人であることを確認する方法，ソフトウエアで未成年者に下品な情報を遮断する方法とも現時点では不完全なため，未成年者のアクセスを効果的に防止できず，過度の広範さの救済手段にはならないとした［Id. at 942-48］。

　結論もペンシルバニア東地裁同様，通信品位法を違憲としたのである［Id. at 951］。ペンシルバニア東地裁判決については解説を割愛したが，ニューヨーク地裁判決との相違だけ指摘すると，同地裁があいまいでないとした第223条(d)の下品さについて，ペンシルバニア東地裁は1人の判事はあいまいでないとしたが［ACLU I, 929 F. Supp. at 869］，残る2人はあいまいとした点である［Id. at 856, 858］。

　司法省は上記第561条「迅速な審査」の条項によって直接最高裁へ上訴した。最高裁はACLU II 判決の翌日，意見を添えずに結論だけのたった1行の判決文でペンシルバニア東地裁判決を支持した［Reno v. Shea, 521 U.S. 1113 (1997)］。

　両連邦地裁で判断の分かれたあいまいさについて，最高裁はACLU II 判決で上記1のとおり，第223条(d)はあいまいゆえに違憲であるとして，ペンシルバニア東地裁判決を支持した［ACLU II, 117 S. Ct. at 2344-46］。

3. ACLU II 判決のインパクト

(1) 判決の位置づけ

　第6章(第3節)のとおり,最高裁はACLU II判決の1年前のデンバー判決で,92年ケーブル法第10条(a)の「CATV局は明らかに不快と判断する番組にチャンネルをリースすることを拒否できる」とする条項を(47 U.S.C. §532),表現の自由に不必要な制約を課すことなく,青少年保護というきわめて重要な政府の利益を追求しているとの理由で合憲とする判決を下した[Denver Area Educational Telecommunications Consortium, Inc. v. FCC, 518 U.S. 727 (1996)]。

　電波の希少性の論理が適用されない点で,CATVを放送とは区別した94年のターナー判決を,そうした区別は再送信規則のような構造的規制には関係あるが,番組がいかに浸透的かつ侵入的かなど,子どものテレビ視聴の効果にかかわる問題にはほとんど関係ないとし,その点ではCATVと放送の違いはほとんどないとの理由で[Id. at 748],再送信規則のように表現内容中立規制に対する中間審査ではなく,表現内容規制に対する厳格審査を適用した上で合憲とする判決だった。

　同じ9人の裁判官がデンバー判決では7対2で合憲としたのに対し,ACLU II判決では全員が違憲とした(2人は全面的でなく部分的違憲だが,合憲としたのも受信者全員が未成年者というかぎられたケースなので,実質的には全面的違憲に近い)。

　対照的な結論をもたらした理由の一つがメディアの違いである。メディアの中でこれまで表現の自由をもっとも享受してきたのが出版物,もっとも制約されてきたのが放送,中間が電話だった。インターネットという新しいメディアに対して,議会は同じ双方向通信である電話並みに位置づけたのに対し,最高裁は出版物並みに位置づけたのである。

　音声よりリアルな画像が送れる点や瞬時に不特定多数に伝送できるなどの点で,電話よりテレビに近いにもかかわらず,インターネットの草の根性(多様性),可能性(成長性)に着目して,表現内容規制は反証のないかぎり,アイディアの自由な交流を妨げこそすれ,促すことはないとする憲法の伝統を

守ったのである。

　対照的な結論を導いたもう一つの理由は，立法時の議会の対応である。ターナー判決は議会が再送信規則制定時にCATV優位な時代における地上波放送局の問題について，詳細な分析を行い，公聴会を長年にわたって開くなど注意深く対処した点を強調した［Turner Broadcasting System, Inc. v. FCC, 520 U.S. 180, 200 (1997)］。

　一方，ACLU II 判決は議会が通信品位法制定時にあまり議論を尽くさず，公聴会も開かなかった点を指摘している［*ACLU II*, 117 S. Ct. at 2348］。

(2) 大統領の自主規制呼びかけ

　クリントン大統領は判決の5日後に発表した「グローバル電子商取引のフレームワーク」と題する報告書の中で，政府が非介入主義を採る方針を表明した。電子商取引時代に向けての米国政府の行動指針を示す報告書は，民間主導，政府の不干渉などの電子商取引確立のための5原則を打ち出すとともに国際的にも関税などをかけない「インターネット自由貿易圏」を提唱した。

　自由貿易圏とは思い切った発想と思われるかもしれないが，21世紀の産業である情報通信業で世界を制覇することが96年法のねらい。そのねらいどおりにインターネットのハードウェア，ソフトウエアの両面で支配的な地位を築きつつある米国の情報通信産業の利益保護のためには，グローバルで自由な情報の流れを阻害したくないのは当然である。

　5原則に沿った9項目の勧告の中では，コンテンツについての業界の自主規制を勧告。その後，クリントン大統領は関連企業のトップをホワイトハウスに呼んで，自主規制を呼びかけた。

(3) インターネット・オンライン・サミット

　大統領の要請に応え，業界は97年12月ワシントンで3日間にわたる「インターネット・オンライン・サミット」を開催した。コンピュータ関連業界の他，ゴア副大統領はじめ政府関係者，市民団体，教育関係者，両親たちの参加したサミットでは，子どもに有害な情報を遮断するフィルタリング・ソフト（第10章，第2節で解説したテレビのVチップのインターネット版）やそ

れに連動するホームページの等級づけ（同じく番組の等級づけのインターネット版）をめぐって議論が交わされた。

　性行為に関する必要な情報（safe sex, planned parenthood など）だけでなく，直接性行為に関係ない情報（breast cancer, gay rights, national organization for women など）まで遮断してしまうなどの欠点が指摘されていた遮断ソフトだが［必要な情報を遮断してしまうだけでなく，どんな情報を遮断したかが分からない点も遮断ソフトの欠点とされている］，PICS（Platform for Internet Content Selection）とよばれる技術で，情報を段階的に分類，利用者側であるレベル以上のものを排除できることも可能になる。このため業界はマイクロソフト，アメリカ・オンラインなどの大手を中心に遮断ソフトで対応可能として，自主規制を主張した。

　業界を自主規制に駆り立てた直接的要因は，自主規制がうまく働かないと政府による規制が復活するおそれがあり，第8章（第2節）で紹介した，アダルト情報対策が後手に回った電話業界の失敗を繰り返したくないとの思惑もある。900番サービス（わが国のダイヤルQ2サービスにあたる有料テレフォン・サービス）を使って，83年にスタートしたダイヤル・ア・ポルノ・サービスに対し，電話会社は通信内容には立ち入れないとのタテマエの理由と，増収につながるとのホンネの理由から，青少年保護対策，詐欺商法対策への取組みが遅れた。

　そのツケは予想外に大きかった。当局の厳しい規制を招いただけではない。900番サービス＝いかがわしいサービスというイメージが定着，利用者離れで売り上げは大幅にダウン。その後，規制と業界倫理基準の強化などで成長軌道を回復したが，その後のインターネットの普及もあって，市場はいまだに91年のピーク時に達していない。インターネット業界としては，イメージ回復に多大の年月の労力を費やした電話業界の轍は当然踏みたくない。

　ゴア副大統領は自主規制へ向けた業界の努力を評価した。ホームページの等級づけは検閲につながるのではとの批判に対しては，「どんな情報を子どもから遮断するかの最終判断をするのはあくまで親で，等級づけは親の判断を手助けするにすぎない」ことを論拠に，「検閲ではなく親権行使だ」と反論した。

ACLUなどの市民団体や出版関係の団体はインターネットでの表現の自由同盟を結成して規制に反対した。種々の情報を取り扱うためフィルタリング・ソフトを採用できない，ニュース・サイトなどをネットから締め出すおそれから，遮断ソフトを「センサー（検閲）ウェア」，業界の自主規制を「業界支持の検閲」と痛烈に批判した。

　一方，宗教団体などの保守派は自主規制では不十分として，罰則を含む法規制を求めた。業界の自主規制などの私的フィルターだと，自己に不都合なたとえば競争相手の情報を遮断してしまうため，公的フィルターの方がましと極論する保守派もいるが，公的色彩を強めるほど検閲に近づくことはいうまでもない。

　図書館も同様の問題をかかえている。子どもも利用するため有害情報を遮断したいところだが，必要な情報まで遮断してしまうと，図書館の本来の使命を果たせないうえに，税金でまかなわれている公共図書館が規制することはまさに検閲になるからである。98年，バージニア州法にもとづいて，館内のすべてのパソコンにわいせつな素材や未成年者に有害な素材を遮断するソフトを導入していたバージニア州ラウドン郡図書館は，利用者などから提訴された。原告は図書館の方針が，

①必ずしも「やむにやまれぬ政府の利益」（a compelling government interest）を追求するために必要なものとはいえない
②「限定的に策定されている」（narrowly tailored）ともいえない
③未成年者に向かないが，成人には表現の自由で保障されている素材に対する成人のアクセスを制限している

と主張，バージニア州東部地区連邦地裁はこれを認める判決を下した［Mainstream Loudoun v. Board. of Trustees of the Loudoun County Library, 2 F. Supp. 2d 783 (E.D. Va. 1998)］。

　通信品位法違憲判決を受けて，97年7月にクリントン大統領は業界に自主規制を呼びかけた。これに応えて開催されたインターネット・オンライン・サミットも，その時点では期待のかかった遮断ソフトによる自主規制が必ずしも万能な解決策でないことを露呈した結果に終わった。

　しかし，第10章（第551条）のとおり，メディアによる暴力が青少年の非行

につながる可能性は，テレビの普及し始めた1950年代から指摘されていながら，表現の自由を侵害するおそれから，93年にVチップが発明されるまで，有効な規制ができなかったことを思えば，普及したばかりのインターネットに，有害情報対策の即効薬を求めるのも過大要求かもしれない。

第2節　CATVに対する規制

1．背景

　96年法制定制定から18日後の2月26日，CATV番組を制作しているプレイボーイ・エンターテイメント・グループ社（以下，「プレイボーイ」）は，デラウェア州連邦地裁（以下，「デラウェア地裁」）に，合衆国政府を相手どって，通信品位法の違憲訴訟を提起した。

　通信品位法の第505条はアダルト番組用のチャンネルで，アダルト番組を提供する多チャンネル映像番組配信業者に，
①未加入者がアダルト番組を受信できないように，すべてのアダルト番組を，スクランブルかブロックする
②それができるようになるまでは，子どもが視聴するような時間にアダルト番組をまったく提供しない（FCCが定めるその時間帯は成人も視聴できなくなる）
ことを義務づけた。

　第9章（第504条）のとおり，アダルト用の有料チャンネルは，本来は追加料金を支払って契約しないかぎり視聴できないはずだが，信号流出（signal bleed）と呼ばれる現象によって未契約者でも視聴可能である。第505条はこうした信号流出によって，未契約世帯の未成年者が受信できないよう，アダルト番組をスクランブルする（デコーダとよばれる解読装置がないと受信できないようにする）か，ブロックする（まったく受信できないようにする）ことを，アダルト番組配信業者に義務づけた。

　プレイボーイによれば，スクランブルには1加入あたり200～500ドルと見込まれる禁止的な経費がかかること，近く予定されているデジタル化が完成

すれば，容易に可能となることなどから，60%のCATV会社は②を採用，アダルト番組をFCCの定めた，夜10時から翌朝6時までの安全な港(safe harbor) とよばれる時間帯に提供するとみられている。

現在24時間アダルト番組を提供している地域では，昼間の有料番組収入の20%をアダルト番組から挙げているといわれ，通信品位法の実施に伴い，CATV業界は年間2500〜5000万ドルの減収となる。全米6670万加入の3分の1近い，2100万加入が視聴可能な最大手のプレイボーイTVは，これにより年間400〜500万ドルの減収と利益消滅のおそれも出てきた。

このため同社は，
①この規定が表現の自由を保障した修正1条と法のもとの平等を保障した修正14条に違反しているとの確認判決と
②第505条の一方的緊急差止命令
を求めた［グラフ・ペイ・パー・ビュー（ペイ・パー・ビューは番組ごとに料金を徴収する有料CATV番組）も同様の訴えを行い，プレイボーイ訴訟への併合を求めたため，デラウェア地裁判事は併合を認めた］。

デラウェア地裁を管轄する第3連邦控裁の主席判事で，ACLU訴訟では自らを含む3人の判事を選任するとともに，自らペンシルバニア東地裁判決を書いたスロビター判事は，デラウェア地裁判事，ニュージャージー州連邦地裁判事（以下，「ニュージャージー地裁」），第3控裁判事から成る特別法廷の3人の判事を選任した。

2．判決 [Playboy Entertainment Group Inc. v. U.S., 945 F. Supp. 772 (D. Del. 1996)] (hereinafter Playboy I)

デラウェア地裁は修正1条違反との主張に対しては，
①第505条の意図が子ども，とくにアダルト番組に加入していない家庭の子どもに与える悪影響を除去する点にあること［Id. at 786］
②経費のかかるスクランブル，もしくはブロックできない場合は，時間制限の条項を加えたことによって，議会がCATV業者に与える経済的打撃の軽減を試みていること［Id. at 787］
などから原告の修正1条違反の主張が認められる可能性は少ないとした［Id.

at 790]。

　原告が第505条は法の下の平等を保障した修正第14条にも反するとしたのは，性的に露骨な（sexually explicit）内容を「安全な港」（深夜）以外の時間に提供している，HBO，ショウタイムなどの有料チャンネルを適用除外している点だった。

　デラウェア地裁はある金曜の夜，デンバー（コロラド州）で調査した結果では，アダルト用でないケーブル・チャンネルで性的に露骨な内容を送信しているのは，全体の16分の1の時間にすぎず，議会が，24時間中アダルト番組だけを流し続けているプレイボーイなどのアダルト番組チャンネルを第505条の対象としたのは，差別的取扱い（違憲）ではないとした［Id. at 790］。

　プレイボーイはあいまいさも違憲理由としたが，デラウェア地裁は第505条の意図，適用とも明快で，不明瞭でないとした［Id. at 791］。

　プレイボーイも通信品位法第561条「迅速な審査」の条項によって直接最高裁へ上訴した。97年3月，最高裁は9裁判官全員一致でデラウェア地裁判決を支持した。意見を添えず「デラウェア地裁判決を支持する」との結論だけの判決文だった［U.S. v. Playboy Entertainment Group Inc., 520 U.S. 1141 (1997)］。

　97年6月の最高裁のACLU判決に意を強くしたプレイボーイは，翌7月にデラウェア地裁にACLU判決であいまいゆえに違憲とされた第223条同様，第505条もあいまいなので，違憲であるとして再提訴した。デラウェア地裁のファーナン判事の他，同連邦地裁を管轄する第3控裁の判事と，ニュージャージー地裁の判事の3名からなる特別法廷は98年12月，今度は違憲判決を下した［Playboy Entertainment Group, Inc. v. U.S., 30 F. Supp. 2d 702 (Del. 1998)］(hereinafter *Playboy II*)。

　デラウェア地裁はまず2年前の判決を覆した理由として，第505条を実施することがプレイボーイのビジネスにどれだけ影響するか当時はわからなかったが，実施後政府の行なった調査によれば，69％のケーブル会社が時間貸しのチャンネルを持つこと，30～50％のアダルト番組は午後10時以前に視聴されていることなどから，プレイボーイの減収が相当の額になることが判明

したことをあげた [*Id.* at 711, 712]。

　デラウェア地裁は次に第505条が以下の理由で表現の自由を最も制約しないで、電波の流出を防ぐ方法とはいえないことも違憲の理由とした。
①プレイボーイは、CATV会社に加入者からの要請にもとづいて、CATV会社のコスト負担で（加入者にとっては無料で）、有料チャンネル未契約のCATV加入者がアダルト番組を受信できないようにすることを義務づけた第504条の活用を主張した［第9章（第504条、第505条）のとおり、第504条、第505条ともCATV会社のコスト負担による（加入者にとっては無料の）信号流出対策だが、相違は誰が対策のイニシアチブをとるかで、第504条が加入者からの要請で、CATV会社が受信できないようにしなければならないのに対し、第505条は加入者からの要請の有無にかかわらず、CATV会社が受信できないようにしなければならない］。

　司法省は電波の流出のおそれとその防止策について消費者に周知する必要があると反論したが、デラウェア地裁はケーブル会社の情報キャンペーンで達成可能なので、第505条が表現の自由を最も制約しないで、子ども保護の目的を達成するための方法であるとはいえないとした［*Playboy II*, 30 F. Supp. 2d at 712, 713］。
②30～50％のアダルト番組は午後10時以前に視聴されていること、3分の2の世帯は子供がいないことなどから、成人に対しては修正1条で保障されている表現まで制限している第505条は制約のゆきすぎである［*Id.* at 718］。
③対照的に第504条は、アダルト番組制作者に限らず、すべての番組制作者の流出電波をブロックできることから、表現内容中立規制でプレイボーイやケーブル会社にとって表現の自由をより制約しない規制方法である［*Id.* at 718, 719］。

　判決を不服とした司法省は99年4月、第561条「迅速な審査」の条項によって直接最高裁に上訴した。2000年5月最高裁も5対4の僅少差でデラウェア地裁判決を支持し、第505条を違憲とする判決を下した。表現内容規制のため、厳格審査、すなわち、有害情報から未成年者を守るというやむにやまれぬ政府利益（compelling government interest）追求のために、
①「最小限に制限的な手段（narrowly tailored means）」によって表現の自

由を制限している

②表現の自由をより制限しない規制手段がない

の条件を満たす必要があるが，CATVは地上波放送と異なり，より表現の自由を制約しない第504条による加入者ごとのブロッキングが可能なことを，全面的に禁止する第505条の違憲理由とした［U.S. v. Playboy Entertainment Group, Inc. 120 S. Ct. 1878 (2000)］。

　より表現の自由を制約しない第504条の存在が，第505条の違憲判決につながったわけだが，第504条は1回目の訴訟の時点でも存在しており，原告は同様に「より表現の自由を制約しない第504条があるため，第505条は違憲」と主張した。デラウェア地裁は，「CATV会社が加入者の希望により受信できなくすることが可能な，第504条をどれだけPRしているか，ひいては加入者がどれだけ第504条の存在を知っているかが不明なため，有効な代替策ではない」とした［*Playboy I*, 945 F. Supp. at 789］。

　デラウェア地裁が2回目判決でこれを覆した理由は，判決の指摘するとおり，プレイボーイ社の減収額が予想以上であったため［*Playboy II*, 30 F. Supp. 2d at 711, 712］。第504条，第505条がらみであわせて興味深いのは，第504条のみが有効だった第505条違憲判決後の14ヵ月の間，CATV会社が受信できないようにしたのは，わずか0.5％の加入者にすぎなかった事実で，司法省はこれを第504条が有効でない証拠としてあげた。プレイボーイは両親が懸念をもたない証拠だと反論，デラウェア地裁も「信号流出をそれほど問題視しない社会的反応である」としてプレイボーイの反論を支持した［*Id.* at 712, 713］。

　97年6月のインターネットに対する表現内容規制の違憲判決，そして，97年3月にいったんは合憲判決を下された，CATVに対する規制の2000年5月の違憲判決と，通信品位法に対する最高裁による違憲判決が相次いでいるが，放送に対する第551条によるVチップを利用した表現内容規制については，違憲訴訟すら提起されていない。

　本判決で最高裁も指摘しているように地上波放送は加入者ごとに信号をブロックできないことも，成立直後に訴えられたインターネット［無害な情報まで排除してしまうなど完全とはいえないが，フィルタリング・ソフトによ

って子どものいる家庭では有害情報をブロックすることができる〕やCATVと異なり，未だに提訴すらない理由の一つであるが，より大きな理由はメディアによる表現の自由規制の相違にあることはいうまでもない。

　第8章（第3節）の最後で紹介したとおり，CATVは表現内容中立規制については，再送信義務を負わされる分だけ放送より厳しく規制されているが，表現内容規制については放送ほど厳しくない(表現の自由が保障されている)からである。

第13章 その他の係争

第1節 ベル会社に関する特例の違憲訴訟

　96年法の違憲訴訟のうち前号で解説した通信品位法に対する訴訟以外の違憲訴訟について解説する。通信品位法に対する違憲訴訟の提起と違憲判決はある程度予想されていた。対照的に提訴，判決とも予想外だったのが，97年12月31日，テキサス州北部地区連邦地方裁判所が下した，ベル会社に関する特例の違憲判決だった。

1．背景

　AT&Tの分割を決めた82年の修正同意判決は，長距離通信に競争を導入し，長距離通信＝競争，地域通信＝独占の二分法を採用した。96年法はこれを廃止し，地域通信にも競争を導入するとともに地域通信，長距離通信の垣根を撤廃して，相互乗り入れができるようにした。

　具体的に地域通信の競争導入に関しては，LECに対して五つ，既存LECに対してさらに六つの義務を課した（第1章，第251条参照）。相互乗り入れに関しては修正同意判決が禁じたのは，長距離通信で90％以上(84年のAT&T分割時)のシェアを誇るAT&Tの地域通信参入と，地域通信で4分の3のシェアを誇る地域ベルの長距離通信参入だった。

　96年法はAT&Tの地域通信参入については無条件で認めたが，地域ベルの長距離通信参入に関しては，地域通信市場を十分競争に開放する，具体的には14項目の競争のチェック・リストを満たすという条件を付した。

　修正同意判決による競争導入により，84年に90％あったAT&Tのシェア

は98年には43％に半減した［Trends in Telephone Service, Mar. 2000, FCC］。地域ベルは引き続き独占を認められたため当然のことながら，依然として4分の3のシェアを維持している。この市場支配力ゆえに，地域ベルの協力がないと地域通信への競争導入は進まない。このためベル会社に対しては，長距離通信への参入と引換えに14項目の競争のチェック・リストによる地域通信の競争開放の義務を課す，「アメとムチ」の政策を採ったのである。

　第3章（第2節）のとおり，96年法は第151条の「ベル会社に対する特別規定」で，第271条から第276条までを追加し，ベル会社に競争のチェック・リストなどの追加義務を課した。

　96年制定時には7社，その後，96年法のもたらした業界再編で4社に統合された地域ベルのうちの2社，SBCとUSウエストは［2社の営業エリアについては図3－1参照。なお，USウエストは2000年6月に新興IXCのクエスト・コミュニケーションズ・インターナショナルに買収された］，97年7月，第276条を除く第271条から第275条までの条項を，裁判手続きを経ずに法律で市民の権利を剥奪する，私権剥奪法（Bill of Attainder）を禁じた，合衆国憲法第1条第9節に違反するとして，FCCを訴えた。第272条は長距離通信進出にあたり分離子会社要件を課し，続く3条は通信機器製造（第273条），電子出版（第274条），警報監視サービス（第275条）などの新規サービスに参入する際の制約を課した（第3章参照）。

　私権剥奪法は中世の英国に端を発し，国王に背く人物を排除するために盛んに使われたが，絶対主義体制ならいざしらず，近代議会制民主主義国家で私権を剥奪する法律が制定される可能性は少ないため，20世紀に入って最高裁が私権剥奪法違反で違憲とした判例も2件にすぎなかった［THE NATIONAL LAW JOURNAL, Jan. 19, 1998］。適用対象もその由来からして個人にかぎられ，企業に適用された判例はまずなかった。

2．判決

　テキサス北部地区連邦地裁（以下，「テキサス北地裁」）のケンドール判事は，97年の大晦日に下した判決で，まず私権剥奪法は主に個人が恩恵を受け

てきたが，最高裁が長く個人および私的団体に適用されるとしてきたことから，個人以外に適用対象を広げることは同法の目的にかなっているとした。

次にFCCは特例がもともと司法省のAT&Tに対する反トラスト訴訟に決着をつけた修正同意判決で，ベル会社に課せられた制約に取って代わるものなので，決して懲罰的ではないとしたが，判事は特例がベル会社の当時の親会社だったAT&T（84年のAT&T分割により現在の親会社は地域ベル）が犯した罪に対して，ベル会社が合法なビジネスに従事することを禁じている点で懲罰的であるとした。

さらに96年法が顧客に地域通信と長距離通信を同じ電話会社から提供してもらえる，ワン・ストップ・ショッピングの道を開いたにもかかわらず，ベル会社にだけ提供の機会を与えないのは，ベル会社の競争力を著しく削ぐ，財務的な懲罰に値するとした。

FCCはまた特例は修正同意判決がベル会社に課した制約以上のものでないとしたが，判事は修正同意判決がベル会社に禁じた情報サービスへの進出は，その後FCCが解禁したにもかかわらず，96年法が特例で禁止を復活したことから，ベル会社が享受していた権利を剥奪したとした。

FCCはさらに特例が恒久的かつ逃れられないものではないとしたが，判事はとくに14項目の競争のチェック・リスト（第3章，第271条参照）を取り上げ，ベル会社が永久に満たせないおそれもあると反論した。

また過去の悪行を罰するためではなく，将来の反競争的行為を防ぐためにも特例が必要とのFCCの主張は，将来の行為に対する懲罰も私権剥奪法の対象となること，反競争行為防止は基本的に反トラスト法で解決する問題であることなどを理由に退けた〔SBC Communications, Inc. v. FCC, 981 F. Supp. 996 (N.D. Tex. 1997)〕。

敗訴したFCCの上訴を受けた第5控裁は98年9月，2対1の判決でテキサス北地裁判決を覆した。ベル会社の長距離通信などの新規事業進出に対する制約は，
①永久に禁じたわけではない
②地域通信に公正な競争を確保するためで，懲罰のためではない
③条文からも立法時の経緯からも，私権剥奪法の構成要件である懲罰的な意

図はうかがわれない
④（新規事業の）事業ライン規制は，ベル会社にとって功罪あわせ持つ大きな代償物の一部にすぎない
ことなどから，許し難いほど懲罰的ではないとした［SBC Communications, Inc. v. FCC, 154 F.3d 226 (5th Cir. 1998), *cert. denied*, 119 S. Ct. 889 (1999)］。

3．関連判決

　私権剥奪法を根拠に違憲訴訟を提起した地域ベルは，SBCとUSウエストに止まらなかった。ベルサウスもワシントン控裁に提訴した。SBCとUSウエストは96年法第151条「ベル会社に対する特別規定」で追加した，第271条から第276条のうち，第271条から第275条までを違憲としたが，ベルサウスは長距離通信に進出する際，地域通信の競争開放を義務づけた第271条と，電子出版事業へ進出する際，96年法施行4年後までは分離子会社によることを義務づけた第274条を，裁判によらずに懲罰を科す私権剥奪法を禁じた，合衆国憲法に違反するとした。第274条についてはさらに表現の自由を保障した憲法修正1条にも違反するとした。

　ワシントン控裁は98年5月，まず第274条について，
①私権剥奪法違反の問題については，確かに分離子会社という構造分離はベル会社にとって犠牲を伴うものだが，禁止された私権剥奪法で伝統的に行われてきた機会（この場合は新事業進出の機会）を全く奪うものではないとして，2対1の判決でベルサウスの主張を退けた。
②修正1条違反の問題については，第274条が表現内容に向けられた規制でないため，違憲性審査における厳格審査（「やむにやまれないほど重要な政府目的達成のために必要不可欠な規制」でなければならない）は適用されず，「重要な政府目的に仕え，その目的達成に実質的に関連した規制」でなければならないとする中間審査が適用されるとし(表7－1参照)，分離子会社要件を課した第274条がベル会社の内部相互補助を制約することにより，競争促進という重要な政府目的に仕えるため，表現の自由侵害にはならないとした。

　全判事が同意した3対0の結論だった［Bell South Corp. v. FCC, 144 F. 3d 58 (D.C. Cir. 1998)］。

第271条についてもワシントン控裁は98年12月,
①市場機会の観点からいえば、ベル会社は96年法で以前より機会を与えられたこと
②第271条はベル会社に長距離通信進出の前に地域通信市場開放を要求しているにすぎず、他の業界でも懲罰とはみなされずに採用されてきた種々の規制方法と何ら変わらないこと
③合法的かつ非懲罰的な目的を達成するための条項であること
などの理由で私権剝奪法違反にはあたらないとした [Bell South Corp. v. FCC, 162 F.3d 678 (D.C. Cir. 1998)]。

　第271条は規定そのものもベル会社にとって,お蔵入りの私権剝奪法まで引っ張り出して、違憲訴訟を提起させるほど厳しいものであったが、その運用もベル会社にとって厳しい結果をもたらした。FCCが地域ベルの同条にもとづく長距離通信進出の申請を、14項目の要件を満たしていないとして表3－2のとおりことごとく却下したからである。

　97年4月のオクラホマ州での申請を却下されたSBCは、97年6月のFCCによる却下の決定そのものが,第271条違反にあたるとしてワシントン控裁に訴えた。第271条は(c)(2)で有名になった14項目の競争のチェック・リストを定めているが、その14項目を満たすか否かを判定する前に(c)(1)で、地域通信市場への新規参入者の有無を判定する必要がある。この(c)(1)の解釈をめぐる係争で同控裁は98年3月、確かに(c)(1)の定義はあいまいだが、そういう場合にFCCの解釈に無理がなければ、それに従う判例 (Chevron U.S.A., Inc., v. Natural Resources Defense Council, Inc., 467 U.S. 837 (1984)) にのっとると、FCCの解釈は無理がないどころか、唯一の妥当な解釈であるとしてFCCの決定を支持した [SBC Communications, Inc. v. FCC, 138 F.3d 410 (D.C. Cir. 1998)]。

第2節　FCC規則の違法訴訟

1．相互接続規則

　以上で96年法をめぐる違憲訴訟の説明を終えたので，96年法を実施するためにFCCが定めた施行規則が96年法に違反するとする訴訟の説明に移る。最初は96年法を肉付けする，80以上あるFCC規則の中でも3大規則の一つで，3大規則のトップを切って96年8月に出された相互接続に関する規則が，96年法や合衆国憲法に違反しているとする訴訟である。

　最大の争点となった管轄権問題，すなわち電気通信の規制権限が連邦（FCC），州（州委員会）のいずれにあるか，専門用語を使うとどちらの規制が先占する（preempt）かは古くて新しい問題である。

(1)　管轄権問題の経緯
ア．34年法の規定

　管轄権問題は34年法第2条(b)が，「本法のいかなる規定も，州内通信に適用し，または州内通信に関する管轄権をFCCに与えるものではない」と規定したことに起因する（47 U.S.C. §152(b)）。独占の時代にも管轄権をめぐる連邦と州の争いはなくはなかった。第5章（第1節）で解説した最高裁が「IXCも地域通信設備を使用するため，LECは設備費すべてを地域通信収入で回収する必要はなく，IXCにも応分の負担をさせるべきである」とした判決［Smith v. Illinois Bell Tel. Co., 282 U.S. 133 (1930)］は管轄権問題の嚆矢だった。しかし，FCCの競争導入政策は管轄権問題を浮き彫りにした。

　電気通信は他の公益事業同様，膨大な設備投資を必要とするため，二重投資に伴う国民経済的な損失を避けるため，必然的に独占となり（自然独占），法律もそれを認めた（法定独占）。ところが電気通信は他の公益事業に比しても，技術革新のテンポが早く，必要な設備投資額は激減し，二重投資のロスは消滅する一方，多様化する顧客のニーズに敏感に対応できないという独占の弊害も顕在化し始めた。幸いなことに34年法は諸外国の通信法と異なり，

独占を法定しなかった。このため FCC は1950年代から積極的に競争導入政策を推進した。

34年法第1条は「合衆国のすべての国民が十分な施設と合理的な料金によって，可能なかぎり迅速かつ効率的な全米的および世界的な有線および無線による通信サービスを利用できるように，有線通信および無線通信に関する州際通商および国際通商を規制するため，(中略) FCC を設置する」と規定した (47 U.S.C. §151)。合理的な料金で効率的なサービスを提供する第1条の目的を達成するための切り札は競争導入のため，FCC は積極的に競争を導入したのである。

序章（第1節）のとおり，競争導入は端末機器の分野に始まった。80年と81年に FCC は電話会社の資産の減価償却費の計算方法について二つの規則を出した。州委員会が州内通信について異なる償却方法を採用している場合の取り扱いについて，FCC は82年に州内通信については州の規則が先占するとの見解を示したが，翌83年これを覆した。

FCC にすべての通信事業者に適用する会計書類等に関する規則制定権限を付与した，34年法第220条(b)が減価償却費について規定していることから (47 U.S.C. §220(b))，FCC が通信事業者に適用する減価償却率を規定すれば，自動的にこれと相反する州の規定に先占するというのが，FCC の理由づけだった。

FCC 規則を不服としたバージニア州委員会の訴えに対し，第4控裁は FCC を支持した［Virginia State Corporation Commission v. FCC, 737 F. 2d 388 (1984)］。電話会社26社はこれを支持したが，23州がこれを不服とし最高裁に上訴したため，訴訟はルイジアナ州委員会対 FCC に統合された。判決［Louisiana Public Service Commission v. FCC, 476 U.S. 355 (1986)］(hereinafter *Louisiana*) の中で最高裁はいみじくも，州内通信と州際通信の区分は一見明快のようだが，両サービスとも同じ電話機を使い，同じ電話会社が提供しているため，実態はみかけほど明快ではないと指摘した［*Id.* at 360］。管轄権問題の根源を示す指摘である。

最高裁は第2条(b)で禁じられた州内通信に FCC が踏み込むには，議会が FCC の規制を州のそれに先占させることを明文で規定しなければならない

が，減価償却費の算出についてそうした規定はないため，FCC 規則は州の規則に先占できないとした [*Id.*]。本件第 4 控裁判決を含め，それまで FCC の先占を認めてきた控裁判決 [North Carolina Utilities Commission v. FCC, 537 F.2d 787 (4th Cir. 1976); North Carolina Utilities Commission v. FCC, 552 F.2d 1036 (4th Cir. 1977)] を覆し，FCC の競争導入政策を容認してきた判例の流れを変える判決となった。

イ．修正同意判決

96年法以前の最大の競争導入政策はその FCC でも議会でもなく，裁判所が導入した。AT&T 分割を決めた82年の修正同意判決である。しかし，修正同意判決が採用した地域通信＝独占，長距離通信＝競争の二分法は，連邦と州の管轄権問題を複雑化した。

長距離通信のうち州をまたがるものは FCC，州内に終始するものは，地域通信とともに州の管轄となった形式上の複雑さもさることながら，州内通信と州際通信は切っても切れない関係にあり，FCC が34年法第 1 条で責務を負っている州際通信のサービス向上には，地域通信のサービス向上も不可欠という実質的な問題である。競争に優るサービス向上策はないことは，地域通信といえども例外でないからである。

ウ．96年法の規定

地域通信にも競争を導入し，FCC に競争導入政策を推進しやすくした96年法も，管轄権問題を解決しなかった。まず 第251条は，FCC に相互接続についての規則制定権を与えた (47 U.S.C. § 251(d))。一方，第252条は競争 LEC と既存 LEC との相互接続交渉がまとまらない場合に，裁定を下す権限を州委員会に与えたが，その際，FCC が第251条にもとづき制定する規則を満たすことを要求した (47 U.S.C. § 252(c))。

管轄権問題を惹起させそうな火種は他にも 2，3 あるが，総括すると，96年法は34年法第 2 条(b) (47 U.S.C. § 152(b)) が禁じた FCC の地域通信に対する規制権限を解禁したが，部分的解禁にとどまったことに加え，新たに連邦に権限を付与した分野で連邦と州がどうかかわりあうのか，管轄権をめぐる紛争はどのように解決するのかなどについて明確にしなかったことが，管轄権問題を解決するどころか，かえって複雑化した理由である。その意味では

96年法が相次いで違憲判決，違法判決を受ける責任の一半は議員たちにもあり，彼らが FCC の過剰管理の責めにのみ帰するのは一方的といえる。

(2) 相互接続規則の違法訴訟
ア．背　景

　96年法は再販に関して第252条で，「既存 LEC は，卸売価格をコストにもとづき，無差別的に決定しなければならないが，適正な利益は含んでもよい」と定めた（47 U.S.C. §252(d)）。

　FCC は96年8月に定めた相互接続規則で，コストの算定方法を具体的に定め，価格は（ネットワークを構成する）総要素の長期増分費用（TELRIC）にもとづいて決定しなければならないとした。わかりやすくいえば，独占時代のコストがそのまま競争市場に通用するわけがないので，歴史的にかかったコストではなく，今後競争市場でそれらの設備を提供するとしたら，かかるであろうコストにもとづいて決定しろというのである。

　FCC はさらに州委員会が TELRIC にもとづいて卸売割引率を決定するまでの間，暫定的に州委員会は割引率を17〜25％に設定できるとした。FCC が州委員会に代わって定める割引率のため，代理料率（proxy rate）とよばれるこの数字を決定するにあたり FCC は，LEC, IXC ほか関係者の意見を聴取し，代理料率を17〜25％とした。

　第1章（第252条）のとおり，もともとこの卸売割引率をめぐっては96年法制定以来，地域通信会社，IXC の間で綱引きが行なわれていたため，FCC の代理料率決定は火に油を注ぐ結果をもたらした。

　州委員会や既存 LEC など19機関は次々と裁判所に，
①代理料率は LEC のコストを反映せず，人為的に低く設定されている
② TERLIC や代理料率など，伝統的に州委員会が料金を決めてきた地域通信の分野に，全国的な料金規則を持ち込むのは FCC の越権行為である
として，相互接続規則の差止を求める訴えを提起した。

　96年法は新規参入者に必要な設備だけ借りてサービスを提供する道を開いた（47 U.S.C. §251(c)(2)-(4)）。その際，新規参入者が地域事業者とある設備を借りる契約を結んだ後，別の新規参入者がもっと安い料金で契約締結した

場合，最初の事業者にも安い料金が適用される，いわば最恵国待遇条項のような規定も用意した (47 U.S.C. §252(i))。相互接続規則でFCCはこの最恵国待遇条項を肉付けしたピック・アンド・チューズ規則を採用した (47 C.F.R. §51.809)。このピック・アンド・チューズ規則に対しても一部 LEC は，両当事者間の交渉で接続条件を定めさせようとしている，議会の意図にも反するとして執行停止を求めた。

イ．控裁判決

　訴訟はアイオワ州公益事業委員会対 FCC に統合され，セントルイスの第 8 控裁が扱うことになった。第 8 控裁は96年10月，相互接続についての FCC 規則のうち，料金決定規則とピック・アンド・チューズ規則の執行停止命令（stay：FCC 規則を無効とする，本訴訟の結論が出るまでの短い期間でも，規則が実施されると原告の権利が侵害されるため，それまでの間，規則の執行を停止する命令）を出した［Iowa Utilities Board v. FCC 109 F.3d 418 (8th Cir. 1997)］。

　97年 7 月，第 8 控裁は相互接続規則で FCC が採った州内通信について，FCC と州が規制権限を共有するとの見解を真っ向から否定する判決を下した。FCC の権限を狭く解することにより，96年法は34年法と矛盾しないとしたのである［Iowa Utilities Board v. FCC 120 F.3d 753 (8th Cir. 1997)］。

　FCC は州内通信について，規制権限を州委員会と共有していると主張する根拠を，96年法第251条(d)(1)の「FCC は法律制定から 6 ヵ月以内に本条の要件を実施するために必要なすべての措置を講じなければならない」とする規定 (47 U.S.C. §251(d)(1)) に求めた。控裁はこの規定は規則の迅速な制定を確実なものにするために期限を設定したもので，FCC に州内通信の料金設定権限を与えたものとは解されないとした。

　次に34年法第 2 条(b) (47 U.S.C. §152(b)) については，ルイジアナ判決を引用し，第 2 条(b)で禁じられた州内通信に FCC が踏み込むには，議会が FCC の規制を州のそれに先占させることを明文で規定しなければならないとした。また，ルイジアナ判決が注で言及した明文の規定がなくても先占できる唯一の例外，すなわち州内，州際の分離が不可能な場合の例外［*Louisiana*, 476 U. S. at 375-376 n.4.］にも該当しないとした。

以上により相互接続規則の中の料金規則を無効とした控裁は，ピック・アンド・チューズ規則についても，両当事者の交渉による協定を促進しようとする96年法の趣旨に反し，関連規定の解釈に無理があるとの理由でこれを退けた。

　これらはFCC規則が34年法および96年法に違反するとする，LECおよび州委員会からの訴えだが，一部LECはさらにFCC規則が憲法に違反するとの訴訟を提起した。TELRICや代理料率などにより，LECに赤字料金での相互接続を強いることは，合衆国憲法修正5条で保障されている，私的財産権の政府による侵害だとの主張である。この問題について控裁は判断を避けた。

　州内通信に対するFCCの管轄権を認めるのに慎重だった控裁も，管轄権以外の問題に関してはFCCの主張をおおむね認めた。管轄権問題以外で一番大事なのは，アンバンドルされた設備のリバンドルに関する規則だった。96年法は第252条（47 U.S.C. §252）で既存のLECにネットワーク構成要素をアンバンドルして（unbundled bases：地域通信サービス提供に必要な設備を一部しか保有しない競争LECに必要な設備だけ貸すこと），提供することを義務づけた。FCCは相互接続規則で，既存LECに対し，すべての設備を借りることを希望する既存LECに無料でリバンドル（再結合）することを義務づけたが，控裁判決はこれを認めた。

ウ．関連控裁判決

　無料でのリバンドルを義務づけられた既存LECは，地域ベル数社が中心になって，第8控裁に判決の再考を求めた。97年10月控裁はこれを容れ，最初の判決を覆し，相互接続規則の無料でのリバンドルを義務づけた部分も無効とする判決を下した［Iowa Utilities Board v. FCC, 120 F.3d 753, modified on rehearing No. 96-3321 (8th Cir. Oct. 14, 1997)］。

　相互接続規則を無効とする判決としては，二番煎じだったため，簡単に報道されただけだったが，地域通信の競争導入インパクトは最初の判決よりはるかに大きい。地域通信設備を全く保有しない競争LECが，既存LECの助けを借りずに自らリバンドルすることはコスト面，技術面で困難が伴う。このため，競争LECが地域通信に進出するには既存LECの設備を丸ごとリースする再販によるか，設備をみずから構築するしかない。このうち再販は手

っ取り早いが，本格的参入には向かない。設備構築は本格的参入には向くが，時間はかかるとそれぞれ一長一短があるからである。両判決により相互接続規則の主要部分が無効になると，地域通信への競争導入が大幅に遅れることは必至のため，FCC および AT&T や MCI を中心とした競争 LEC は最高裁に上訴した。

エ．最高裁判決

最高裁は98年10月に審理した後，99年1月に第8控裁の判決を覆し，FCC 規則をおおむね支持する以下の判決を下した。

①最大の争点である管轄権問題，すなわち FCC による地域通信の価格設定は州の権限を侵していないか否かについては，FCC に公益上必要な規則を制定する権限を付与した，34年法第201条(b)（47 U.S.C. §201(b)）にもとづいて，FCC に規則制定権限があるとした。議会が地域通信への競争導入を含む96年法を34年法に挿入したことから，FCC の規則制定権限は地域通信への競争導入条項，具体的には96年法第251条および第252条を実施するための規則にもおよぶとしたのである［AT&T Corp. v. Iowa Utilities Board, 119 S. Ct. 721 at 730 (1999)］(hereinafter *Iowa Utilities Board*)。

アイオワ州委員会他の上訴審被告は，「［96年法］第223条から第227条（中略）および第332条に規定する場合を除き，(中略) 本法のいかなる規定も，州内通信に適用し，または州内通信に関する管轄権を FCC に付与するものと解してはならない」とする，34年法第2条(b)の適用除外条文に地域通信に関する条項が含まれていないことも，FCC に管轄権がない理由としたが，最高裁はそのような解釈は州内通信に対する FCC の管轄権を否定し，州内通信にも適用される96年法を無にするものとして退けた［*Id.* at 730］。

また，34年法第2条(b)は「適用」で実体的な適用，「管轄権」で付帯的管轄権［ancillary jurisdiction. ある訴訟について自己が管轄権をもつ場合，その訴訟に付帯しているが，本来は自己が管轄権を有しない事件，事項についても管轄権を行使できることをいい，関連する紛争が連邦裁判所と州裁判所に分断されることを防止できる法理（田中英夫，英米法辞典（1991）。ただし，jurisdiction は裁判権としているが，ここでは本書の用語にあわせて管轄権とした］を制限したにすぎない，換言すれば州内通信への適用，州内通信へ

の FCC の管轄権を全面的に否定するものではないとした。制限の具体例として，LEC の減価償却方法について FCC の管轄権を否認した86年のルイジアナ判決をあげ（*Louisiana,* 476 U.S. 355），34年法第 2 条(b)は FCC が州際通信の（競争促進）目的を達成するという理由だけで，州内通信について規制することを禁じたものであるとした［*Iowa Utilities Board,* 119 S. Ct. at 731］。

②アンバンドルド・アクセス条項については，大筋では有効であるとし，これを無効とした第 8 控裁判決を覆した。ただし，最小限の義務づけとして課した七つのネットワーク構成要素については，第251条の要件「（そのネットワーク構成要素が競争地域会社にとって）必要不可欠か，（既存事業者のネットワーク構成要素の提供が不十分のため，競争地域会社の参入を）疎外していないか」（47 U.S.C. § 251(d)(2)）を明らかにしていないとして，これを無効とした。

それ以外の第 8 控裁が無効とした相互接続規則は，第 8 控裁が当初有効としながら（97年7月），その後，既存 LEC の要望を容れて有効とした（97年10月），既存 LEC はすべてのネットワーク構成要素の借用を希望する新規参入の LEC に，無料でリバンドルしなければならないとする規則も含め，有効としたのである［*Id.* at 733-38］。

③ピック・アンド・チューズ条項については，第252条(i)（47 U.S.C. § 252(i)）の妥当かつ自明な解釈であるとし，これを無効とした第 8 控裁の判決を覆した［*Id.* at 738］。

上記のとおり，ルイジアナ判決は FCC 規則の先占を認めることにより，FCC の競争導入政策を支持してきた判例の流れを変える判決となった。

第 8 控裁もこのルイジアナ判決を引用して，FCC 規則の州の規則に対する先占を否認したが，最高裁は同判決には依拠しなかった。判決は上記判旨のとおりルイジアナ判決を引用したが，「第152条(b)（34年法第 2 条(b)）の意味を明確にするために議論するのであって，『同判決が今回とほぼ同一の問題を提起している』とするブライヤー裁判官の主張に同意するものではない。ルイジアナ判決は FCC が規則制定権限を明文で与えられていないサービスを規制しようと試みたものだが，本判決は権限を明文（34年法第201条(b)）で与

えられているサービスについての規制である［Id. at 731 n7.］」とことわった上での引用だった。

　86年に第16代連邦最高裁長官に就任した，レーンクイスト長官によるレーンクイスト・コートの特色の１つとして，連邦の権限を抑制（州の権限を拡大）する連邦主義があげられる。本判決の出た98～99年期（98年10月～99年６月）も連邦主義を明確にする３判決が下された。いずれも会期末に下されただけに連邦主義の年だったような観すら与えた98～99年期に，通信の分野で連邦主義を確認したルイジアナ判決に依拠しなかった判決は，以下の理由でも意外だった。

①３判決も含むこれまでの関連判決で，連邦主義を支持してきたオコーナー裁判官は，利害関係者である（身内にAT&T関係者がいる）ため欠席した。３判決とも賛成側，反対側が同じ顔ぶれによる５対４の僅少差の判決だったため，３判決と同じ顔ぶれで賛否が分かれた場合，４対４で控裁判決は覆えらなかったことになる。案の定，管轄権問題は３裁判官が控裁判決を支持したため，判決の中で最も意見が分かれた争点となったが，５裁判官が連邦主義に固執しなかったため，第８控裁判決が破棄された。

②FCCの管轄権を96年法に求める，換言すれば96年法が境界を変更したとするならまだしも，FCCの管轄権を第２条(b)で州際通信に限定した34年法の別の条文（第201条(b)）に求めた。

　ほぼ全面的な逆転勝訴はFCCを救った。多くの州が最高裁判決を待たずに，FCCの定めた長期増分費用方式を採用した事実からもうかがえるとおり，判決の相互接続規則に与える影響はそれほど大きくはないが，その他のFCC規則による，96年法を実施に移すための競争導入政策に与える影響は少なからぬものがあった。96年法は施行後２年半以内に80あまりの実施規則を制定することをFCCに義務づけたからである。その中でも重要な３大規則（相互接続規則もその一つ）はいずれも制定直後に裁判の洗礼を浴びた。

　一方，地域通信への競争導入は遅々として進まないため，その責めを（規制緩和，撤廃の96年法のねらいに反する）FCCの過剰管理（micromanage）に帰そうとする議員もいた。第８控裁での敗訴も手伝って，一時は四面楚歌の観のあったFCCにとって，本判決は起死回生の一打となった。スカリア裁

判官は判決の結論部分で,「96年法は明瞭さの見本からは程遠く,多くの重要な点であいまいさ,場合によっては自己矛盾の見本であると批判した[*Id.* at 738]。FCC にとっては溜飲の下がる指摘であろう。

最高裁から97年の判決を差し戻された第8控裁は,99年9月に再審理し,2000年7月に判決を下した。当然,最高裁判決に沿った判決だが,新たな判断も加わった。第8控裁が97年判決では判断を避けたため最高裁も沈黙した,TELRIC などの FCC の料金決定規則が96年法に違反しないか否かの問題である。TELRIC や代理料率などにより,LEC に赤字料金での相互接続を強いることは,合衆国憲法修正5条で保障されている,私的財産権の政府による侵害だとの一部 LEC の主張に対し,上記のとおり第8控裁は97年判決では判断を避けた。

同控裁は2000年判決でもこの違憲問題については沈黙し,違法問題についてのみ判決を下した[TELRIC は第1章(第251条)のとおり,相互接続に伴う「相互接続料金」や,アンバンドルド・アクセスに伴う「アンバンドルされたネットワーク構成要素へのアクセス料金」を,ネットワークを構成する総要素の長期増分費用にもとづいて,換言すれば,過去の独占時代にかかった歴史的コストではなく,今後競争市場で設備を提供する場合にかかるであろう将来コストにもとづいて算定する方式]。最高裁判決が FCC の管轄権を認めたため,TELRIC にもとづく FCC の料金決定規則の合法性について判断しなければならなくなった第8控裁は,実際のネットワークでなく,最も効果的,すなわち低コストの技術を使用した仮想のネットワークにもとづいて,相互接続料金を決定することを既存 LEC に義務づけるのは違法であるとした。ただし,実際にかかった歴史的コストでなく,将来コストにもとづいて算定することは違法でないとした[Iowa Utilities Board v. FCC, 2000 WL 979117 (8th Cir. July 18, 2000)]。

将来コストが最新の技術を使用した場合のコストだとすると,仮想ネットワークに依拠できないのは自己矛盾ではないかという疑問を提起させる判決だが,いずれにせよ FCC は TELRIC にもとづく料金決定規則の見直しを迫られることになった。

2. アクセス・チャージ規則

　LEC は，アクセス・チャージ規則がアクセス・チャージを削減しすぎたため，住宅用加入者に対し手頃な料金を維持しつつ，自分達のコストを回収することを困難にするとして FCC を訴えた。これに対し，アクセス・チャージを支払う側の IXC は，FCC 規則がユニバーサル・サービスに配慮しすぎるあまり，州際アクセス・チャージを市場での競争の進展状況にあわせて漸進的に削減しようとしているが，もっと大幅な削減を即刻強制的に行うべきだと主張した。LEC 数社の訴えは統合され，相互接続規則同様，セントルイスの第 8 控裁が裁くことになった。

　LEC の主張はアクセス・チャージ引き下げに止まらず，現在アクセス・チャージの支払いを免除されている，インターネット・サービス提供業者にもアクセス・チャージを負担させることも主張した。83年 FCC は，情報サービス産業の発展を促進するため，インターネット・サービス提供業者のアクセス・チャージ支払いを免除した。96年8月の相互接続規則でもこの適用除外は維持された。97年12月，LEC と America's Carriers Telecommunications Association は，FCC がこの適用除外を廃止するよう第 8 控裁に求めた。その論拠として，

①ほとんどのウェブ・サイトは州外にあるため，インターネット・サービス提供業者は州外へのアクセスを提供しており，州外への通話を接続する IXC と変わらないこと

②インターネット・サービス提供業者の顧客（インターネットの利用者）は何時間もインターネットを使用するため，LEC に対価を支払うことなく，電話ネットワークに過度の負担をかけていること

などを挙げた。

　相互接続規則の主要部分に無効判決を下した第 8 控裁は98年8月，アクセス・チャージ規則については「種々の対立する利害をバランスさせた規則である」として全面的に支持する判決を下した ［Southwestern Bell Tel. Co. v. FCC, 153 F.3d 523 (8th Cir. 1998)］。第 8 控裁はまず，州際アクセス・チャージを市場での競争の進展状況にあわせて漸進的に削減しようとする

FCC規則を，相互接続規則でFCCの規制権限を否認した同じ3人の判事が，
①アクセス・チャージ規則については，96年法で認められたFCCの裁量の範囲内にある
②FCCは黙示的なユニバーサル・サービスによる補助から，明示的な補助システムに移行するための妥当なバランスを図った
③地域通信市場における競争の圧力は，明示的な補助システムへの移行の過渡期においてユニバーサル・サービスを脅かすほどではないなどの理由で妥当なアプローチである
とし，もっと大幅な削減を即刻強制的に行うべきだとのIXCの主張を退けた。

　第8控裁は次に，インターネット・サービス提供業者をアクセス・チャージの適用対象外とした点についても，数ある不完全な選択肢の中から正しい選択をしたとしてFCCを支持した。

　アクセス・チャージ規則と密接不可分な料金上限規則についても訴訟は，LEC，IXC双方から提起された。争点となったのは生産性要素のX値で，6.5％を地域通信会社は高すぎる，IXCは低すぎると主張した。99年5月，ワシントン控裁はFCCが6.5％とする根拠が不十分だとして差し戻した。6.5％は86年から95年までの過去におけるX要素の予測値6％に消費者生産性配当0.5％を加えたものだが，控裁はいずれの数字も疑問視した。ただし，FCCが過去の予測値を5.2％から6.3％の範囲が妥当とした点については特に問題視せず，その範囲内でなぜ6％を選定したかの説明が必要だとした〔United States Telephone Association v. FCC, 188 F.3d 521 (D.C. Cir. 1999)〕。

　なお，第5章の最後で紹介した2000年5月にFCCが主要電話会社の提案をほぼ受け入れて採択した規則では，この問題はLECとIXCが過去2年間のX値を引き上げないことで合意したため解決した〔Access Charge Reform, Price Cap Performance Review for Local Exchange Carriers, Sixth Report and Order, Low-Volume Long Distance Users, Report and Order, Federal-State Joint Board on Universal Service, Eleventh Report and Order (May 31, 2000)〕。

3. ユニバーサル・サービス規則

3大規則のうちの残るユニバーサル・サービス規則も，訴訟から免疫ではなかった。LECや州委員会などが，FCC規則は恣意的かつ気まぐれで，FCCの権限を逸脱し，96年法に違反するだけでなく，私的財産を正当な補償なしに公的に収用することを禁じた，憲法修正5条にも違反するとして訴えた。

第5控裁は99年7月，FCCのユニバーサル・サービス規則をおおむね支持する判決を下した。支持したのはまずユニバーサル・サービス規則の中でも最も議論を呼んだ2大プログラム，高コスト地域に対する補助と学校・図書館プログラム。また規則は商用移動無線サービス事業者に対しても，（適用除外とせずに）ユニバーサル・サービス基金への拠出義務を課したが，判決はこれも支持した。

一方，LECに長距離通信料を支払わない低所得者の電話を切断することを禁じた規則などは無効とした［Texas Office of Public Utility Counsel v. FCC, 183 F.3d 393 (5th Cir. 1999)］。判決を不服とした3社は最高裁に上訴した。2000年6月，最高裁は独立系電話会社最大手のGTEからの上訴についてのみ受理し，2000年10月に始まる2000〜2001年期に審理することとした。

3大規則およびプライス・キャップ規則以外の規則に対しても訴訟が提起されたが，これらについては，FCC規則を違法とする判決がすでに出ているものについてのみ，該当条文の解説のところで紹介した。

4. 多発する訴訟の意味するもの

相次ぐ訴訟提起と違憲，違法判決にある議員は，「結局われわれのやったことは1人の判事を100人の判事に取って代えただけだったのか」と述懐した。1人の判事はAT&T分割を決め，96年法制定までの10数年間にわたり，国の通信政策を策定したワシントン連邦地裁のグリーン判事をさすことはいうまでもない。

米国が訴訟社会であるとはいえ確かに訴訟過多気味なのは，96年法自体にも問題があるが，地域通信への競争導入には，既存LECの協力がないと競争

LECが市場に参入できないという，他業種や同じ電気通信事業でも長距離通信業にもない特異な問題がある。第1章（第251条）で解説したオペレーションズ・サポート・システムである。

96年法はこうした難しい市場にかなり大胆に競争導入を試みた。例えばネットワーク構成要素のアンバンドルは(第1章，第251条参照)，ネットワーク設備の構築には時間がかかるので，設備がなくてもただちに参入できるようにするものだが，これを自動車産業に例えると，部品メーカーが自社で製造しない部品や車体をトヨタ自動車から，卸売価格で購入して，完成車を製造，販売できるようにしたもの。これにより部品メーカーは，足りない部品や車体の製造ラインを構築する金と時間をかけずに完成車を製造し，トヨタ自動車と競争できるようになる。競争業種の自動車産業でもトヨタ自動車はそこまで要求されていないので，かなり大胆な試みといえるが，これについては第1章（第251条）のとおり，米国では独占の公益事業が「不可欠設備理論」で設備開放を義務づけられてきた20世紀初頭からの歴史がある。

しかし，第8控裁では無効とされたが，最高裁は支持したピック・アンド・チューズ規則は新たなる大胆な試みである。卸売価格は相手が大電話会社か中小電話会社か［約1200ある独立系電話会社の中には家族経営の3ちゃん電話会社もある］，契約期間が短期か長期か，などによって変わるのが，契約自由の資本主義社会の大原則である。最恵国待遇にあたる同規則は，大電話会社が長期契約で大幅な割引を勝ち取ったら，それを3ちゃん電話会社にも適用しろとする試みだからである。

このように競争導入がことの他難しい地域通信市場に，競争を一気に導入しよう（jump start）と功をあせったところに96年法の問題点があるともいえる。しかし，問題点ばかり指摘するのは公平さを欠く。

長距離通信でも，84年の分割時に90％を占めたAT&Tのシェアが，50％を割るのに96年までの12年を要した。まして地域通信の競争導入には，ユニバーサル・サービスの問題など，長距離通信にはない難しい問題も伴う。そうした難しい分野にも積極果敢に競争を導入しようとしたチャレンジ精神を評価すべきであろう。

AT&T分割時にも地域通信と長距離通信を分離するのは大胆な発想と思

われた。そして分割後も故障が発生した場合に，自社の回線部分には問題はないとして責任を逃れ合ったり，専用線を申し込んでも開通までに10ヵ月もかかるなどの混乱を招き，一時は分割は失敗だったのではという議論も頻出したが，長距離通信への競争導入により米国の電話会社は力をつけ，現在世界の大電話会社の10傑，20傑とも過半数は米電話会社が占めるまでになった。

通信品位法にしても公聴会も開かずに議決するなどやや拙速の感もあったが，提起された違憲訴訟に対し，司法府がこれもわが国では想像もつかない，立法からわずか1年4ヵ月で最高裁判決まで下したため，立法府は続く第105議会（97〜98年）で，子どもオンライン保護法を成立させ，インターネット・ポルノに対する再規制を試みた。

人間の7倍にあたる犬の加齢速度になぞらえて，ドッグイヤーと呼ばれるインターネットの時代においては間違ったら直す試行錯誤で，まず行動に移す米国流が適していることは，NTT分割論議に16年の歳月を費やしたわが国の現状と対比すれば一目瞭然である。持株会社方式によってNTTを再編したものの，世界の大電話会社の20傑に入るのもNTT1社だけという具合に競争の進展が不十分のため，再編後1年でNTTの再々編が論議されているからである。しかしながら，「時間がかかる審議会方式では，世界的なIT革命の潮流に乗り遅れかねない。もっと大胆で迅速な対応を考える必要がある」との指摘のとおり（朝日新聞，2000年7月8日），2003年を予定している改正案の国会提出では，またぞろ同じ過ちを繰り返しかねない。

第14章 新たな課題

　96年法制定後に規制当局につきつけられた新たな課題は二つある。一つは96年法による規制撤廃，具体的には業際の垣根の撤廃がもたらした，通信と放送・CATV の融合，もう一つは96年法も予期しなかったインターネットの急速な普及である。前者は具体的には第706条「高度電気通信へのインセンティブ」を実施する問題だが，インターネットとも関係するので，まずインターネットの規制問題について解説する。

第1節　インターネット規制

1．コンピュータ裁定

　コンピュータで処理したデータを送受信するデータ通信の出現は，規制面での問題を提起した。通信業は独占ゆえに厳しく規制されてきたが，コンピュータ産業は競争ゆえに非規制だったからである。コンピュータと通信の融合で新たに生まれた領域をどう規制するかの問題を解決するため，FCC は1966年から3回にわたるコンピュータ調査を実施し，裁定を下した。このコンピュータ裁定については第3章（第276条）で部分的に解説したが，ここで全体像をご紹介する。

　1971年の第1次コンピュータ裁定では，実際に行われる通信が音声通信かデータ通信かの判定は個々のケースごとに判断することとした［Regulatory Pricing Problems Presented by the Interdependence of Computer and Communication Services and Facilities, Final Decision and Order, 28 FCC 2d 267 (1971)］。

80年の第2次コンピュータ裁定では，情報の処理，加工が伴うか否かに着目した（情報の処理，加工といってもそれほど高度なことが要求されているわけではなく，ファクシミリ・サービスの例で説明すると，蓄積機能や同報機能がつけば高度サービスに分類される）。伴わない場合は基本サービス（basic services），伴う場合は高度サービス（enhanced services）とし，基本サービスにのみ料金規制などの規制を課したのである。そして，公衆通信事業者に対し独占の通信事業から得た収益を競争のデータ通信事業に流用し，競争上有利に立つことを防止するため，両事業の厳格な分離，具体的にはデータ通信事業を分離子会社で提供することを義務づけた［Amendment of Section 64.702 of the Commission's Rules and Regulations, Second Computer Inquiry, Final Decision, 77 FCC 2d 384 (1980)］。

　しかし，分離子会社要件により内部相互補助は防止できるが，設備，要員の重複によるコスト増が高度サービスの普及を阻害していると判断したFCCは，86年の第3次コンピュータ裁定では分離子会社要件（structural separation requirement）を緩和し，オープン・ネットワーク・アーキテクチュア（以下，"ONA"）を確立する非構造的歯止め（non-structural safeguards）でも構わないとした。ONAは基本サービスを独占する電話会社に，高度サービス提供に必要な基本サービスを，自社が高度サービスに利用する場合と同じ条件で，競争相手の高度サービス業者にも提供することを義務づけるもの。これによって，高度サービス市場における公正競争条件を確保するとともに，基本サービスを独占する電話会社も，分離子会社によらなくても高度サービスを提供できるようになった［Amendment of Section 64.702 of the Commission's Rules and Regulations, Third Computer Inquiry, Report and Order, 104 FCC 2d 958 (1986)］。

　第3次コンピュータ裁定に対しては，連邦，州の管轄権問題もあったため，カリフォルニア州委員会がFCCを訴え，第9控裁が3度にわたって判決を下した。1回目の判決は裁定そのものを無効とした［California v. FCC, 905 F.2d 1217(9th Cir. 1990)］。FCCはただちに裁定を修正する規則を制定したが，ONA規則については当初の第3次コンピュータ裁定の内容と同じものだった［Computer III Remand Proceedings: Bell Operating Company

Safeguards and Tier 1 Local Exchange, Report and Order, 6 FCC Rcd. 7, 571 (1991)]。

93年の2回目の判決はONA規則については無効としなかったため，同規則については第3次コンピュータ裁定が復活した状態が続いた［California v. FCC, 4 F.3d 1505 (9th Cir. 1993)］。

しかし，3回目の判決は「第2次コンピュータ裁定で課した構造分離（具体的には分離子会社）要件を緩和して，非構造分離（同ONA）要件に置き換える必要性についての説明が不十分である」として，再度第3次コンピュータ裁定を無効とした［California v. FCC, 39 F.3d 919 (9th Cir. 1994), *cert. denied*, 514 U.S. 1050 (1995)］。95年FCCは第3次コンピュータ裁定を再修正する手続きを開始したが，完結しないうちに96年法が制定され，地域通信網が全面的に開放されることになった。

次節のとおり，CATVが家庭からの高速インターネット接続の手段として脚光を浴びるとともに，CATV網の開放がホット・イシューになっているが，ONAはFCCがベル会社とGTEに初めて，電話網の開放（オープン・アクセス）を義務づけたもので，これによって，高度サービス事業者は電話線を使用してサービスを提供できるようになった。その後，FCCは92年にも，ISPなどの高度サービス事業者が，地域ベルとGTEのアンバンドルしたネットワーク構成要素に相互接続できるようにする規則を制定した［Application of Open Network Architecture and Nondiscrimination Safeguards to GTE corporation, Notice of Proposed Rulemaking, 7 FCC Rcd. 8664 (1992)］。

これらを競争LECの提供する基本サービスまで拡大したのが96年法である。一見画期的に見える96年法による相互接続義務も，実はFCCが10年前に打ち出した政策なのである。同様に96年法の規制緩和政策も79年にFCCが採用した，競争的事業者規則に端を発している（第11章，第401条参照）。そして，同規則が採用したドミナント規制をNTTの再々編論議で，ようやく検討し始めたわが国と対比する時，FCCの先見性はより鮮明となる。

2．96年法

96年法は第3条で電気通信と情報サービスについて定義した。電気通信は「利用者が選択する情報を，送受信される情報の形態または内容を変更することなく，利用者の指定する2地点間または多地点間で伝送すること」，情報サービスは「電気通信を通じて情報を生成，取得，蓄積，交換，処理，検索，利用，入手できる能力を提供すること」と定義している（47 U.S.C. §103）。インターネット規制派の議員達は，96年法の電気通信の定義によって，同時に電気通信サービスでありかつ高度サービスでもある，情報伝送サービスが生まれたと解した。

3．FCC 規則

FCC は以下の2規則でコンピュータ裁定以来の二分法を堅持した。
①非会計的歯止め規則
96年法第271条および第272条を実施するために96年12月に制定した規則で，FCC は，
- コンピュータ裁定で定義した高度サービスが「情報サービス」である
- しかし，情報サービスは高度サービスより広い概念である
- インターネット・プロトコールにみられるとおり，プロトコール変換を伴うサービスは情報サービスである

ことなどを定めた［Implementaion of the Non-Accounting Safeguards of Section 271 and 272 of the Communications Act of 1934, as amended, First Report and Order and Further Notice of Proposed Rulemaking, 11 FCC Rcd. 21,905, 21,956 (1996)］。
②ユニバーサル・サービス規則
97年5月に制定した同規則で FCC は，インターネット・サービス・プロバイダー（ISP）は，プロトコール変換や蓄積されたデータと交信することにより，情報のフォーマットを変換するので，96年法の定義によって ISP の提供するサービスは電気通信サービスではなく，情報サービスであるとした［Federal-State Joint Board on Universal Service, Report and Order, 12

FCC Rcd. 8776, 9180 (1997)]。

4．ユニバーサル・サービス報告書

　電気通信か情報サービスかが，なぜ問題になるかというと，電気通信事業者はユニバーサル・サービス基金への拠出を求められるが，情報サービス提供者は基金拠出義務を免れるからである。

　具体的にサービスの定義次第で基金を拠出するか，受領するかの境界領域にいたのは，電気通信事業者と情報サービス提供者の性格をあわせ持つ ISP だった。第4章（第254条）のとおり，FCCはユニバーサル・サービス規則で基金拠出義務の適用除外を ISP 以外には認めなかったが，ISP に基金への拠出義務を課さないと，トラフィックがインターネットのネットワークに流れ，基金が不足するおそれが出てくる。基金が不足するとそれを受け取る農村部の LEC は困るため，ISP も基金に拠出させるよう選挙区の議員に働きかけた。

　97年10月，議会は FCC の98年予算を決めた法律で，FCC にユニバーサル・サービスの基本的な問題について報告することを義務づけた［Departments of Commerce and Related Agencies Appropriations Act, 1998, Pub. L. No. 105-119, 111 Stat. 2440, 2521-2522］。

　98年4月，FCC は報告書を議会に提出した［Federal-State Joint Board on Universal Service, Report to Congress, 13 FCC Rcd. 11,501 (1998), at 11,507-11,511 に概要］。報告書は ISP を従来どおり情報サービス提供者と位置づけ，基金への拠出義務を免除した。しかし，FCC は伝送設備を保有して，データ伝送を行う ISP に対し，基金への拠出を命ずる権限を持つとし，拠出を命ずるか否かは次回の規則制定時に検討することとした。

　ISP の提供するサービスの中で，電気通信事業者が特に問題視したのはインターネット電話サービスだった。インターネットは交換機や回線を効率よく使用するため，品質は悪いがコストも安い。このため特に通話料の高い遠距離の長距離通信に対しては価格競争力が出てくる。IXC としては料金の格差が設備コストの格差にもとづくものなら致し方ないが，ユニバーサル・サービスのため費用負担の有無にもよるものだとするとハンディキャップを負

うことになる。インターネット電話といっても，双方もしくは一方の端末がコンピュータならまだしも，双方が電話となると利用形態は電話と全く変わりない。このため，FCC は電話対電話のインターネット電話については，電気通信サービスとしてユニバーサル・サービスへの貢献を要求されるかもしれないとした。ただし，その時期についてはまだ判断材料不十分としてこれも先送りした ［Id. at 11,532-11,553］。

5．アクセス・チャージ

　80年の第2次コンピュータ裁定で，基本サービスと高度サービスの二分法を導入，高度サービスを非規制とした FCC は，高度サービスに対しては料金規制を含め一切の規制を差し控えた。このため，コンピュータを使用した高度サービスの提供者である ISP は，アクセス・チャージの支払いを免れた。アクセス・チャージ負担を課すことにより，新たに誕生した産業の成長の芽を摘み取らないようにとの配慮からだった ［MTS and WATS Market Structure, Memorandum Opinion and Order, 97 FCC 2d 682 (1983)］。

　発信 LEC と着信 LEC の両方の設備を使わないと通信を完了できない点では，IXC と何ら変りのない ISP を通信事業者ではなく，地域通信の加入者すなわちエンド・ユーザとみなし，加入者アクセス・チャージは課したが，IXC のように事業者アクセス・チャージや伝送相互接続料を課すことはしなかった ［Amendment of Part 69 of the Commission's Rules Relating to Enhanced Service Providers Order, Order, 3 FCC Rcd. 2631 (1988)］。96年法を受けたアクセス・チャージ規則の改定でもこの考えを堅持した ［Access Charge Reform, First Report and Order, 12 FCC Rcd. 15,982 (1997)］。

　99年2月，次項で解説する相互補償についての規則で，FCC は，
① ISP への通信は ISP のサーバを通じて他州，他国のコンピュータにアクセスするため，FCC の管轄する州際通信である
②しかし，長距離通信通信に課すアクセス・チャージについては現行どおり免除する
とした ［Implementation of the Local Competition Provisions in the Telecommunications Act of 1996, Inter-Carrier Compensation for ISP-

第14章 新たな課題 *295*

Bound Traffic, Declaratory Ruling in CC Dkt. No. 99-68, FCC 99-38, 14 FCC Rcd. 3689 (1999)]。

　州内通信とすると州委員会の管轄となることもあって，州際通信としたものだが，これにより②でアクセス・チャージは課さないとしたにもかかわらず，アクセス・チャージを課す途を開いたのではないかという不安が広がった。このため，FCC は急遽，ケナード委員長名で質疑応答集を発表し，課金の可能性を否定した［Answers from FCC Chairman William E. Kennard Concerning Reciprocal Compensations for Dial-up Internet Traffic, Feb. 26, 1999］。

6．相互補償

　相互接続について定めた第251条（第1章参照）は，
①すべての電気通信事業者に相互接続の義務（47 U.S.C. §251(a)）
②すべての LEC に五つの義務（同(b)）
③既存 LEC にはさらに六つの義務（同(c)）
を課した。②の一つに「通話の伝送，着信に対する相互補償を明確にすること」があった。

　相互補償料もアクセス・チャージ同様，相互接続料である。相互接続料は発信事業者が通信を完了するために協力してもらった着信事業者に支払う対価なので，96年法も相互補償料は発信 LEC が着信 LEC に支払うよう定めた。しかし，発信 LEC, IXC, 着信 LEC と三つの事業者が関与する長距離通信において，IXC は発着双方の LEC にアクセス・チャージを支払っている。

　第1章（第251条）のとおり，既存 LEC と競争 LEC とも発着信のトラフィックが均衡すれば，相互補償料も均衡するはずだった。ところが，インターネットの急速な普及がこの想定を狂わせた。ISP のトラフィックは，インターネット加入者からの着信が主で，発信は少ない。ここに目をつけた競争 LEC は，積極的に ISP を顧客に取りこんだ。このため，既存 LEC は自社の加入者から競争 LEC の ISP に着信する地域通信の相互接続料を相互補償料として支払うことになった。ISP への通信はインターネット接続のため，音声通信より長時間にわたりがちなことも手伝って［米国では市内通話には

定額制料金が普及しているため，加入者が LEC に支払う料金は通話時分に関係ないが，LEC 同士の相互補償料は分単位で課される]，競争 LEC への支払い額は月6000万ドルにも上った [NEWSBYTES, June 22, 2000]。

競争 LEC は既存 LEC の加入者からの ISP への通信は，ISP のサーバーに着信するので，当然，地域通信であると主張した。ところが，インターネットのトラフィックは ISP のサーバーを通じて，他州，他国にあるコンピュータの情報にアクセスする。このため，既存 LEC は実質，長距離通信である ISP への通話に LEC に課す相互補償料を適用するのは間違いであると主張した。

99年2月，FCC は ISP のトラフィックは管轄権の観点からは州際通信であるとして，FCC の管轄権を保持しつつ，競争 LEC の ISP に着信する通信に関して，既存 LEC が相互補償料を支払うべきか否かの決定を州委員会に委ねる規則を出した [*supra* page 294]。FCC の決定に先だって29州の州委員会は，ISP への通信は（FCC の管轄する州際通信ではなく）地域通信であるため，既存 LEC は相互補償料を支払わなければならないとする決定を下していた。

州際通信とすれば相互補償料は課されないし，FCC の管轄となるが，アクセス・チャージの支払い義務が生じる。しかし，アクセス・チャージについては上記のとおり ISP をエンド・ユーザとみなして支払いを免除した。このように FCC は過去の経緯も踏まえ，対立する利害関係者の言い分も少しずつ採り入れるため，理論的整合性のない決定も往々にして生じる（逆にいえば既得権を大幅に侵害するような大胆な決定はできない）。このため，しばしば訴訟が提起されるが，相互補償料の規則もその例外ではなかった。

ベル・アトランティックからの提訴を受けたワシントン控裁は2000年3月，「ISP がさらに呼を発信することは，必ずしも ISP に着信する最初の呼が市内呼でないことを意味しない。ISP はピザ屋，旅行代理店，タクシー会社などと全く変らない。ISP がなぜインターネット接続という製品を販売する，通信ビジネスに従事するエンド・ユーザとみなせないのか。その理由を FCC は十分説明していない」として FCC 規則を無効とした [Bell Atlantic v. FCC, 206 F.3d 1 (D.C. Cir. 2000)]。議会にも相互補償料を廃止する法案も提

出されているが，これについては次節で紹介する。

第2節　ブロードバンド規制

1．96年法第706条

インターネット規制について96年法は明文で規定しなかったが，電気通信，情報サービスなどの用語の定義がコンピュータ裁定を変更したような解釈の余地を残したため，議会の指示にもとづきFCCは再検討し，結果的には同裁定を堅持した。対照的に高度電気通信規制について96年法は第706条により明文で規定した。

(1)　第706条(c)

高度電気通信について定義した第706条(c)によれば，「高度電気通信能力（Advanced Telecommunications Capability）」は「高品質の音声，データ，グラッフィクおよび映像を伝送する高速，交換，広帯域（broadband）電気通信能力」とブロードバンドも含めた概念となっている。そのブロードバンドについて，FCCは後記(2)で紹介する第706条(b)で義務づけられた調査の報告書で，「ラストマイルにおいて，プロバイダーから顧客（下り），顧客からプロバイダー（上り）の両方向とも1秒間に200キロビット（既存の電話回線を利用したインターネット接続が56キロビットなので，約4倍早い）を超える速度をサポートする能力」と定義した［Inquiry Concerning the Deployment of Advanced Telecommunications Capability to All Americans in a Reasonable and Timely Fashion, and Possible Steps To Accelerate Such Deployment Pursuant to Section 706 of the Telecommunications Act of 1996, 14 FCC Rcd. 2398 (1999)］。

その後，このブロードバンドの用語が一般化し，99年10月，FCCが業界の最新の動向をまとめた報告書も"Broadband Today"と題しているため，以下，第706条の条文がらみの場合以外はブロードバンドを使用する。また，第706条は（特に小中学校および教室を含む）すべてのアメリカ人に高度電気通

信能力を提供することをねらいとしているが，主眼は住宅市場にある［厳密には日本でもすっかりなじみになったSOHO（Small Office Home Office）市場も含むが，SOHO市場も字義のとおり自宅をオフィスにするため基本的に住宅市場とみなしてよい］。

　競争LECも儲かるビジネス市場をまずねらうため，住宅市場では競争が働かず高度電気通信の普及が遅れる恐れがある。そこで，第706条で普及促進のための規制を認めたもので，競争が働くビジネス市場については規制の必要はない。高度サービスを非規制としたコンピュータ裁定が生きていることになるが，コンピュータ裁定も高度サービスは競争市場のため非規制としたので，考え方は同じである。

　ブロードバンド・サービスを提供するには回線をブロードバンド化しなければならない。電話局間の回線はブロードバンド化されているため問題ないが，問題はナローバンドのまま残されている，電話局から家庭までの回線のブロードバンド化である。この問題が一般的にラスト・ワンマイル（最後の1マイル，1マイルは1.6キロメートル）の問題として認識され，FCCの報告書もラストマイルの伝送速度でブロードバンドを定義している事実も，ブロードバンド規制が主として住宅市場を対象としたものであることを裏付けている。光ファイバー・ケーブルをビルに引き込むことにより，電話局からの回線もブロードバンド化している大規模事業所などでは，そもそもラスト・ワンマイル問題は存在しないからである。

　ブロードバンド規制は96年法で規定したにもかかわらず，新たな立法をめぐる動きがある点でも規制当局が直面する最重要課題であるといえる。第3章（第271条）のとおり，第271条も新たな立法をめぐる動きがあったが，96年法制定後，4年近くかかってベル会社の長距離通信進出が実現したため消滅した。ブロードバンド規制については第105議会（97～98年）で取り上げられ，第106議会（1999～2000年）を経て，第107議会（2001～02年）に持ち越されたが，後記5のとおり成立の見通しも十分あるので，第706条が現時点では96年法で最も論議を呼んでいる条項といえる。

(2)　第706条(a)，(b)

第706条(a)は「FCCと州委員会にすべてのアメリカ人に高度電気通信を提供する政策を推進することを義務づけた」。また，第706条(b)は，米国民すべてが高度通信能力を利用可能かどうかの調査を定期的に実施することをFCCに義務づけた。99年2月，FCCは最初の調査報告書を議会に提出した。報告書は現在CATV会社から35万，電話会社から2.5万の計37.5万ユーザーが，ブロードバンド・サービスを利用しており，高度電気通信サービスの展開について結論を出すのは時期尚早だが，テレビやセルラー電話などこれまでの通信技術と比べても遜色のないスピードで普及しつつあるとしている [*supra* page 297]。

706条の起草者であるバーンズ上院議員（共和党）は，2％以下の世帯普及率でタイムリーとは，第706条を読み違えているとFCCを批判，地域ベルに高度設備への投資のインセンティブを与えないと，地域のブロードバンドが取り残されることを恐れる農村部の議員らと第706条の修正に乗り出した。こうした議会の動きについては後記5で解説する。

2000年8月，FCCは第2回目の報告書で，ケーブル・モデムが87.5万に，DSLが11.5万に成長した99年の数字にもとづき，DSLが急成長していること，高度電気通信が全体としてタイムリーに展開していることなどを指摘した [Inquiry Concerning the Deployment of Advanced Telecommunications Capability to All Americans in a Reasonable and Timely Fashion, and Possible Steps To Accelerate Such Deployment Pursuant to Section 706 of the Telecommunications Act of 1996, CC Dkt. No. 98-146, FCC 00-290 (Aug. 21, 2000)]。FCCの報告書のとおり，ブロードバンド・サービスを実現する方法としては，ケーブル・モデムを使用して，CATV回線をパソコンに接続する方法と，デジタル加入者線（Digital Subscriber Line: 以下，"DSL"）をパソコンに接続する方法がある。いずれの方法を採るにせよ，ラスト・ワンマイルをデジタル化しなければならない。世帯普及率ではCATVの70％に対し，94％の電話が上回るが，ラスト・ワンマイルのデジタル化でCATVが先行しており，利用者数もケーブル・モデムが優位に立っている（表14-1参照）。

電話はツリー式配線（電話会社が根元，加入者が葉に相当する）を採用し

表14－1　ケーブル・モデムと DSL

	ケーブル・モデム	ＤＳＬ
使用方法	CATV 回線にモデムで接続	電話回線に接続（通話中でも高速インターネット接続が可能）
長　　所	最終的には全 CATV 加入者に接続可能	伝送速度が保障されている
短　　所	モデム接続の加入者が多い地域では伝送速度が落ちる	電話局の比較的近くに住んでいないとサービスを受けられない
サービス提供可能世帯数	2700万	1100万
サービス利用世帯数	110万	32万
全米の過半数の世帯にサービス提供できる時期	2000年中	2002年中
架設費用	500〜600ドル	500〜600ドル
標準伝送速度	400〜500キロビット	500キロビット

注：99年末の数字
出所：N.Y. TIMES, Jan. 17, 2000.

ているが，CATV はループ式配線を採用している。このため，ケーブル・モデムは加入者が増えると伝送速度が落ちるという問題を抱えているが，DSL にはより大きな問題がある。電話局から3マイル以上離れた加入者には提供できないのである。このため，電話会社は DSL サービスを，ラスト・ワンマイルを光ファイバー化する FTTH（Fiber To The Home の略）が実現するまでのつなぎとして位置づけている。

2．DSL

(1) GTE

98年5月，独立系最大の電話会社 GTE はエンド・ユーザと ISP を DSL で結び，高速インターネット接続を可能にするサービスのタリフ（tariff，料金表を含む営業規則）を FCC に申請した。DSL は89年にベルコア［84年の

AT&T分割により，ベル研究所は地域ベルが共同出資するベルコアに改変された］がビデオ・オン・デマンド・サービスを提供するために開発，同サービスが本格化しなかったため（第7章，第653条参照），休眠していた技術だった。次項で解説するケーブル・モデムによる高速インターネット接続でCATV会社の先行を許した電話会社は，ラスト・ワンマイルを光ファイバー化しなくても，既存の電話線を使ってCATV会社に対抗できるこの技術を再評価した。

　タリフ申請で提起された最大の問題は，DSLサービスが州委員会の管轄する州内サービスか，FCCの管轄する州際サービスかだった。98年10月FCCは，ISP経由でインターネットに接続される通話は，ISPの市内サーバーに着信するのでなく，他州または外国にあるウェブに着信するため，州際サービスであると認定した。FCCはこの決定はGTEのDSLサービスについての決定で，ダイヤルアップでISPにつなぐインターネット接続が，州内通信か州際通信かについては追って命令を出すとした［GTE Telephone Operations, GTOC Tariff No. 1, GTOC Transmittal No. 1148, Order Designating Issues for Investigation, 13 FCC Rcd. 15,654 (1998)］。

　99年2月に出されたFCC命令は，ダイヤルアップのインターネット接続についても州際通信であるとした［*supra* page 294］。

(2)　地域ベル

　GTEと同じ既存LECでもエリア内の長距離通信進出に際し，地域通信市場の競争開放要件（第271条の14項目のチェック・リスト）を課された地域ベルは，14項目のチェック・リストを満たせずにエリア内の長距離通信への進出を果たせないでいた。一方，96年法制定のきっかけともなったNII構想が実を結び，インターネットが急速に普及したため，通信回線を流れるトラフィックは，電話に代表される音声通信に比してインターネットに代表されるデータ通信のウェイトが高まった。

　このため，地域ベルはデータ通信へのシフトでIXCなどのライバルに遅れをとらないよう，すべてのアメリカ人に高度電気通信を提供することを規制当局に義務づけた第706条に目をつけた。エリア内のDSLサービスなどの長

距離データ通信事業に進出するため，以下の請願を98年1月から3月にかけて行なった。
① 「第251条(c)(3)による規制」の差し控え
　既存 LEC に課されている，設備のアンバンドルや再販を高速データ通信サービスには適用しない。
② 「第271条による規制」の差し控え
　地域ベルがエリア内で長距離通信を提供する際に，満たさなければならない地域通信を競争に開放するという引換え条件を，高速データ通信サービスには適用しない。
③ LATA 境界の変更
　高速データ通信サービスには州全域を 1 LATA とするデータ LATA を設定する。現在 LATA は193あるので，地域ベルはこれまでより 4 倍（193／52州）広いエリアで高速データ通信サービスを提供できるようにするもの。

　地域ベルは第13章（第 2 節）のとおり，第 8 控裁が FCC の相互接続規則を96年法違反とした97年 7 月の判決で，「第251条(c)(3)がアンバンドルを要求しているのは，既存 LEC の既存のネットワークだけで，今後構築するネットワークは含まないと解される」と判断した［Iowa Utilities Board v. FCC, 120 F. 3d 418 (8th Cir. 1997)］のを根拠に①を主張した。競争 LEC は既存 LEC のデジタル・ネットワークをアンバンドルすることが，すべてのアメリカ人に高度通信を可能にする最も早く，効果的な方法である，すなわち第706条の趣旨に沿っている」として，デジタル技術にも当然アンバンドル条項が適用されると反論した。

　98年 8 月，FCC は「命令および規則制定提案告示」を採択した［Deployment of Wireline Services Offering Advanced Telecommunications Capability, Memorandum and Order, and Notice of Proposed Rulemaking, 13 FCC Rcd. 24,011 (1998)］。
①についてはまず命令部分で，「96年法は技術に関係なく適用されるので，既存 LEC はネットワークのいかん（音声通信用のネットワークかデータ通信用のネットワークか）にかかわらず，設備アンバンドルや再販の義務を負う」

との理由で却下した。しかし，規則制定提案告示部分で，「既存 LEC が分離子会社を通じてデータ通信事業を行うのであれば，アンバンドルや再販の必要はない」との暫定的結論を下して，関係者に意見を求めた。

②については命令部分で，「FCC は第271条の実施前にこれを差し控える権限を有してない」との理由で却下した。

③についても命令部分で，「実質的に第271条の差し控えになる」との理由で却下した。

(3) コロケーション規則

第1章（第251条）のとおり，コロケーションはもともと競争 LEC の前身である競争アクセス事業者が，自前の伝送設備をローカル電話会社の局舎に引き込むことを要請，FCC は数回の審理を経て，92年の専用線サービスについで，93年には電話サービスについても認めた［Expanded Interconnection with Local Telephone Company Facilities, Second Memorandum Opinion and Order on Reconsideration, 8 FCC Rcd. 7341 (1993)］。しかし，回線だけ最寄りのマンホールに引き込み，それ以降の保守は既存 LEC が引き受ける，擬似的コロケーションを交渉する余地を与えたとはいえ，要請されれば，競争アクセス事業者の伝送設備を既存 LEC の局舎内に引き込む，物理的コロケーションの提供を義務づけられた既存 LEC は，正当な補償なしに私的財産を公共用に収用することを禁じた憲法修正5条（U.S. CONST. amend. V）に違反するとして提訴した。

規則に違憲の疑いがあることから，同控裁は34年法が FCC にそうした規則を制定する権限を付与したか否かについて審査した結果，LEC の局舎内に第3者設備の設置を許可する権限は FCC に与えられてないとの結論に達した［Bell Atlantic Tel. Cos. v. FCC, 24 F.3d 1441 (D.C. Cir. 1994)］。

96年法は地域通信に本格的競争を導入するため，違憲判決を受けた FCC 規則よりもさらに踏み込んで，不可能な場合（その場合のみ擬似的コロケーションでもよい）を除き，物理的コロケーションを義務づけた（47 U.S.C. 251(c)(6)）。前回と異なり法律上のお墨付きを得た FCC は99年3月，96年法の規定を肉付けする規則を制定した。競争 LEC がコロケーション要件を満た

すにはかなり時間と経費がかかる。これがブロードバンド・サービス普及の障害とならないよう，コロケーション要件を簡素化した規則である［Deployment of Wireline Services Offering Advanced Telecommunications Capability, First Report and Order and Further Notice of Proposed Rulemaking, 14 FCC Rcd. 4761 (1999)］。

　GTE など既存 LEC は今度はこの規則が96年法に違反しているとして訴えた。提訴を受けたワシントン控裁は2000年3月，以下を骨子とする判決を下した［GTE Service Corp. v. FCC, 205 F.3d 416 (D.C. Cir. 2000)］。
①既存 LEC は「競争 LEC が相互接続に『使用するか有用な』(use or useful) 設備をコロケーションさせなければならない」とするのは，「競争 LEC が相互接続に『必要な』(necessary) 設備をコロケーションさせなければならない」とする96年法第251条(c)(6) (47 U.S.C. §251(c)(6)) を拡大解釈しており，違法である。
②競争 LEC にコロケーション・スペースの選択権を与えるのも同様に違法である。
③既存 LEC に対し，柵で囲わない(cageless)スペースに競争 LEC の設備のコロケーションを義務づけるのは違法ではない。

　2000年8月，FCC は③の柵で囲わないコロケーションも含めた物理的コロケーションを競争 LEC が要請した場合，既存 LEC に90日以内に提供することを義務づけるとともにワシントン控裁で違法とされた①，②について意見を求める規則を制定した［Deployment of Wireline Services Offering Advanced Telecommunications Capability and Implementation of the Local Competition Provisions of the Telecommunications Act of 1996, Order on Reconsideration and Second Further Notice of Proposed Rulemaking in CC Docket No. 98-147 and Fifth Further Notice of Proposed Rulemaking in CC Docket No. 96-98 (Aug. 10, 2000)］。

(4)　回線共同使用規則

　既存 LEC はこれまで，1回線を音声と高速データに共用してブロードバンド・サービスを提供しているが，競争 LEC はブロードバンド・サービスを

提供するために既存 LEC からブロードバンド専用に別回線を借りなければならない。これもブロードバンド・サービス普及の障害とならないよう，FCC は99年11月，競争 LEC の高速データを自社の音声回線で運ぶことを既存 LEC に義務づける規則を制定した［Implementation of the Local Competition Provisions of the Telecommunications Act of 1996, Third Report and Order and Fourth Further Notice of Proposed Rulemaking, 15 FCC Rcd. 3696 (2000)］。

3. ケーブル・サービスの規制

電気通信の高度サービスに対する規制を解説するに際し，コンピュータ裁定まで遡ったように，CATV のブロードバンド・サービス規制について解説するにもやはり歴史を紐解かなければならない。

(1) 84年ケーブル法

ケーブル・サービスを「加入者にビデオ番組（地上波放送のテレビ番組に相当するもの）を片方向で送信するサービス」と定義した（47 U.S.C. §522(6)(B)）。送信とコンテンツ（番組）を統合したサービスのため，相互接続やアンバンドル要件は課されなかった。CATV や放送は送信とコンテンツを統合したサービスだからこそ，第8章（第1節）のとおり，内容について責任を負う（名誉毀損の被害者から訴えられる）が，来る者を拒むことができる（公衆通信事業者規制を受けない）。これに対し，電話会社は内容についての責任は問われない（たとえば名誉毀損の情報を伝送したとしても，被害者から訴えられない）が，来る者を拒めない（公衆通信事業者規制を受ける）のである。84年ケーブル法の定義では双方向の CATV を通じたインターネット関連サービスが，ケーブル・サービスに含まれる余地はなかった。

(2) 96年法

第7章（第301条）のとおり，96年法はケーブル・サービスの定義に「ビデオ番組利用に必要な加入者のインターアクション」を加えた。協議会報告書は「高度サービスだけでなく，CATV 会社の提供するゲーム・チャンネルや

情報サービスなどの双方向（interactive）サービスを含むことを意図した」としている。協議会報告書のようにケーブル・サービスが高度／情報サービスを含むことになり，ISP の提供するインターネット関連サービスが高度/情報サービスに該当するのであれば，ケーブル・サービスはその定義上，インターネット関連サービスを含むことになる。これは同じインターネット関連サービスを電話会社が提供する場合と CATV 会社が提供する場合で，異なる扱いを受けることを意味する。電気通信サービスは34年法第II編が適用され，第１章（第251条，252条）のとおり相互接続やアンバンドル要件が課されるが，同じく第 VI 編が適用されるケーブル・サービスだとそうした要件は課されない。

　そもそも34年法は，第II編「有線電気通信」，第III編「無線通信および放送」，第IV編「ケーブル通信」というように通信産業の分野ごとに異なる規制を行なってきた。競争促進，規制緩和の96年法もこの枠組みを変えなかった。その96年法が通信の中での地域通信，長距離通信間の垣根，そして通信，CATV，放送間の垣根を取り払ったことが，皮肉にも96年法も踏襲しているこれまでの規制の枠組みの問題点を露呈する結果をもたらした。

　競争 LEC の加入者は既存 LEC の DSL 回線を使用して，既存 LEC の加入者と同じ料金で，ブロードバンド・サービス，具体的には高速インターネット接続サービスが受けられる。既存 LEC は DSL 回線のアンバンドルを義務づけられているからである。CATV 会社のブロードバンド・サービスであるケーブル・モデムを通じた高速インターネット接続サービスは，そのサービスを提供している CATV 会社の加入者でないと享受できない。CATV 会社にはネットワーク開放義務は課されていないからである。

　CATV 網の開放については，オープン・アクセスの他にアンバンドルという言葉も使われるが，上記(1)のとおり，CATV は通信とコンテンツをバンドルしたサービスであるため，コンテンツを切り離して，通信サービスだけを提供すること，つまりハードとソフトのアンバンドルをさしている。ハードを細分化して，具体的には通信設備を最低 7 機能以上にアンバンドルして，必要な設備だけ競争 LEC に貸す電話のアンバンドル(第１章，第251条参照)とは，ニュアンスが異なるため，CATV 網の開放を意味する場合はオープ

ン・アクセスを使用する。

4．CATV 会社の買収合戦

CATV 会社のオープン・アクセス問題を提起したのは AT&T による CATV 会社買収だった。AT&T は82年の修正同意判決によって地域ベルを切り離され，地域通信事業への進出を禁じられたが，長距離通信，地域通信の垣根を取り払った96年法により再び地域通信に進出できることになった。第1章（第252条）のとおり，AT&T はまず既存 LEC から設備を再販してもらって地域通信に進出することを考えたが，既存 LEC の卸売割引率では引き合わないため，自前の設備を保有して進出する作戦に切り替えた。しかし，設備を一から構築していては時間がかかるため，米企業の常套手段である買収に訴え，97年に SBC コミュニケーションズの買収を発表した。パシフィック・テレシス買収により，その時点で最大の地域ベル SBC の買収計画には，ベル母さん（分割前の AT&T の愛称）の復活ということで反発が強かったため断念した。

AT&T は CATV 会社の買収に切り替えたが，70％近くの家庭に普及している CATV による地域通信サービス提供は，96年法後もほとんど進展していない住宅市場への競争導入につながるため，反発どころか歓迎された。ところが，ケーブル・モデムは現時点では高速インターネット接続実現の最も有効な手段である。この市場を巨人 AT&T が支配することをおそれた ISP や地域ベルがオープン・アクセスを要求したため，この問題がにわかに脚光を浴びることになった。

(1) AT&T の TCI 買収

98年6月，AT&T は CATV 業界第2位のテレ・コミュニケーションズ社（以下，"TCI"）を535億ドルで買収すると発表した。TCI は高速インターネット・サービス大手のアットホーム（＠Home）の40％の株式を保有しているため，電話回線を使用したダイヤルアップのインターネット接続では全米一の ISP であるアメリカ・オンライン（以下，"AOL"）がこの買収に危惧を抱いた。DSL を使用したインターネット接続では，電話会社との提携が進みつ

つあったが，ケーブル・モデムによる高速インターネット接続では，アットホームとロードランナー（CATV業界最大手のタイム・ワーナー系）の2社が市場を支配し，非協力的だったため，高速インターネット接続競争に乗り遅れまいとするAOLを苛立たせた。AOLは他のISPもアットホームと同等の条件で高速インターネット接続できるようにすべきだと主張した。

具体的にAT&T/TCIは，高速インターネット接続を希望するAOLの顧客に，アットホームの顧客が支払っている接続料月約40ドルを払えば接続するとしたが，AOLの顧客がインターネット接続のためにAOLに支払う，月約20ドルに加えて40ドルを支払うのでは，高速インターネット接続に移行しないため，総額約40ドルでの接続を主張したのである。AOLは地域ベルのUSウエストなどとともに，CATV会社に対してオープン・アクセスを求めるオープン・ネット同盟を結成した。

AT&T/TCIは高速インターネット接続のためのインフラが，ライバルにただ乗りされてしまっては，ネットワークを高度化するための設備投資のインセンティブがわかないと反論したが，AOLもAT&T/TCIがインターネットによる画像伝送のコンピュータ標準を支配しようとしていると応酬した。98年12月，買収・合併を反トラスト法の観点から審査する司法省は，AT&T/TCIの合併をオープン・アクセス問題には関係ない条件付で承認した。

買収・合併を公共の利益の観点から審査する，FCCも99年2月，オープン・アクセス条件を付けずに合併を承認した。ケナード委員長はオープン・アクセスを当面義務づけない理由を，「高速インターネット事業はまだ揺籃期にあり，規制より普及が優先する」と説明した。この結果，買収発表では先行した地域ベル同士の合併，具体的にはSBCコミュニケーションズによるアメリテック買収，ベル・アトランティックによるGTE買収よりも先に規制当局の承認が得られ，実現することになった。

地域ベル同士の合併発表時には懸念を表明したケナード委員長も，AT&TによるTCI買収の発表は歓迎した。96年法制定後2年以上経過しても，わずか2％の競争LECのシェアが示すとおり地域通信の競争が一向に進まないこと，その競争LECがねらうのも大規模ビジネス・ユーザで，住宅加入者は当分競争の恩恵にあずかれそうもない状況にあったことなどから，全米3

分の2の世帯に普及している，CATVを利用しての地域通信サービス提供は歓迎するのも当然である。

　連邦レベルでは規制当局の承認が難なく得られた買収も，地方レベルでは必ずしもそうではなかった。CATV局のフランチャイズ付与権限は地方公共団体（市や郡）が持っているため，TCIのフランチャイズをAT&Tに移譲するためには地方公共団体の承認が必要である。TCIがフランチャイズを保有する数百に上る地方公共団体のほとんどが無条件で移譲を承認したが，オレゴン州ポートランド市と周辺の郡は99年1月，TCIのケーブル・モデム・ネットワークに対するオープン・アクセスを条件に移譲を承認した。高速ネット・サービス市場への競争導入がオープン・アクセス条件付与の理由だった。

　AT&T/TCIはこれを受け容れることを拒否し，オレゴン州連邦地裁に，ポートランド市と周辺の郡はフランチャイズ権移転の審査権を拡大解釈しているため，命令は違法かつ無効であるとして提訴した。99年6月，同地裁は「市と郡にはAT&Tのケーブル・フランチャイズを承認する条件として，オープン・アクセスを要求する権限がある」として，ポートランド市と周辺の郡の決定を支持する判決を下した〔AT&T, TCI v. City of Portland and Multnomah County, No. CV 99-65-PA (D.Or. June 4, 1999)〕。

　AT&T/TCIの上訴を受けた第9控裁は2000年6月，「ケーブル・ブロードバンド・サービスは電気通信サービスなので，FCCが通信法にしたがって監督すべきで，市と郡にはオープン・アクセスを要求する権限はない」として地裁判決を覆した〔AT&T Corp. v. City of Portland; Multnomah County, 216 F.3d 871 (9th Cir. 2000)〕。インターネットの双方向性に着目して，ケーブル・サービスではなく，電気通信サービスと位置づけたものだが，これはFCCにとっては監督権を認められたといって，手放しで喜べない理由づけである。上記3項のとおり電気通信サービスとなると34年法第II編が適用され，オープン・アクセス義務が生じるからである。

(2)　AT&Tのメディアワン買収

　業界第2位のTCIの買収が完了した翌99年4月には，AT&Tは業界第4位のメディアワンの買収を発表した。メディアワンは業界第3位のコムキャ

ストによる買収に合意していたが，AT&T はコムキャストの買収価格480億ドルを上回る現金540億ドル＋株式交換600億ドルをメディアワンに提示，99年5月，買収が決まった。たたみかけるような AT&T の CATV 攻勢に，TCI の買収時には歓迎の意を表した FCC のケナード委員長は一転して，「買収の規模や範囲だけでなく，新たな法政策上の問題を提起していることから，慎重な審査が必要だ」と述べた。

　TCI の買収もケーブル・モデムを通じた高速インターネット接続の規制という，新たな法規制上の問題を提起したが，メディアワンの買収は高速ネット接続の問題を再提起しただけでなく，別の新たな規制問題も生み出した。まず高速ネット接続市場は既述のとおり，TCI の買収で AT&T 傘下に入ったアットホームと，タイム・ワーナーやメディアワンの保有する，ロードランナーが75％のシェアを占める複占市場だったが，メディアワンの買収でAT&T 独占のおそれがでてきたのである。買収が提起した新たな規制問題は，AT&T の CATV 市場支配の問題である。TCI 買収時には，地域ベルの住宅電話市場独占に楔を打ち込んだため歓迎された AT&T だが，連続買収となると CATV 市場を支配するおそれを抱かせるのは無理もない。

　92年ケーブル法は FCC に CATV 会社が獲得できる加入数の上限を設定することを義務づけた (47 U.S.C. §533(f)(1)(A))。93年 FCC は1社の加入数のシェアを30％までとする規則を制定した [Second Report and Order, Implementation of Sections 11 and 13 of the Cable Television Consumer Protection and Competition Act of 1992, 8 FCC Rcd. 8565 (1993)]。

　メディアワンはタイム・ワーナーのケーブル・システムを所有する，タイム・ワーナー・エンターテイメントの25.5％の株式を保有している。この分をカウントすると，買収により全米の42％を占めることになる。シェア30％の上限はもともとメディアの資本集中が，民主主義の根幹をなす表現の自由を揺るがさないよう設定された。しかし，タイム・ワーナーなどの CATV 会社は，92年ケーブル法の規定が CATV 会社の表現の自由を侵害しているとする違憲訴訟を提起，93年にワシントン地裁は違憲判決を下した [Daniels Cablevision, Inc. v. U.S., 835 F. Supp. 1 (D.D.C. 1993)]。

　上訴を受けたワシントン控裁は，2000年5月地裁判決を覆す合憲判決を出

した。同控裁は92年ケーブル法の規定が表現内容中立規制であるため中間審査を適用し（表7-1参照），思想，言論の多様性の促進，競争の維持などの重要な政府利益を追求するために，1社がサービス提供できる加入数に上限を設定しても，CATV会社の表現の自由の侵害にはあたらないとした［Time Warner Entertainment Co. v. U.S., 211 F.3d 1313 (D.C. Cir. 2000)］。

このように高速インターネット接続とCATVの二つの市場を支配するおそれを抱かせた，AT&Tによるメディアワンの買収は，規制当局の承認を得るのにもTCI買収時より時日を要した。しかし，承認の下りるまで最長で2年近くかかった（SBCコミュニケーションズによるアメリテックの買収の例），地域ベル同士の買収・合併にくらべれば，はるかに短い1年強で承認が得られた。

2000年5月まず司法省が，メディアワンの保有する34％のロードランナーの株式売却を条件に買収を認めた。ついで2000年6月，FCCもAT&Tに対し，買収により42％まで上昇するCATV市場におけるシェアを，以下三つのいずれかの方法で30％以下に下げることを条件に買収を承認した。

①メディアワンの保有するタイム・ワーナー・エンターテイメントの25.5％の株式を売却する。

②TCIの買収により保有することになった番組供給会社，リバティー・メディア・グループを売却することにより，タイム・ワーナー・エンターテイメントへの番組供給を停止する。

③買収により3400万に達する加入者のうち，970万加入分のケーブル・システム（CATV会社は都市ごとに異なるケーブル・システムを保有しているが，970万加入に相当するケーブル・システム）を売却する。

しかし，ここでもオープン・アクセス要件は課されなかった。AT&Tはただちにメディアワンを440億ドルで買収したが（買収額が下がったのはAT&Tの株価が買収発表時より下落したため），買収後半年以内に上記三つの条件のいずれかを実現することを義務づけられている。

CATV会社2社の買収にはオープン・アクセスを要求されなかったAT&Tは99年12月，アット・ホームとの現行の排他的接続契約が2002年に満了した後は，非系列ISPと接続契約の交渉に入ることを約束する発表を行った。

自主的開放を宣言したわけだが，時期も2002年と先だし，接続料金(AOLが主張したようにアットホームの加入者と同額の月額40ドル— AOLに支払う非高速インターネット接続料金20ドルも含め—で接続できるのか) も未定である。

(3) AOL，タイム・ワーナーの合併

2000年1月，AOLはCATV業界第1位のタイム・ワーナーとの合併を発表した［タイム・ワーナーは99年2月，AT&Tとの提携を発表した。AT&T77.5%，タイム・ワーナー22.5%出資の合弁会社を設立，今後20年間AT&Tがタイム・ワーナーのCATV網を独占的に使用して，地域・長距離・国際を統合した電話サービス，高速インターネット・サービスを提供する計画だったが，提携契約締結に至る前にAT&TのライバルAOLと合併することになった］。ロビー活動によって，議会やFCCに働きかけるより，早く結論の出る市場による解決，すなわち当事者間の交渉によるビジネスでの解決に訴えたのである。

合併後の新会社AOLタイム・ワーナーの時価総額が1414万ドル（WALL ST. J., Jan. 12, 2000）に上る史上最大の合併により，CATV会社のオープン・アクセス問題は一大転機を迎えた。ケーブル陣営に加わったことにより，AOLがこれまでのオープン・アクセスの方針を転換するのか否かが注目されたわけだが，両社は合併発表の翌2月，「もし合併が承認されれば，非系列ISPにも無差別アクセスについて条件交渉することを約束する」合意メモ（Memorandum of Understanding）を発表し，オープン・アクセスの方針を貫くことを明確にした。しかし，上記AT&Tの開放宣言同様，現在のISPとの排他的接続契約の契約期限が到来した後のことなので，実現はまだ先の話である。

5．ブロードバンド・サービス促進法案

第105議会（97～98年）に続き，第106議会（1999～2000年）にもいくつかの法案が提案されているが，代表的な法案を以下に紹介する。

(1) **インターネット・フリーダムおよびブロードバンド展開法**
　　　(Internet Freedom and Broadband Deployment Act: H.R. 2420)
　下院電気通信・通商・消費者保護小委員会（下院商業委員会の下部組織）のトーザン委員長（共和党）とディンゲル下院議員（民主党）が共同提案した。データ通信など非音声系のブロードバンド・サービスについては，第271条に定める14の競争のチェック・リストを満たさなくても（音声系については満たさなければならないが），LATA外通信への進出を認める法案。

(2) **インターネット・フリーダム法**（Internet Freedom Act: H.R. 1686)
　グッドラット下院議員（共和党）とバウチャー下院議員が共同提案した。H.R. 2420同様，データ通信など非音声系のブロードバンド・サービスについては，第271条に定める14の競争のチェック・リストを満たさなくてもLATA外通信への進出を認める法案だが，H.R. 2420と違っていくつかの条件が付されている。当初CATV会社にオープン・アクセスを義務づける条項も含まれていたが，AOLがタイム・ワーナーとの合意メモなどで，オープン・アクセスの方針を貫く意思を表明したため落とされた。

(3) **ブロードバンド・インターネット規制救済法**
　　　(Broadband Internet Regulatory Relief Act: S. 2902)
　ブラウンバック上院議員（共和党）が提案した。既存LECのインターネット通信用機器については，アンバンドル要件や相互接続義務を緩和する法案。ISPに着信する呼については相互補償料を廃止する条項も含まれている。

(4) **相互補償料調整法**
　　　(Reciprocal Compensation Adjustment Act: H.R. 4445)
　下院電気通信・通商・消費者保護小委員会のトーザン委員長（共和党）が提案した。ISPへの通話は市内通話ではなく長距離通信なので，相互補償料の対象外とする法案。
　(4)は地域ベルのブロードバンド・サービス進出要件を緩和する法案ではないが，相互補償料を廃止することにより地域ベルの負担を軽減する法案なの

で，地域ベル寄りの法案であることに変わりなく，キャピトル・ヒル（日本の永田町にあたる）の王様と呼ばれる，地域ベルのロビー力を見せつける観なきにしもあらずだが，本件に関しては地域ベルの言い分も必ずしも身勝手とはいえない。

ケーブル・モデムを通じた高速ネット接続については，揺籃期にあるとの理由で公衆通信事業者規制を課さないのに，同じ揺籃期にある既存 LEC のブロードバンド・サービスには公衆通信事業者規制を課している。その公衆通信事業者規制もアンバンドルの他，上記のコロケーション規則，回線共同使用規則にみられるとおり，通常の電気通信サービスに対するものより，厳しい公衆通信事業者規制を課している。

また，既存 LEC がブロードバンド・サービス事業に内部相互補助しないよう分離子会社要件を課す規則を提案中だが［上記2(2)のとおり98年8月に提案したが，2000年11月時点でまだ制定されていない］，第2次コンピュータ裁定で高度サービスに対して課せられた要件で，その後，第3次コンピュータ裁定で「非構造的分離」に緩和されている。第1節のとおり，ONA については第3回カリフォルニア対 FCC 判決で無効とされたが，ONA 以外の非構造的分離で有効とされたものもあり，必ずしも分離子会社による必要はない。

2000年11月時点で少なくとも上下両院のいずれかを通過していないこれらの法案が，2000年末までの第106議会中に成立する見込みはほとんどない。しかし，次の第107議会（2001～02年）には類似法案が成立する見込みは十分ある。

NII 構想が功を奏し，経済再生に成功した米国だが，空前の繁栄の陰でデジタル・デバイド（情報格差，すなわち情報にアクセスできる人とできない人の格差で，所得や教育の格差などと鶏と卵の関係にもある）の問題が顕在化し始めたため，経済成長維持と同時に格差の是正も為政者にとって重要な課題となりつつある。競争 LEC が関心を示さない農村部のブロードバンド・サービスが取り残されないようにするには，地域ベルにアメを与える必要があり，地域ベルよりの法案が通しやすくなる。

反地域ベルの急先鋒である下院商業委員会のブライリー委員長が，今期かぎりで引退すると発表したこともこれら地域ベル寄りの法案を通しやすくす

る要因である。H.R. 2420については属人的要素がもう一つ加わる。ブライリー委員長の後任は，2000年11月の選挙で共和党が下院を制した場合はトーザン議員，民主党が制した場合はディンゲル議員が最有力候補だが，その二人が共同提案した法案だからである。

6．今後の展望

　上記5項のとおりブロードバンド・サービス関連法案は，地域ベルのアンバンドル要件を緩和する法案が多く，CATV会社にオープン・アクセスを義務づける法案が上程されていない。しかし，これは必ずしもオープン・アクセス問題が沈静化したことを意味しない。

　34年法が採用し，96年法も踏襲した（情報を流す）パイプ別規制は，96年法が採用した業際の垣根の撤廃により問題点を露呈したが，この問題は今後ますます顕在化する。それぞれのパイプで通信，放送，インターネットなど種々の情報が流せるようになると，パイプによって流す情報が異なっていた時には通用したパイプ別規制は意味を失う。パイプが同じでも異なるサービスに異なる規制を加えるのは，情報の流し手(パイプ保有者)，受け手(顧客)ともまだ容認できるが，同じサービスをパイプが異なるという理由で異なる規制下に置くのは，受け容れがたい。となると96年法で地域通信網も開放した電気通信サービスにあわせて，CATV網も開放の方向にあることは間違いない。

　反トラスト法の適用も焦点は市場支配力からシステムのオープン性に移りつつある。AOLとタイム・ワーナーの合併を反トラスト法上，問題ないか否かを審査する司法省も，タイム・ワーナーのケーブル・システムのオープン性の観点から厳しくチェックするはずである。

　CATVを通じた高速インターネット接続市場は揺籃期にあるため，規制を控えるというFCCの理由づけは十分理解できる。そうでなくてもリスクの大きい新しい産業に規制リスクまで加えたら，投資が逃げて成長の芽を摘み取ってしまうからである。しかし，インターネットの規制を検討する際，忘れてならないのは，インターネットはそのオープン性ゆえにめざましい発展を遂げたという事実である。規制当局もこの点を十分認識し，その発展にブ

レーキをかけるような決定は回避すべきだろう。

第Ⅴ部　子どもオンライン保護法

第15章　制定の背景

第1節　議会のリターンマッチ

　96年法第V編の通信品位法は成立した日に違憲訴訟を提起され，1年4ヵ月後には連邦最高裁で違憲判決を下された。これに対して議会はただちに反応し，子どもオンライン保護法（Child Online Protection Act, 以下，"COPA"）を制定した［Pub. L. No. 105-277, 112 Stat. 2681-736 (1998)］。

　通信品位法の違憲判決に対する議会のリターンマッチともいえるCOPAは，第105連邦議会（97～98年）が最終日の10月20日に可決し，翌21日にクリントン大統領が署名した一括歳出法［Omnibus Consolidated and Emergency Supplemental Appropriation Act, 1999, Pub. L. No. 105-277, 112 Stat. 2681 (1998)］の中の19の法律の中に含まれていた。

　通信品位法の略称はCDA（Communications Decency Act）だが，COPAは通信品位法を修正する形で，未成年者に対する有害情報を規制する法律であるため，CDA II とかSon of CDAなどともよばれている。COPAも通信品位法同様，成立直後に同じペンシルバニア東部地区連邦地裁（以下，「ペンシルバニア東地裁」）に違憲訴訟を提起されたが，こうした違憲訴訟についても解説する。

　COPAは下院案がベースになっているが，下院商業委員会はCOPAを下院本会議に付議する際，COPAについての報告書［H.R. REP. No. 105-775 (1998)］（以下，「下院報告書」）を提出した。下院報告書は17項目をカバーしているが，3本柱は①条文　②背景および立法の必要性　③条文の逐条解説である。全体の約半分の頁を占める②は，I　背景，II　引き続き必要な立

法措置，III　H.R. 3783 の合憲性，からなる。COPA 制定の背景は当然 I に詳しいが，III の方が法律論を展開しているため，本章では III を中心に紹介し，I の背景について，通信品位法違憲判決から COPA 制定にいたるまでの経緯を以下に概説する。

　通信品位法の違憲判決に対して最初に反応したのは，通信品位法制定時も中心的役割を果たした上院だった。通信品位法の提唱者でもあったコート議員（共和党）が，
①商用目的の情報に限る
②「下品な情報」より狭い「未成年者に有害な情報」とする
ことにより，通信品位法より限定した情報を，17歳未満の未成年者に配布する者を罰する法案を97年11月に提案した。法案番号 S. 1482 のこの法案は，98年3月に上院商業，科学，運輸委員会で，98年7月に本会議で可決され，インターネット未成年者有害情報配信法（Internet Distribution of Harmful Materials to Minors Act）という長い名前の法律となった。

　上院の商業，科学，運輸委員会が S. 1482 を可決した翌98年4月，下院のオックスリー議員とグリーンウッド議員（いずれも共和党）は H.R. 3783 を提案した。H.R. 3783 も S. 1482 同様，取り締まり対象を「商用目的の未成年者に有害な情報」にかぎったが，条文数が S. 1482 のたった1条に対し全6条と，より詳細に規定した。

　H.R. 3783 は98年9月17日に，まず下院商業委員会の電気通信，通商，消費者保護小委員会で可決された。インターネット上の未成年者に有害な情報を取り締まろうとする議員たちの多くが，生々しい性描写を含むクリントン大統領の不倫もみ消し疑惑に関する，スター独立検察官の報告書を，インターネットで公表することに賛同したため，報告書が公表され，インターネット史上最高のアクセス数を記録した，9月11日の6日後だった。

　ついで9月24日に商業委員会で，10月7日に本会議でそれぞれ可決された。法律名は COPA で，これがほぼそのまま一括歳出法案に盛り込まれ，上下両院を通過，大統領が署名して成立した。

第2節　下院報告書の概要

Ⅲ　H.R. 3783 の合憲性はA〜Eからなるが，本章では法律論を展開しているⅢのA〜Cのみ概説する。

以下見出し記号は下院報告書のままとし，本文のうち下院報告書の中で法案番号 H.R. 3783 となっている部分については，下院報告書の時点ではまだ法案だったこと，H.R. 3783 がほぼそのまま COPA となったことなどから，COPAに置き換えた。同様にH.R. 3783では一桁の条文番号も4桁のCOPAのものとした。報告書の引用部分で，判例などを（　）内に表示している場合は，そのまま（　）内とした。また，必要により解説と注を加えたが，citationについても筆者が加えたものは［　］内とした。

Ⅲ　COPAの合憲性

A．議会は子ども保護というやむにやまれぬ利益を持つ

「未成年者の肉体的，精神的健康をまもることが州のやむにやまれぬ利益であることは，詳述するまでもない」(New York v. Ferber, 458 U.S. 747 at 757 (1982))。「この利益は大人の基準からすると決してわいせつとはいえない書物から，未成年者を遮断することも含まれる」(Sable Communications of Cal. v. FCC, 492 U.S. 115 at 126 (1989))。COPA の目的は未成年者に有害な情報を www 上で販売することを制限することにより，こうした保護をサイバースペースにも拡大することにある。

「子どもの読み物の最適な監督者は親だが，親の管理や指導がないケースも存在すること，子どもの福祉をまもるのは社会の超越した利益であることなどから，彼らに販売される情報に対する妥当な規制は正当化される」(People v. Kahan, 15 N.Y.2d 311, 312, 206 N.E.2d 333, 334 (1965); Ginsberg v. New York, 390 U.S. 629 at 640 (1968)でも引用されている)。

B．COPA は厳密に規定されている

　COPA は成人の修正 1 条の権利を不当に制限しないように，wwwに表示される未成年者に有害な情報を禁止し，電子メール，中継談話室など，インターネット上のその他のツールを通じて流通するコンテンツには適用されない。

　営利目的でない表現にも適用されないし，「未成年者に有害な」の定義も最高裁で支持されている多くの州法に従った。また未成年者のアクセスを制限するために適切な措置を取ったポルノ販売業者には，柔軟に対応するようにしている。

C．COPA はリノ対 ACLU とも矛盾しない

　通信品位法の下品な情報に対する規制を違憲とした判決で（Reno v. ACLU, 117 S. Ct. 2329 (1997)）［第12章（第 1 節）で解説した *ACLU II* 判決。ただし，下院報告書は以下，「ACLU 判決」としている］，最高裁は「子どもを有害情報から守るという政府の利益は，成人に対する必要以上に広範な言論の抑圧を正当化するものではない」(117 S.Ct. at 2346) とした。COPA は最高裁が提起した懸念に応えるように規定され，必要以上に広範に言論を抑圧するおそれはない。

1．「未成年者に有害」の定義

　通信品位法に対する最高裁の最大の懸念は，「下品な」および「明らかに不快感を与える」(patently offensive) コンテンツの基準が，インターネットに適用するには，過度にあいまいな (overly vague) 点だった。最高裁は通信品位法の下品さの定義が，重大な文学的，芸術的，政治的，科学的価値のある情報を除外していないため，ギンズバーグ判決［Ginsberg v. New York, 390 U.S. 629 (1968)］にもそってない点も指摘した (117 S. Ct. at 2345)。

　COPA はミラー対カリフォルニア (Miller v. California, 413 U.S. 15 (1973)) で修正された，ギンズバーグ判決の基準にそっているが，「明らかに不快感を与える (patently offensive)」の定義を修正することにより，未成

年者に有害な情報を明確に定義した。「未成年者に有害な」基準は現行の連邦成文法の規定はないが，連邦地裁および控裁で繰り返し支持されてきた基準である（Crawford v. Lungren, 96 F.3d 380 (9th Cir. 1996), *cert. denied*, 117 S. Ct. 1249 (1997)）［下院報告書は以下この判決以前の 4 判決を引用しているが，その citation は省略する］。

2．商取引に限定

ACLU 判決は通信品位法が商取引に限定しない点でも「その広範さは前例を見ない。ギンズバーグ判決やパシフィカ判決［FCC v. Pacifica Foundation, 438 U.S. 726（1978）］で支持された規則と異なり，通信品位法の対象は商業用にとどまらず，非営利団体や個人が下品なメッセージを未成年者に示すことも禁じた（117 S. Ct. at 2347.）」と批判した。対照的に COPA は，ワールド・ワイド・ウェブやインターネットを通じた，未成年者に有害な情報の商取引を禁じたため，最高裁の懸念はあてはまらない。委員会はウェブやインターネットの非営利サイトで，未成年者が多量の情報にアクセスできることも認識しており，第1405条で業界がこの難問に対し，立法措置を提案することを期待している。

3．技術的にも経済的にも実現可能な年齢認証システム

ACLU 判決は電子メール，談話室などの非営利のサービスに対する年齢認証システムの技術的実現可能性にも懸念を抱いた。技術的に実現可能な場合でも，非営利のコンテンツ提供者には禁止的な費用がかかることも懸念した（117 S. Ct. at 2347.）。しかし，同判決は「クレジット・カードや成人であることの証明を要求して，未成年者のアクセスを制限することは，技術的に可能であるだけでなく，商用目的で性的に露骨な情報を提供する業者が実施しているので，こうした業者には抗弁を与えることで保護している（117 S. Ct. at 2349)」とした。

COPA は商用ポルノ業者に明文で抗弁を与えているが，非営利のサイトやワールド・ワイド・ウェブ外には適用されない。委員会は未成年者に対する有害な情報提供者が，未成年者の有害情報へのアクセスを制限する努力を過

失なく行なえば (make a good faith effort)，抗弁を与えることで最高裁に同意する。

　年齢認証システムはその他の制限方法と異なり，未成年者のアクセスを源泉でストップし，情報の中身についての独自の判定を行なわない。委員会はFCCのダイヤル・ア・ポルノ規制が，クレジット・カードによる支払い，アクセス・コードあるいは識別コードを要求することで，アクセスを制限している点に着目した。同規則はダイヤル情報サービス社対ソーンバーグ (Dial Information Services Corp. v. Thornburgh, 938 F.2d 1535 (2d Cir. 1991), cert denied, 502 U.S. 1072 (1992)) で支持され，セーブル判決 (Sable, 429 U.S. 115 (1989)) でも肯定的に引用された。セーブル判決は「FCCのダイヤル・ア・ポルノ情報を成人に限ろうとするアプローチは非常に効果的である (429 U.S. at 130)」として，そうした商業的制限が青少年を除外するのに有効であることを認めた。

　事実，COPAの年齢認証システムは，ウェブ上の商用ポルノ業者の標準的な慣行である。商用のコンテンツ提供者がCOPAに従うことは実現可能であるだけでなく，利益にもつながる。成人認証システムはサイトの入り口での支払いをユーザーに要求するからである。COPAの範囲が商用活動に限定されること，COPAが要求する年齢認証システムが業界標準であることなどから，COPAはポルノを販売する前に年齢の認証を要求することを再確認する，すなわち，商用ポルノ業者に性的に露骨な画像をカウンターの後ろに置くことを要求するにすぎない。商用ポルノ業者はそれ以外に商売を制約されることもない。

4．親のコントロールがきく，未成年者は17歳未満

　ACLU判決は親が性的に露骨な情報を未成年者に許可した場合にも刑事罰を科すことで，通信品位法が一次的には親にある子どもの監督権を奪うことをも懸念した (117 S. Ct. at 2348)。COPAはこうした親の権限までは制約していない。また未成年者は17歳未満と定義された。

5．議会はインターネット上のサービスを規制できる

最高裁は議会のインターネット規制権限についても疑問を投げかけた。他のメディアとは一線を画し，「インターネットを放送なみに政府規制すべきとの声は，通信品位法の制定前も制定後もあまりきかない（117 S. Ct. at 2343）」とした。

　しかし，合衆国憲法第１条，８節３項［U.S. Const. art. 1, §8, cl.3］によれば，インターネット規制は議会の管轄権の範囲内で，第105議会でもインターネットの知的所有権問題，課税問題，暗号化技術を使った安全対策などが上下両院で審議された。インターネットが構成上，規制されてこなかったこと，単一団体によって支配されていないことなどは，議会が例えばウェブ上で子どもに有害な情報を示すことを規制するなど，インターネット上のある種の行動を規制できないことを意味するものではない。現に ACLU 判決はインターネット上のわいせつ通信に対する議会の規制権限を明確に支持した（117 S. Ct. at 2350）。

解説：第105議会（97〜98年）に提案されたインターネット関連法案は389。この数字をクリントン大統領が登場した第103議会（93〜94年）の23，過去１年間にわが国の国会に提出された３と比べると（数字はいずれも98年10月22日付読売新聞），情報通信産業を核に米国企業の競争力回復と米経済の再生をはかった，クリントン・ゴア政権の政策（序章，第３節参照）の奏功ぶりがうかがわれる。

　第105議会で成立したインターネット関連法は COPA を含めて八つ。子どもをポルノから守る法律としては，COPA の他に1998年子どもポルノ保護法［Protection of Children From Sexual Predators Act of 1998, Pub.L. No. 105-314, 112 Stat. 2974］も成立した。インターネットを通じた性的虐待や搾取から子どもを守る法律である。

　多くの陽の目を見なかったインターネット関連法案の中にも子どもをポルノから守る法案があった。インターネット学校フィルタリング法（Internet School Filtering Act，以下，"ISFA"）である。通信品位法を第Ｖ編とした96年法は，第Ｉ編の電気通信サービスで，ユニバーサル・サービスを情報化時代にマッチしたものにアップ・グレードした。貧困家庭や僻地でも電話サ

ービスを受けられるライフラインの確保から，農村部の医療機関や小中学校，図書館などが都市部の同種機関と同じ高度な電気通信，情報サービスを受けられるようにしたもの。96年法を実施すべくFCCは97年5月にユニバーサル・サービス規則を定め，小中学校，図書館が地域の貧困度とサービスに伴うコストに応じて，Eレートとよばれる，20～90％の割引料金でインターネットに接続できるようにした（第4章，第2節参照）。

　ISFAはこの料金割引分を連邦政府が補填するのと引き換えに，小中学校，図書館に未成年者に有害な情報を遮断するフィルタリング・ソフトの導入を義務づけるもので，上院商業，科学，運輸委員会のマッケイン委員長（共和党）が提案した。ISFAはCOPAと同じ7月23日に上院で可決されたが，下院では反対が多く，成立しなかった。親が子供に見せる情報を選別するのは，検閲にはならないが，学校，図書館など公的な機関が選別すると検閲のおそれが出てくることが反対理由だった。

　第12章（第1節）のとおり，バージニア州法にもとづいて，未成年者に有害な情報をブロックするソフトを，すべてのパソコンに導入した公共図書館の政策をめぐる係争で，バージニア州東部地区連邦地裁が，ソフト導入に反対する原告の主張を認める判決を下したことも議員たちを慎重にさせた　[Mainstream Loudoun v. Board of Trustees of the Loudoun County Library, 2 F. Supp. 783 (E.D. Va. 1998)]。

6．公聴会は問題を浮き彫りにした
　ACLU判決は議会が通信品位法についての公聴会を開かなかったこと，インターネット上の未成年者への下品な情報の配信問題について詳細な調査を怠ったことなどを指摘した（117 S.Ct. at 2348）。第105議会では上下両院とも未成年者の有害情報へのアクセスを減らす方法を真剣に論議した。上院商業，科学，運輸委員会は98年2月10日，下院商業委員会は9月11日に公聴会をそれぞれ実施した。証言は子どもたちがポルノに容易にアクセスできること，未成年者に有害な情報の広範な配信を止める対策を，議会が講じる必要があることを浮き彫りにした。

解説：議会は通信品位法制定にあたり公聴会も開かずに通すなど，手続き面でも確かに拙速だった。最高裁は ACLU 判決でこの点を指摘した。その意味で対照的なのはターナー判決である。

再送信規則はもともと FCC の策定した規則だが違憲判決を下された（第7章，第653条参照）。議会は公聴会を何回も開いた結果，同規則は必要との結論に達し，FCC 規則を和らげた再送信規則を92年ケーブル法に採り入れた。最高裁はターナー判決で，議会が表現の自由を制約する再送信規則採択にあたり，議会が長年にわたる公聴会および賛成派と反対派が提出した膨大な資料を分析した結果，到達した結論には敬意を払わなければならないとした［Turner Broadcasting System, Inc. v. FCC, 520 U.S. 180, 200 (1997)］。

第16章　条文および違憲訴訟

第1節　条文

　COPAの条文を解説するが，表記については序章（第3節）でおことわりした96年法同様，以下のとおりとする。
①条文の概要を枠で囲い，解説は枠外とする。
②項以下の記号（(a), (1), (A)の順になっている）はCOPAの記号をそのまま使用する。
③COPAの記号がそのまま34年法の記号となる場合は記号の前に「を付する。

> **第1401条　題名**
> 　本編は「子どもオンライン保護法」(Child Online Protection Act) として引用することができる。

　一括歳出法は
Division A：一括統合歳出
Division B：緊急補正歳出
Division C：その他
Division D～Division K：個別の法律
で構成されている。「Division　C：その他」は17編から成り，第14編がCOPAにあてられ，1400番台の条文番号が付されている [Pub. L. No. 105-277, 112 Stat. 2681-736 (1998)]。

> **第1402条　議会の事実認識**
> (1)　子どもの保護，養育は１次的には親の責任だが，インターネットの普及は子どもに親の監視の及ばない，ワールド・ワイド・ウェブを通じた情報へのアクセスの機会を与える。
> (2)　有害な情報から未成年者を守ることはやむにやまれない政府利益（compelling governmental interest）である。
> (3)　業界は両親や教育者が未成年者に有害な情報（material that is harmful to minors）を制限する革新的な方法を，自主規制などにより開発してきたが，ワールド・ワイド・ウェブを通じた未成年者の有害情報へのアクセス問題に対して，全国的な解決策は今のところ用意していない。
> (4)　未成年者に有害な情報の配布の禁止と合法的な抗弁の組み合わせが，やむにやまれない政府利益を満たすための，現時点で最も効果的かつ（表現の自由を）最も制約しない方法である。
> (5)　未成年者のワールド・ワイド・ウェブを通じた有害情報からの保護があるとはいえ，両親，教育者および業界は，未成年者を有害情報から保護する方法を見出す努力を続けなければならない。

　最高裁は表現の自由を規制する際，一元的基準を適用するのでなく，表現内容規制か，表現内容中立規制かで異なった基準を用いてきた。具体的には規制が表現内容に直接向けられる場合は，やむにやまれないほど重要な政府利益（a compelling government interest）達成のために，必要不可欠な規制でなければならないとする厳格な基準を適用してきた（表７－１参照）。本条は(2)で未成年者を有害情報から守ることがやむにやまれないほど重要な政府利益であるとし，(4)でCOPAがその政府利益達成のために必要不可欠な方法であるとすることにより，COPAが厳格な基準を満たすとした。

> **第1403条　ワールド・ワイド・ウェブを通じて商業目的で配布される有害情報への未成年者によるアクセス制限**
> 　34年法（47 U.S.C. §201以降）第Ⅱ編第Ⅰ部に以下を追加する。

「第231条　ワールド・ワイド・ウェブを通じて商業目的で配布される有害情報への未成年者によるアクセス制限
「(a)　アクセスを制限するための要件
「(1)　禁止される行為
　商業目的でワールド・ワイド・ウェブを通じて，未成年者にその内容を知りながら有害な情報を提供した者は，5万ドルを超えない罰金，6ヵ月を超えない禁固のいずれかもしくはその両方に処せられる。
「(2)　故意の違反
　上記(1)に故意に違反した者は違反の都度5万ドルを超えない罰金を科せられる。違反は1日ごとに別の違反となる。
「(3)　民事罰
　上記(1)の違反者は上記(1)，(2)に加えて，違反の都度5万ドルを超えない民事罰を科せられる。違反は1日ごとに別の違反となる。

下院報告書は「本項は電子メール，ニュース・グループあるいは談話室（chat room）には適用されない」としている。

「(b)　公衆電気通信事業者その他のサービス・プロバイダーへの適用除外
　次の者はその業務を行なう限り，上記(a)にいう商業目的で通信を行なうとはみなされない。
「(1)　電気通信サービスに従事する公衆電気通信事業者
「(2)　インターネット・アクセス・サービス提供業者
「(3)　インターネット情報検索ツール提供業者
「(4)　他人の通信内容を選択，変更することなく伝送，蓄積，検索，ホスティング，フォーマッティングあるいは翻訳する者

下院報告書は「その業務を行なう限りとは，例えばインターネット・アクセス・プロバイダーが同時にアダルト・サイトを持つような場合，そのアダルト・サイトは適用除外とはならず，(a)項が適用される」としている。

「(c)　積極的抗弁

> 「(1) 以下の方法で未成年者の有害情報へのアクセスを制限した場合，被告は相手が未成年者であることを，過失なく知らなかった（in good faith）と積極的抗弁（affirmative defense）できる。
> 「(A) クレジット・カード，デビット・アカウント，大人用アクセス・コード，大人識別番号を要求すること
> 「(B) デジタル年齢認証
> 「(C) その他技術的に可能な方法
> 「(2) 省略

　積極的抗弁（affirmative defense）は，立証責任が被告にある（ここでいえば被告は上記の措置をとったことを立証する必要がある）が，原告の主張（ここでいえば未成年者に有害な情報を配信したとの主張）事実を単に否認するのでなく，原告の主張を妨げるに足るだけの新たな事由の主張となる（ここでは受信者が未成年者であることを，被告は過失なく知らなかった（in good faith）と主張できる）。

　下院報告書は「郵便番号，電話番号を聞いたり，（未成年者はアクセスできないと）警告するだけでは，こうした情報は年齢とは関係ないため，（受信者が未成年者であることを）過失なく知らない（a good faith attempt）とはみなされない」としている。

　下院報告書はまた「技術進歩によりデジタル認証，学生証などの新年齢証明システムが，アクセス制限に使用できるようになり，有効な積極的抗弁となりうるため，柔軟に対応できるようにした。商業委員会（以下「商業委」）は積極的抗弁に追加できる年齢証明方法の調査を，後記第1405条によって業界に課した」としている。

> 「(d) プライバシー保護のための要件
> 「(1) 情報開示制限
> 前記(a)の通信を行う者は，
> 「(A) （未成年者の）アクセス制限のために収集した情報を，
> 「(i) 個人情報開示者が成人である場合は本人の
> 「(ii) 未成年者である場合は両親の

書面もしくは電子的な同意なしに他の成人に開示してはならない。
「(B) 通信の送受信者以外の第3者が，許可なく個人情報にアクセスすることを防止するために，必要な措置をとらなければならない。
「(2) 省略

下院報告書は，「商業委は成人が受信する権利がある情報を，受信するために（成人であることの証明用に）開示した個人情報が漏れるのではないか，との懸念を緩和することを意図した」としている。

「(e) 定義
「(1) ワールド・ワイド・ウェブを通じてコンピュータ・サーバーベースのファイル保管場所に情報を送付することにより，不特定多数の者がハイパーテキスト伝送プロトコルまたはその後継プロトコルを使って，情報にアクセスできるようにすること。

下院報告書は「ウェブは一般的にハイパー・テキスト・マークアップ言語（HTML）を使用する。HTMLはその他の情報にリンクを張れるので，HTML文書を見ながら，インターネット上で入手できる情報源の記述をクリックすれば，瞬時にその情報源にアクセスできる。未成年者に有害な情報を提供する業者の多くは，ウェブ上にホームページを持っている。ホームページそのものも，しばしばハードコアあるいはソフトコア・ポルノのティーザー（小出し）広告を掲載しているが，性的に露骨な情報へもリンクしている」と指摘している。

「(2) 商業目的，業務に従事
「(A) 商業目的：商業目的で通信を行なう者は，通信を行なう業務に従事している者に限る。
「(B) 業務に従事：ワールド・ワイド・ウェブを通じて，未成年者に有害な情報の通信を行なう者が，そうした活動に営利目的で業として従事すること。

下院報告書は「商業委は合衆国法典第18編第1466条（18 U.S.C. § 1466）の『業務に従事』が，スキナー判決で（U.S. v. Skinner, 25 F.3d 1314 (6th Cir. 1994))，わいせつ法に適用する際に違憲となるほどあいまいでなく，合憲とされている点を指摘している」としている。

> 「(3)　インターネット
> 　伝送制御プロトコル（Transmission Control Protocol）／インターネット・プロトコル (Internet Protocol) (TCP/IP)，あるいはその後継プロトコルを使用して，ワールド・ワイドに接続されたコンピュータ・ネットワークを構成する，コンピュータ設備，電磁的伝送メディア，関連する機器やソフトウェアの組み合わせ
> 「(4)　インターネット・アクセス・サービス・ユーザにコンテント，情報，電子メール，インターネットが提供するその他のサービスにアクセスできるようにするサービス
> 「(5)　インターネット情報ロケーション・ツール・ユーザにワールド・ワイド・ウェブ上のロケーションを案内したり，つなぐ (link) サービス

　(5)はヤフー，インフォシーク，アルタビスタなど，サーチ・エンジンとよばれるインターネットの電話帳にあたるサービスを指す。

> 「(6)未成年者に有害な情報
> 　写真，画像，グラフィック画像ファイル，論文，録音，書物その他わいせつな情報もしくは以下の内容の情報
> 「(A)　その時代の地域社会の基準を適用して，全体的に見て，未成年者に対して好色的興味に訴えている，もしくは媚びていると通常人が判断する内容
> 「(B)　性行為あるいは性的接触を，未成年者に対し明らかに不快感を与える (patently offensive) 仕方で描写する内容，もしくは性器あるいは思春期以後の女性の乳房をみだらに陳列する内容
> 「(C)　全体的に見て，未成年者に対して重大な文学的，芸術的，政治的もしくは科学的価値を欠く内容

> 「(7) 未成年者
> 17歳未満の者

　下院報告書は「商業委は ギンズバーグ判決とミラー判決の『わいせつおよび未成年者に有害な』の定義に沿った『未成年者に有害な情報』の定義を意図した。両判決の定義は後のスミス判決（Smith v. U.S. 431 U.S. 291, at 300-02, 309 (1977)）および ポープ判決（Pope v. Illinois, 481 U.S. 497, at 500-01 (1987)）でより洗練されたが，商業委が意図したのは一口で言うと未成年者に対する『変動するわいせつ（variable obscenity）』基準である」としている。

　ギンズバーグ判決（Ginsberg v. New York, 390 U.S. 629 (1968)）は，大人にはわいせつでなくても未成年者にはわいせつと考えられる情報を，未成年者に提供することを禁じたニューヨーク州法を合憲とした判決。判決はニューヨーク州法の未成年者に有害な基準が，ロス判決（Roth v. U.S., 354 U.S. 476 (1957)）のわいせつ基準を修正したもので，メモワール判決（Memoirs v. Massachusetts, 383 U. S. 413 (1966)）で採用された基準であるとしている。ただし，ギンズバーグ判決は，上訴人が主張しなかったため，上訴人の販売する雑誌が未成年者に有害か否かの判定はしなかった。

　第8章（第1節）のとおり，最高裁はロス判決で，それまで19世紀の英国の判例の定義を借用していたわいせつについて，「全体的にみて，通常人の好色的興味に訴えている素材（material）」とする独自の定義づけをはじめて行った。

　ロス判決後，メモワール判決までの9年間のいくつかの判決で，最高裁はこの基準を第1基準とする3基準からなる，ロス・メモワール・テストとよばれるわいせつ基準を確立した。ミラー判決（Miller v. California, 413 U. S. 15 (1973)）は，ロス・メモワール・テストの第3基準「正当化する社会的価値をまったく欠く素材」を立証困難の理由で修正し，ミラー・テストとよばれるわいせつの定義が以下のとおり確立した。
①その時代の地域社会の基準を適用して，全体的にみて，通常人の好色的興味に訴えている作品（the work）

②州法が具体的に定義する性行為を明らかに不快な仕方で描いている作品
③重大な文学的，芸術的，政治的，科学的価値を欠いている作品

　「変動するわいせつ基準」は，素材そのものよりもその素材が主に対象とする聴衆に対する影響によって，わいせつか否か判定する。ロス判決でウォレン長官が提起したが，多数意見とはならなかったため（Roth, 354 U.S. at 495），その後の学説によって展開された基準である［Lockhart & McClure, *Censorship of Obscenity: The Developing Constitutional Standards*, 45 MINN. L. REV. 5 (1960)］。この基準によれば本来的にわいせつな素材はなく（ハードコア・ポルノでも研究目的の学者にとってはわいせつとはいえない），ある人に対してはわいせつな素材でも別の人に対してはわいせつでないことになる［*Id*. at 77］。

　下院報告書はまた「商業委はウェブに地域社会の基準を適用することが論議を呼ぶことは承知しているので，地理的基準よりも成人の基準，未成年者にふさわしいことに米国の成人の間で異論がない基準と解する。ウェブ上に情報を提供する者は，同時にコンピュータに接続された世界中の地域社会に情報を提供することになる（U.S. v. Thomas, 74 F.3d 701 (6th Cir. 1996), *cert. denied*, 117 S. Ct. 74 (1996); Sable, 492 U.S. at 126, 127）［U.S. v. Thomas は第 9 章（第502条）のとおり，掲示板サービスを通じて，カリフォルニアの警察当局がわいせつ的でないと判定した画像を，テネシーの顧客がダウンロードしたケースで，テネシー州西部地区連邦地裁は地域社会の基準を適用して，カリフォルニアの掲示板サービス提供者を有罪とした判例］。さらに政府がポルノ業者を，情報が送付された場所で検挙することは合憲であり，判例も確立している（U.S. v. Bagnell, 679 F.2d. 826, 830 (11th Cir. 1982), *cert. denied*, 460 U.S. 1047 (1983))」としている。

　下院報告書はさらに「商業委は『未成年者に有害な』基準は30年間テストされ，情報が送付された特定の年齢の子どもに明らかにポルノ的で，ふさわしくない情報に限定するなど洗練されてきたと指摘している。エルズノズニック判決（Erznoznik v. City of Jacksonville, 422 U.S. 205 (1975)）およびピコ判決（Board of Education v. Pico, 457 U.S. 853 (1982)）では，娯楽，図書館やニュース情報が単にヌードあるいは性的情報を含むだけの時には，

それらが政治的，性的観点から論議を呼ぶものであっても，『未成年者に有害な』テストの適用を差し控えてきた」としている。

> **第1404条　通知要件**
> (a)　通知
> 　　1934年通信法第230条(d)，(e)を(e)，(f)とし，(c)の後に以下を挿入する。「(d)　双方向コンピュータ・サービスの義務双方向コンピュータ・サービスの提供者は，顧客と双方向コンピュータ・サービス契約を締結する際に，未成年者に有害な情報へのアクセスを，親がコントロールできるようにするコンピュータ・ハードウェア，ソフトウェアあるいはフィルタリング・サービスが，市販されていることを通知しなければならない。通知は市販業者がわかるようなものでなければならない。
> (b)　省略

　下院報告書は「両親や教育者に有害情報を遮断するソフトやサービスの存在を知らせるのに役立つ要件である。第1403条による一般的制限を補完するとともに，インターネット上の有害情報への未成年者のアクセス制限に伴う，技術的，法的問題解決に市場が取り組めるようにする要件でもある」としている。

> **第1405条　オンライン子ども保護委員会による調査**
> (a)　設立
> 　　インターネット上の有害情報への未成年者のアクセス減少方法調査を実施するため，オンライン子ども保護委員会（以下「委員会」）を設置する。
> (b)　委員
> 　　委員会は以下の19人のメンバーで構成する。
> (1)　産業メンバー
> (A)インターネット・フィルタリングあるいはブロッキング・ソフトもしくはサービス業務に従事している者2名
> (B)インターネット・アクセス・サービス業務に従事している者2名

(C)等級づけ業務に従事している者2名
(D)インターネット・ポータルあるいは検索サービス業務に従事している者2名
(E)ドメイン・ネーム登録サービス業務に従事している者2名
(F)技術分野の学者2名
(G)インターネット上のコンテンツ提供業務に従事している4名
下院議長と上院院内総務は各区分ごとに同数の委員を任命する。
(2) その他のメンバー
(A)商務省通信情報担当次官補(あるいは次官補の指名する者)
(B)司法長官（あるいは司法長官の指名する者）
(C)連邦取引委員会（Federal Trade Commission）委員長（あるいは委員長の指名する者）
(c) 調査
(1) 一般条項
　委員会は以下を満たす技術的方法，あるいはその他の法を確認するための調査を実施する。
(A)インターネット上の有害情報への未成年者によるアクセス減少に役立つ技術や方法
(B) （本編によって追加された）1934年通信法第231条(c)の目的にそって，積極的抗弁として使用できる方法。同じく(d)(3)にそって立法措置を勧告する際に使用できる技術や方法
(2) 特定の方法
　委員会は以下の技術的方法についても確認，分析しなければならない（例示的列挙）。
(A)未成年者保護のために両親が使用する共通の資源（例：ワン・クリック・アウェイ資源）
(B)フィルタリングあるいはブロッキング・ソフトあるいはサービス
(C)等級づけシステム
(D)年齢認証システム
(E)未成年者に有害な情報専用のドメイン・ネームの確立

(F)その他有害情報への未成年者のアクセスを減らす技術あるいは方法

　ワン・クリック・アウェイとは，クリック1回の範囲内という意味。ワン・クリック・アウェイ資源は，両親がフィルタリングあるいはブロッキング・ソフトをクリック1回で容易に入手できるようにするもの。

(3)　分析
　　上記(2)の分析の際，委員会は下記についても考察しなければならない。
(A)そのような技術や方法のコスト
(B)そのような技術や方法の法律執行機関に与える影響
(C)そのような技術や方法のプライバシーに与える影響
(D)未成年者に有害な情報のグローバルな配信状況と，そのような技術や方法のグローバルな配信に与える影響
(E)そのような技術や方法への両親のアクセスしやすさ
(F)その他委員会が関連するあるいは適当と考える要因
(d)　報告
　　委員会は本法成立後1年以内に，以下の内容を含む，本条にもとづく調査結果を議会に提出しなければならない。
(1)調査対象となった技術や方法の記述と分析の結果
(2)それぞれの技術や方法についての委員会の結論および勧告
(3)委員会の結論を実施するための立法あるいは行政措置についての勧告
(4)(本編によって追加された)1934年通信法第231条(c)目的にそって，積極的抗弁（affirmative defense）として使用できる技術や方法についての記述

　後述（次節）のとおり，COPAも通信品位法同様，成立直後に違憲訴訟を提起され，2000年2月に仮差止命令が下された。このため，委員会の調査報告期限である99年10月20日の2日前に委員がやっと任命された。これに伴い，調査報告期限も2000年11月末まで延長された。

(e)　スタッフと資源
　　商務省通信情報担当次官補は，委員会が本条の調査を効率的に実施す

るために必要なスタッフと資源を提供しなければならない。
(f) 終了
　委員会は本条(d)にもとづく報告書提出の30日後に終了する。
(g) 省略

第1406条　施行日
　本編および本編にもとづく修正は法律成立後30日後に効力を発生する。

　10月21日に成立したCOPAの施行日は11月20日だったが，前日の11月19日にペンシルバジア東地裁は，一方的緊急差止命令（Temporary Restraining Order）を出した。成立の翌日に違憲訴訟を提起したACLUなど17原告は，同時にCOPAの施行を係争の間，停止する仮差止命令（Preliminary Injunction）を要求していた。

　仮差止命令のヒヤリングは12月に予定されていたが，原告はそれまでの間でもCOPAが施行されると修復できない実害を被るとして，11月18日に一方的緊急差止命令を要求したため，翌19日に同連邦地裁でヒヤリングが実施され，連邦地裁判事が要求を認めた。なお，仮差止命令のヒヤリングは，99年1月に実施された。

第2節　違憲訴訟

1．司法省の書簡

　第15章（第2節）のとおり，COPAは下院案がベースになった。その下院案が98年9月24日に商業委員会を通過し，本会議での議決を前にした10月5日，司法省は下院議長あてにCOPAについての書簡を送付した。

　法律執行の使命を負う司法省が，COPAの執行に伴う問題点を指摘した書簡だった。第15章のとおりCOPAはその後，本会議で可決（10月7日），一括歳出法案に盛り込まれて上下両院を通過（同20日），クリントン大統領が署名（同21日）して成立した。

COPA成立の翌日，通信品位法の違憲訴訟でも原告団の中心的役割を果たした，ACLUら17原告は，リノ司法長官を相手どってペンシルバニア東地裁に違憲訴訟を提起した。その執行に疑問を提起した司法省が，皮肉にも被告としてCOPAを抗弁する側に立たされたのである。原告は当然訴状の中で，「被告も自認するとおり」と前置きして，この書簡をしばしが引用した。敵に塩を送る結果をもたらした，この書簡をまず概説する。

司法省は現在，95年にFBIが開始したハードコア子どもポルノ業者検挙業務に，かなりの稼動を割いている［COPAは未成年者が情報の受け手になる際に，青少年保護という公共政策の観点から表現の自由を制約しようとする試みだが，子どもポルノ規制は未成年者が情報の送り手に加担させられる際に，同様の観点から表現の自由を制約しようとするもの。出版物，電話，放送などの既存メディアでは，未成年者が情報の受け手になる時同様に，送り手に加担させられる子どもポルノに対する表現の自由の制約も認められてきた（New York v. Feber, 458 U.S. 747 (1982)）］。

COPA施行のために稼動を割かれると，せっかく効果をあげつつある子どもポルノ対策が台無しになるおそれがある。とりわけ未成年者が無数のニュース・グループ，談話室，海外のウェブ・サイトを通じて，ポルノ情報にアクセスできるため，COPAの実質的効果が不透明であることを考えると，その施行のためにかぎられた稼動を割くことは，決して賢明な策とはいえない。

第2にCOPAは表現内容に対する規制のない環境下で「劇的に拡大した新しいアイディアの市場である，インターネットという広大な民主的表現方式」（Reno v. ACLU, 117 S. Ct. 2329, 2343, 2351 (1997)）［*ACLU II* 判決］に対する表現内容規制であるため，違憲訴訟を提起されるおそれがある。

第3にCOPAは適用範囲があいまいな点が多く，効果的な起訴を困難にするだけでなく，未成年者を有害情報から守るという議会の目標を実現するために，注意深く規定された法律であるとはいえないとして，修正1条の観点からも疑問視されるおそれがある。

司法省が執行に疑問を提起したため，大統領府はCOPAの規定を裁判で違

憲判決を下されないように修正しようとした。大統領は拒否権をもつ。上下両院を通過した法律でも大統領が拒否権を発動すれば，上下両院は再度，今度は3分の2以上の賛成で可決しないかぎり，陽の目を見ないという伝家の宝刀である。ところが今回は大統領側にもその伝家の宝刀を抜きにくい状況があった。一括歳出法案に組み込まれているため，COPAだけに拒否権を発動できないという事情である。もともと一括歳出法案に組み込んだのも，審議時間不足という物理的な理由もあったが，通しやすくするという提案者のねらいもあったので，そのねらいどおりとなったのである。

歳出関連では大統領府の要望をかなり容れた議会も，COPAに関しては譲らなかった。大統領府も，
①11月3日の中間選挙を目前に控えて，子どもをポルノから守ろうとする法律に反対しているという印象を世間に与えるのは得策でないこと
②すでにACLUはCOPAが成立すれば，ただちに違憲訴訟を提起すると表明していたため，司法判断にゆだねる道も残されていること
などから矛を収めた。

2．一方的緊急差止命令

連邦民事手続規則第65条によれば，裁判所は以下の4条件を満たした時に初めて，一方的緊急差止命令（Temporary Restraining Order）および仮差止命令（Preliminary Injunction）を下すことができる。
①原告は裁判で勝てる見込みが十分ある。
②差止命令による救済（injunctive relief）が認められなかった場合に，原告は回復不能の損害（irreparable harm）を被る。
③仮差止命令を認めた場合に被告の被る損害は，認められなかった場合に原告の被る損害を上回らない。
④差止命令による救済を認めることが公共の利益に反しない。

原告はその訴状で，以上すべての条件を満たすことを詳述し，ペンシルバニア東地裁に一方的緊急差止命令と仮差止命令を要請した。

98年11月19日，同連邦地裁のリード判事は，原告が一方的緊急差止命令の要件を満たしていることを立証したとして，COPAの一方的緊急差止命令を

下した［ACLU v. Reno, No. 98-5591, 1998 U.S. Dist. LEXIS 18546 (E.D. Pa. Nov. 20, 1998)］。立法の30日後となっていた施行日（第1406条），11月20日の数時間前だった。

翌20日に出した一方的緊急差止命令を認めた理由書で，リード判事は以下の理由をあげた。

わいせつでない性的表現は修正1条（U.S. CONST. amend. 1）の保護を受ける（Sable Communications of Cal. v. FCC, 492 U.S. 115, 126 (1989)）。保護された表現の規制は，表現の自由を最も制約しない方法で行う限り，やむにやまれぬ政府目的達成のためであれば可能である。議会が未成年者保護というやむにやまれぬ政府目的を持つことは明らかなので，原告が勝訴の見込みが十分あることを立証する際に必要なのは，COPAがその目的に限定して策定されている（narrowly tailored to this intent）ことを立証することである。

原告はCOPAが規定する積極的抗弁（第1403条(c)）は多くの原告に技術的にも経済的にも利用不可能で，保護された表現に対して過度の負担を課すと主張した。原告はさらに成人に対しては保護されている表現をウェブ上で水を注すことにより，成人の表現の自由を侵害すると主張した。表現抑止効果を持つ法律は，表現を全面的に抑圧しなくても，表現の自由を抑制するものといえる（Erznoznik, 422 U.S. 211 n.8 (1975)）。

原告の証人は積極的抗弁が技術的，経済的に難しいことを立証した。積極的抗弁を欠くとCOPAは文言上，成人には保護されている表現を禁止することになるので，原告はCOPAが成人の修正1条の権利を侵害するとの主張を，裁判で実体的にも認められる見込みが十分あることを立証したといえる。

一部の原告は検挙を避けるため，自社のオンライン情報を自己検閲していると述べた。これは憲法上保護されている表現を検閲することにつながり，原告に回復不可能な損害をもたらす。表現の自由の喪失はたとえ短期間でも回復不可能な損害をもたらす点については判例も確立しているからである（Hohe v. Casey, 868 F.2d 69 at 72, 73 (3d Cir. 1989)）。

何人（政府も含む）も違憲の法律を執行する権利は持たないので（ACLU v. Reno, 929 F. Supp. 824, 849 (E.D. Pa. 1996)）［*ACLU I* 判決］，原告の修

正1条の権利侵害による損害が，被告の権利を上回ることは疑いない。

　青少年保護という公共の利益があることは確かだが，違憲の法律を執行することによって公共の利益を追求することはできない。

　以上原告は差止命令による救済の要件を立証したため，98年11月19日に一方的緊急差止命令を下した。

3．仮差止命令

　当初12月3日までだった一方的緊急差止命令の期限は，その後99年2月1日まで延長された。

　本判決までの間，法律や法令の執行を差し止めるため，一方的緊急差止命令よりは期間も長くなる仮差止命令についての審理は，99年1月20日に開始された。当初予定の倍の6日かかった審理の後，リード判事は2月1日に仮差止命令を出した。以下にその概要を紹介する［ACLU v. Reno, 31 F. Supp. 2d 473 (E.D. Pa. 1999)］。(hereinafter *ACLU III*)。

A．勝訴の見込み

(1)　審査の基準

　COPAは少なくとも成人には保障されている表現内容規制である。表現内容規制でも，放送メディアや営利的表現に対しては，より低い基準が適用されるが，COPAにはどちらもあてはまらない。わいせつでない性的表現は修正1条の保護を受ける（Sable, 492 U.S. at 126 他）。COPAはそうした表現内容規制であるため，無効のおそれが強く，厳格審査の対象となる［*ACLU III*, 31 F. Supp 2d at 492, 493］。

(2)　COPAが表現に課す負担

　厳格審査の最初のステップは，法律が表現に対して課す負担を審査することである。表現を抑止する効果をもつ法律は，全面的な抑圧でなくても表現の自由を制約する。仮差止命令の審理でも，COPAを遵守するために，ウェブ・サイト運営者やコンテンツ提供者が負担する経済コストが争点となった。彼らが未成年者に有害のおそれのある通信を自己検閲する可能性があること，談話室などではすべての利用者に対するあらゆる情報（未成年者に有害でな

い情報も含め）をスクリーンせずに，未成年者に有害な情報を除去することは難しいことなどから，原告は本裁判でも，COPA が成人には保護されている表現に負担を課していることを立証できる可能性は十分ある［Id. at 493-495］。

(3) やむにやまれぬ政府利益

議会が未成年者保護というやむにやまれぬ利益をもつことは明らかで，この利益の中には成人にとってはわいせつでない情報から，未成年者を遮蔽することも含まれる（Sable, 492 U.S. at 126）［ACLU III, 31 F. Supp. 2d at 495, 496］。

(4) 限定的に規定されかつ最も制約の少ない方法である

被告は COPA が最も制約が少なく，目的（被告は営利ポルノ業者規制と主張）に限定して規定されていることを立証する必要がある。

フィルタリングおよびブロッキング・ソフト（以下，「フィルタリング・ソフト」）は，未成年者に有害な情報を見逃す一方で，有益な情報まで遮断するなど完全とはいえないが，COPA が適用できない海外のサイトや http 以外のプロトコールのコンテンツも遮断できる。成人に対し憲法で保障された表現に負担を課すことなく，未成年者の有害情報へのアクセス制限の面では COPA と同じ効果をもつとなると，COPA がもっとも制約の少ない方法とはいえない［Id. at 496, 497］。

B．回復不可能な損害

原告は COPA で検挙されないためには，自己検閲しなければならない。これは憲法上保護された表現の検閲につながり，回復不可能な損害となる。修正 1 条の自由の侵害は，たとえそれがどんなに短い期間であっても回復不可能な損害を構成する点については判例も確立している（Hohe, 868 F.2d at 72, 73.）。自己検閲しない原告は成人には保障された表現を通信することにより，検挙され，罰金を科される。これも回復不可能な損害となる［Id. at 497］。

C．利益の比較較量

差止命令による救済を出すには，両当事者の利益と損害を比較する必要があるが，政府も含めて，何人も違憲の法律を施行する利益はもたない(ACLU v. Reno, 929 F. Supp 824, 849 (E.D. Pa 1996))［*ACLU I* 判決］。原告の修正1条の権利侵害による損害は，被告のいかなる利益をも上回る［*ACLU III*, 31 F. Supp. 2d at 497, 498］。
　以上の理由により仮差止命令を発出する。
　仮差止命令を不服とした司法省は第3控裁に上訴した。2000年6月，第3控裁は地裁の仮差止命令を支持する判決を下した。第3控裁は地理的な制約を受けないオンラインのウェブを使った通信が，修正1条を適用する際，煉瓦とモルタルの店舗と決定的に異なる点に着目，ウェブ上の発表・出版者は，特定地域のインターネット・ユーザからのアクセスを制限できないため，現代の地域社会基準の適用が難しいとした。具体的には地理的境界のない媒体に地域社会基準を適用することは，以下の理由でCOPAを過度にあいまい（overbroad）ゆえに違憲にしてしまうとした［ACLU v. Reno, 217 F.3d 162（3rd Cir. 2000)］。
①ウェブ上の発表・出版者は，もっとも厳格な地域社会の基準を満たすために，その地域社会で有害とみなされるサイトを厳しく検閲するか，年齢認証システムを導入する必要がある。
②未成年者が自分の住む地域社会では未成年者に有害でない情報にアクセスすることもできなくしてしまう。
　司法省は上訴の期限である2000年12月までに最高裁に上訴しなかったため，COPAの違憲判決は確定した。
　通信品位法およびCOPAの違憲判決，そして州法にもとづいて，未成年者に有害な情報をフィルターするソフトをコンピュータに導入した公共図書館の敗訴と紹介してくると，インターネットに関する未成年者保護の観点からの法規制は，司法審査をパスできないかの印象を与えかねないが，パスした例も最近出現した。
　2000年4月，ニューヨーク州控訴裁判所（州の最上級審）はコンピュータ通信を通じて，
①未成年者に有害な情報を送信すること

②未成年者に性交渉や性行為を勧誘すること
を禁じたニューヨーク州刑法を合憲とした。

15歳の少女に（実際には少女を装った警察官だったが，米国ではおとり捜査は合法である），成人男性と少女の性行為の写真をコンピュータ通信で送信するなど，セックス中心のチャットを数回繰り返した後，性交渉目的のデートの約束をとりつけたところを逮捕された51歳の男性は，州刑法は過度に広範かつあいまい（overbroad and vague）で，表現内容規制に要求される修正1条に違反しないか否かの厳格審査（strict scrutiny）をパスできず違憲であると主張した。

州控訴裁判所は州刑法がインターネットを通じたある種の通信のみを禁じたわけではなく，行為を禁じた②が存在するため，最高裁で違憲とされた通信品位法とも異なり，過度に広範ではないとした。厳格審査についても，
①刑法違反の表現や子どもを性的に食い物にする表現は，そもそも修正1条の保護の対象外であること
②（仮に保護対象の表現であっても）性的虐待から子どもを守ることは，やむにやまれぬ政府利益（compelling government interest）であり，刑法の規定はその目的達成のための必要最小限の表現内容規制であること
などから十分審査にたえうるとした［The People & c. v. Thomas R. Foley, 94 N.Y.2d 668, 2000 WL 375547 (N.Y.) (2000)］。

2000年12月，COPAの違憲判決が確定したのとほぼ同時に，議会はインターネットを通じた有害情報から子どもを守るための，第3の法律（通信品位法，COPAに次ぐ）を制定した。

第105議会（97-98年）で廃案となった，インターネット学校フィルタリング法（第15章，第2節参照）を提案したマッケイン上院議員らが，第106議会（1999年-2000年）で復活させ，子どもインターネット保護法（Children's Internet Protection Act）という名前で成立した。［Pub. L. No. 106-554(Stat. No.未定)］。COPA同様，一括歳出法の中に組み込まれて成立した［Omnibus Consolidated and Emergency Supplemental Appropriations Act, Year 2001, Pub. L. No. 106-554(Stat. No.未定)］。

小中学校や図書館はユニバーサル規則によって，Eレートとよばれる

20～90％の割引料金でインターネットに接続できるようになったが，子どもインターネット保護法は連邦政府から料金割引部分を補填してもらう小中学校や図書館に対して，引き換えに未成年者に有害な情報を遮断するフィルタリング・ソフトの導入を義務づけた。

　通信品位法，COPA で原告となり勝訴した ACLU は，子どもインターネット保護法に対しても近く提訴すると発表した。

著者略歴

城所岩生（きどころ　いわお）

- 1941年　東京都生まれ
- 1965年　東京大学法学部卒業
- 1989年　ニューヨーク大学ビジネス・スクール卒業（MBA 取得）
- 1992年　ニューヨーク大学ロー・スクール卒業（LLM 取得）
- 1965年　日本電信電話株式会社（NTT、当時は公社）入社、1986年から 8 年半にわたり米国現地法人に勤務した後、1994年に NTT 退社。
- 1997年　ニューヨーク州弁護士登録、現在に至る。

主要著書・論文

本書の母体となった『国際商事法務』への連載（はしがきで紹介）のほか
『米国通信戦争』、日刊工業新聞社、1996年
「米国における規制緩和の動向と展望」『InfoCom REVIEW』、1997年春季号
「巨人マイクロソフトが分割される日」『エコノミスト』、1997年 9 月16日号

メール・アドレス　ikidokoro@msn.com

米国通信改革法解説

2001年 2 月15日第 1 版第 1 刷発行 ©

乱丁・落丁本はお取替致します

著者との了解により検印省略

著　者　城　所　岩　生
発行者　能　島　　豊
発行所　㈲　木　鐸　社

〒112-0002　東京都文京区小石川5-11-15-302
電話・ファックス　(03)3814-4195　振替 00100-5-126746

印刷　アテネ社　　製本　関山製本社

ISBN4-8332-2301-5 C3032

山田高敬 著
情報化時代の市場と国家
A5判 336頁 4000円

石黒一憲 著
国際的相剋の中の国家と企業
A5判 296頁 3000円

石黒一憲 著
通商摩擦と日本の進路
A5判 372頁 4000円

石黒一憲 著
日本経済再生への法的警鐘
A5判 300頁 3000円

R.W.ハミルトン 山本光太郎 訳
アメリカ会社法
A5判 480頁 7000円

B.ストーン 渋谷年史 訳
アメリカ統一商法典
A5判 642頁 12000円

木鐸社関連書